실내조명 이론과 실습

실내조명 이론과 실습

지은이 강춘원, 홍승대
펴낸이 이남호
펴낸곳 전북대학교출판문화원

초판 1쇄 인쇄 2018. 1. 25
초판 1쇄 발행 2018. 1. 31

전북대학교출판문화원 전라북도 전주시 완산구 어진길 32 (풍남동2가)
전화 (063) 219-5322
FAX (063) 219-5323
출판등록 2012년 8월 20일 제465-2012-000021호

값 18,000원

ISBN 979-11-87892-74-8 13560

이 도서의 국립중앙도서관 출판예정도서목록(CIP)은 서지정보유통지원시스템 홈페이지(http://seoji.nl.go.kr)와 국가자료공동목록시스템(http://www.nl.go.kr/kolisnet)에서 이용하실 수 있습니다. (CIP제어번호 : CIP2018002019)

실내조명

이론과 실습

강춘원 홍승대

전북대학교
출판문화원

서언

조명은 공간을 밝게 비춰서 인간생활에 필요한 시각정보를 제공하고 작업능률과 심리적인 면에도 영향을 미치며 투자 비용 대비 주거공간의 미적 가치 제고 효과가 크기 때문에 중요한 인테리어 요소이다. 또한 불량한 빛 환경은 시력 저하를 비롯하여 눈의 피로 등 생리적 영향과 작업능률 저하 등의 영향을 주게 되므로 적절한 조명설계가 필요하다.

최근, 컴퓨터 소프트웨어의 비약적인 발전에 의해 DIALux, Relux, Litestar등의 조명 시뮬레이션 프로그램이 다수 개발, 사용되고 있는데 여러 조명기구 업체에서 생산하는 다양한 광원과 조명기구로 다양한 실내, 외 환경과 스포츠센터, 도로 조명 등을 모의시험해볼 수 있는 프로그램이다. 이를 통해서 다양한 조명환경에서의 다양한 광원과 조명기구에 의한 실내, 외 조명효과를 예상해 볼 수 있다. 따라서 조명이론파악과 조명 시뮬레이션 프로그램 이용은 조명분야 연구자들이나 실무자들이 반드시 숙지해야할 필요가 있다고 생각된다.

본서에서는 시각체계, 빛의 성질, 인공조명의 발광원리와 다양한 인공조명의 특징, 조명 관련용어 등의 조명의 기초지식을 설명하고 조명 시뮬레이션 프로그램 중에서 많은 조명실무자들에게 선택되어 사용되어지고 있는 다이얼룩스 프로그램에 의한 조명디자인 실습에 대해 저술하여 실내조명 전공자나 입문자 그리고 타 분야에서 조명디자인을 연구하고자 하는 사람들을 위한 입문서를 제공하고자 한다. 참고로 다이얼룩스 프로그램에 의한 조명디자인 실습부분은 다이얼룩스 사용자 메뉴얼의 영문판을 이용하였으며 설명을 위한 도면은 한글 설명이 삽입된 그림을 적용하고 다이얼룩스 프로그램에 친근해 질 수 있도록 프로그램 운용에 필요한 단락을 선별적으로 발췌하고 반영하여 저술하였다.

이 책의 완성을 위하여 그림작성과 번역을 도와준 주거환경학과 박수현, 이소현학생 그리고 전북대학교 산학협력단 강세리 연구원에게 감사하며 출판을 맡아준 전북대학교 출판부 관계자들에게도 진심으로 감사의 마음을 전한다.

목차

• 서언

1장 조명기초

2장 자연채광과 인공조명

3장 조명기구와 조명제어

4장 조명설계

5장 조명디자인 실습

1장

조명기초

01. 빛이란 무엇인가?

빛은 넓은 의미로는 눈으로 볼 수 없는 비가시광선과 가시광선을 포함하는 모든 전자기파를 의미하며 좁은 의미로는 볼 수 없는 자외선(UV, ultra violet)과 적외선(IR, infra red) 사이의 380~780nm 파장대의 가시광선(visible ray)을 의미한다. 가시광선은 파장이 긴 쪽부터 빨강, 주황, 노랑, 초록, 파랑, 남색, 보라색 등의 연속적인 색상으로 이루어져 있으며 모든 파장의 빛이 모이면 백색광이 되고 다시 분리될 수도 있다. 빛은 에너지를 가진 전자기파로서 회절, 간섭 등과 같은 파동적인 면과 입자적인 면의 양면을 가진 존재로 300,000km/sec의 속도로 전달매질이 없는 우주공간에서도 직진한다. 빛이 인간의 눈에 닿으면 망막의 시세포를 자극하여 빛으로 인식하지만 피부에 닿으면 열로 느낀다. 가시광선은 다양한 색의 전자기파가 섞여 백색광의 형태로 물체에 도달하고 물체들은 각각 다른 색체를 선택적으로 반사하여 각기 다른 색채로 인간의 눈에 의해 인식되게 된다.

그림 1-1. 가시광선

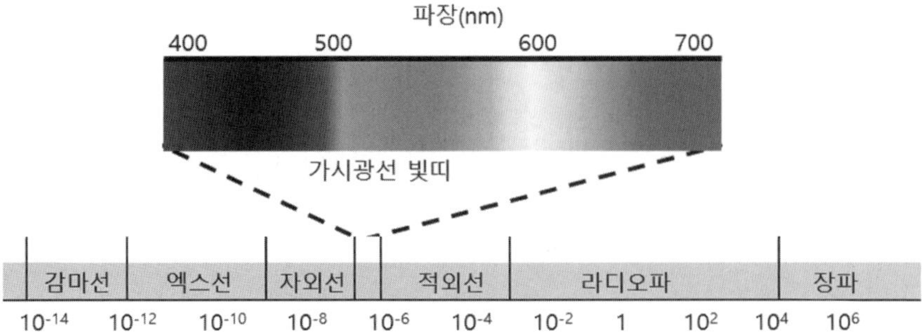

그림 1-2. 전자기파

빛은 자연계에서 가장 빠른 자연현상이며 입자로서의 성질과 파동으로서의 성질을 모두 나타내는 이중성을 나타낸다. 뉴턴, 아인슈타인 등은 광전효과 등을 통하여 빛의 입자설(photon)을 주장하였고 호이겐스, 영 등은 간섭, 회절현상 등을 통하여 파동설(wave)을 주장하였다. 한편, 드브로이는 빛은 물질파이론에 따라 입자로서의 성질과 파동으로서의 성질을 모두 나타내는 이중성을 나타낸다고 하였다. 이처럼 빛은 인간이 늘 접하면서도 확실하게 파악하지 못한 부분이 남아 있는 신비로운 자연현상이다.

빛을 파동으로 접근할 때 전자파로서의 빛은 진공 중의 전파속도 c[m/s]와 주파수 ν[Hz], 파장 λ[m]사이에 다음과 같은 관계를 갖는다.

$$c=\lambda \cdot \nu$$

입자설은 복사에너지가 광양자라고 하는 진동을 하는 에너지 덩어리로 공간을 진행하며, 에너지의 크기는 주파수에 비례하고 파장에 반비례한다는 것으로서 주파수 ν의 광양자 1개가 갖는 에너지는 다음과 같이 계산한다.

$$E=h \cdot \nu$$

h는 6.626×10-34[J·sec]의 값을 갖는 플랑크 상수

빛은 입자로서의 성질과 파동으로서의 성질을 함께 가지고 있는데 진공이나 공기 중에서 직진하다 다른 매질을 만나면 반사, 굴절, 투과, 흡수되며 이러한 성질들을 이용하여 반사판, 투광판 등의 조명기구를 만든다.

빛은 입사한 빛이 다른 매질의 표면에 의해 반대 방향으로 반사되는데 이를 반사(reflectance)라고 하며 입사한 빛의 양에 대하여 반사한 빛의 양의 비율을 반사율로 나타내고 반사율은 그리스 문자 로(rho; ρ)로 표기한다. 반사율은 0~1 까지의 값을 갖는다. ρ = 0 는 표면이 완전 black 일 때, 모든 빛을 흡수하고 ρ = 1 은 일 때 입사한 모든 빛을 반사한다. 표 1-1은 몇 가지 재료의 빛 반사율을 나타내고 있다.

표 1-1. 몇 가지 재료의 빛 반사율(2013, 조명의 기초이론)

흰색종이	ρ = 0.8
콘크리트표면	ρ = 0.4
목재표면	ρ = 0.1

빛의 반사는 거울반사(specular reflection)와 확산반사(diffuse reflection)로 구분한다. 거울반사(specular reflection)는 매끈한 성질을 갖는 표면에서와 같이 밝게 하이라이트가 생기는 것을 말하며, 이때 하이라이트의 색은 표면 자체의 색과 상관없는 광원의 색을 가진다. 빛이 표면에 스치듯이 들어올 때 빛의 색에 가까우며 강하게 반사되고, 빛이 표면에 수직에 가깝게 들어올 때에는 표면의 색을 많이 가지며 좀 덜 강하게 반사된다. 그 이유는 스치듯이 들어올수록 표면의 미세하게 거칠거칠한 구조들과 덜 부딪침으로써 빛과 색의 흡수가 적기 때문이다.

확산반사(diffuse reflection)는 백색 무광 도장으로 처리된 벽면에서와 같이 표면의 입자가 거칠게 분포되어 있는 표면에서 고르게 빛나는 경우를 말한다. 빛이 표면에 스치듯이 들어올 때에는 그 세기가 〈0〉에 가까우며, 빛이 표면에 수직에 가깝게 들어올 때에 가장 강해진다. 거울반사와 반대임을 알 수 있다. 확산반사는 빛이 물체 표면에 흡수된 후에 복사의 형태로 고르게 모든 방향으로 방출되는 것이기 때문이다.

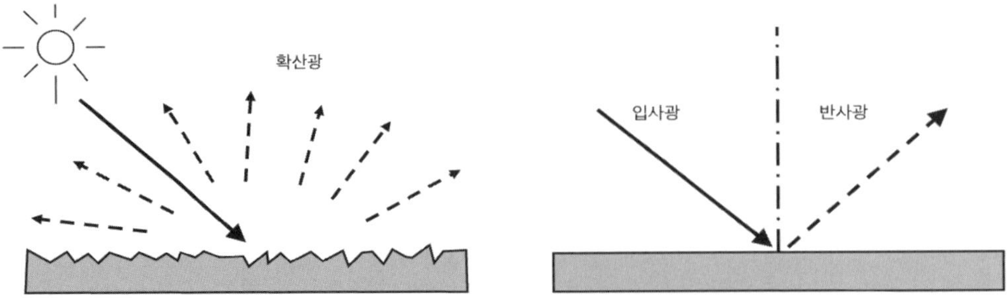

그림 1-3. 확산반사와 거울반사(2013, 조명의 기초이론)

건축물의 조명 계산에서 확산반사(diffuse reflection)를 일반적으로 고려하는데 완전한 확산면의 휘도는 조도와 비례관계이다.

표 1-2. 확산 광에서의 광 반사율(2013, 조명의 기초이론)

Ground:			
눈	0.8	Carpet(cream) 목재	0.4
모래	0.3	적벽돌	0.2
녹색채소	0.1	유리창	0.1
포틀랜드석재	0.6	흰종이	0.8
석고	0.4	스테인레스	0.4
콘크리트	0.4		

빛의 굴절(refraction)은 빛이 공기 중을 진행하다가 광학적으로 밀도가 다른 물질 속으로 들어가서 빛의 속도가 변화하면서 그 진행 방향이 바뀌는 현상이며 조명에서 빛을 모으는 렌즈나 빛의 방향을 바꾸는 프리즘을 이용하여 기구의 배광을 조절하는 것은 빛의 굴절 현상을 이용하는 것이다.

빛의 입사각(θ)과 굴절각(θ')의 관계는

$$\sin\theta = n\sin\theta',$$

n 은 굴절률

표 1-3. 각종 재료의 광 굴절률(refractive index)(2013, 조명의 기초이론)

재료	굴절율
진공	1
공기	1.0008
물	1.330
유리	1.510
다이아몬드	2.417
루비	1.760

그림 1-4. 빛의 굴절현상

빛은 직진하다 매질의 변화에 따라 빛은 매질의 경계면에서 일부는 반사되고, 매질을 통과하면서 흡수되고 일부는 외부로 투과된다. 이때 입사한 빛의 양에 대하여 흡수된 비

율을 흡수율(α)이라 하고 입사한 빛의 양에 대하여 투과된 비율을 투과율(τ)이라 하며 다음과 같이 나타낸다.

$$\alpha = \frac{F_a}{F}, \quad \tau = \frac{F_t}{F}$$

F_a 흡수되는 광속, F_t 투과되는 광속

$$F_r + F_a + F_t = F(lm), \quad \rho + \alpha + \tau = 1$$

빛은 광학적 시스템을 통과하면서 흡수(absorption)되고 산란되어 본래의 에너지에서 약화된다. 따라서 빛은 궁극적으로 우주공간을 직진하며 진공과 다른 매질에 의해 반사, 굴절, 흡수 그리고 투과되면서 방향을 바꾸거나 소실된다.

이러한 빛은 태양광이나 별빛과 같은 자연광과 촛불, 전구 등의 인공조명으로 구분되며 구름이 없거나 적은 주간에는 태양에 의한 자연광으로 시각정보를 얻을 수 있으나 어두운 밤이나 또는 낮이라도 채광이 어려운 건축물의 내부는 인공조명이 없으면 시각정보를 얻을 수 없으므로 조명이 필요해진다.

실내조명은 거주자에게 시각정보를 제공하는 것은 물론 작업능률과 심리적인 면에도 영향을 미치고, 불량한 빛환경은 시력 저하를 비롯하여 피로 등의 생리적 영향, 작업능률 저하 등의 영향을 주게 되므로 적절한 조명설계가 필요하다. 조명의 목적은 인공광원으로 사물을 비추는 본래의 기능과 발산되는 빛의 양상과 광원이 설치되는 장치의 미적인 면 양면으로 효율적이고 아름다워야 하며 조명 수준은 작업하기에 충분해야 하고 인테리어와 조화를 이루어야 한다. 또한 지속가능한 환경을 위하여 가능한 적은 에너지로 원하는 밝기를 얻을 수 있도록 효율적이어야 한다.

02. 시각체계

인간이 시각에 의해 정보를 얻는 과정은 시각체계에 의해 이루어지는데, 광원(light source), 피사체(object), 눈(eye) 그리고 인식장치(decoder)로 이루어진다. 시각정보를 얻는 과정은 광원의 빛이 피사체에 반사되어 나오면서 시세포를 자극하여 시각으로 인지하고 기억하여 시각정보가 완성된다.

시각체계의 가장 중요한 요소의 하나인 광원은 자연광이나 인공광원에서 발생하며 가시광선영역의 전자기파로 피사체에 비추어지고 피사체의 물성에 따라 특정한 주파수의 빛을 반사하고 반사된 빛이 인간의 눈에 입사되면 뇌가 이를 인식하여 판단하는 구조이다. 광원은 낮 동안에 태양광선을 광원으로 이용하는 주광조명(natural lighting, day lighting) 즉, 태양으로부터의 직사광선과 이것이 대기 중에 반사, 산란된 광을 창이나 그 밖의 개구부를 통하여 실내에 끌어들이는 방법과 태양광선이 없는 야간이나 주광조명이 다다르지 못하는 건축물의 내부에 전등이나 그 밖의 인공적 광원을 설치하는 방법에 의해 확보할 수 있다. 빛의 반사에 의해 형성된 피사체의 형상은 그림 1-5처럼 인간의 눈을 통하여 뇌에 저장되면서 시각체계가 완성된다. 즉 광원에서 발산된 빛이 사과에 입사되고 사과가 빨강색과 초록색의 빛을 선택적으로 반사시켜 우리 눈에는 사과로 인식되는 것이다. 이때 광원의 종류에 따라 구성성분이 달라지고 이에 따라 물체의 색이 자연광과 다르게 인식될 수 있다.

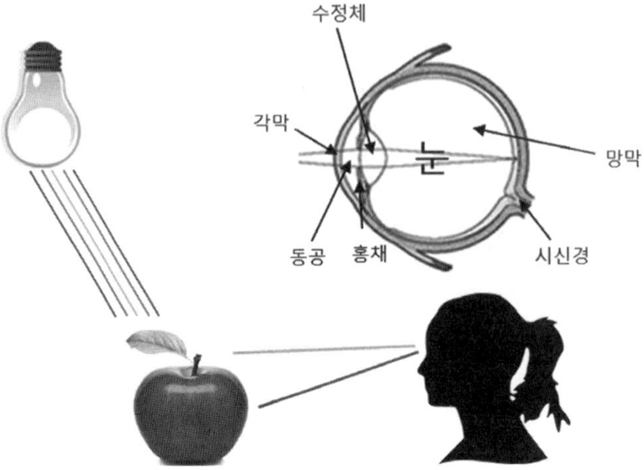

그림 1-5. 시각체계와 눈의 구조

눈의 구조를 살펴보면 안구의 각막을 통과한 빛이 수정체를 통과하는데 모양근에 의해 수정체의 두께가 조절되어 가까운 거리 또는 먼 거리에 있는 피사체에 초점을 조절하여 정확한 상을 만든다. 대부분의 포유류가 이렇게 초점을 맞추고 양서류는 카메라가 초점을 맞추는 것처럼 렌즈를 이동하여 초점을 맞춘다. 이렇게 만들어진 상이 망막에 도달하고 망막(retina)에는 시세포가 분포되어 빛의 자극을 뇌로 전달한다. 시세포는 밝은 곳에서 반응하는 추상세포(cone)와 어두운 곳에서 반응하는 간상세포(rod)로 이루어져 있다.

시력(visual acuity)은 어떤 거리에서 눈이 확인할 수 있는 최소 디테일을 볼 수 있는 능력으로 조도의 증가에 따라 향상되며, 어느 한계점을 지나면 시력에 기여하는 조도의 효율은 오히려 감쇠한다. 단위시간에 판독할 수 있는 문자의 수 또는 한 문자를 알아보는데 필요한 시간을 시작업 성적이라 하는데 정량화 기존 연구에 의하면, 조도의 증가에 따라 시작업 성적은 향상된다.

빛에 대한 사람의 눈의 감도는 항상 일정한 상태를 유지하는 것이 아니라 주변의 밝기에 따라 자동으로 조절된다. 낮에는 감도가 낮아지고 밤에는 감도가 높아진다. 망막의 시세포가 주변의 밝기에 따라 감도를 조절하는 작용을 순응(adaptation)이 라고 한다.

순응에는 명순응과 암순응이 있는데 어두움에서 밝음으로 적응하는 것을 명순응(light adaptation)이라 하고 밝음에서 어두움으로 적응하는 것을 암순응(dark adaptation)이라 한다.

명순응은 소요되는 시간이 짧으며 명순응된 시각으로 낮의 밝은 장소에서의 눈의 보통 상태로 밝기가 어느 정도 이상 높은 상태의 시각을 명소시 또는 주간시(photopic vision)라고 한다. 명소시 상태에서는 세부적인 부분에 대한 식별이 우수하고 빛깔의 판별이 이루어지는 상태이다. 명소시는 보통 낮 시간 동안에 눈에 반응하는 레벨로서 100 cd/m² 이상의 배경 휘도를 가진다. 이들 상황에서 눈에 반응하는 최대 감도와 일치하는 파장은 555nm이다.

한편 밝은 곳에서 어두운 곳으로 들어가면 한동안 시감각이 없다가 일정시간이 지나면 물체가 보이기 시작하는데 이를 암순응(dark adaptation)이라 하며 순응에 소용되는 시간이 길다. 따라서 밝은 곳에서 어두운 곳으로 이동할 때 불편을 느끼게 되며 순응에 적응할 수 있는 전이 공간이 필요하다. 이때의 시각을 암소시 또는 야간시(scotopic vision)라고 하는데 암소시는 밤 시간 동안에 눈에 반응하는 레벨로서 물리적으로는 10^{-4} cd/m² 이하의 배경 휘도를 가지고 이들 상황에서 눈에 반응하는 최대 감도와 일치하는 파장은 510nm로서 명순응때와는 다른 시감도를 나타낸다.

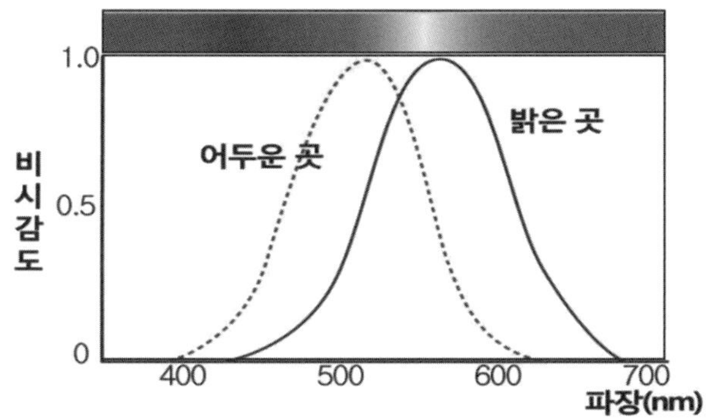

그림 1-6. 비시감도곡선

이처럼 주간시의 최대 시감도(555nm)가 야간 시에는 510nm로 바뀌는 현상을 푸르키네 현상(purkinje phenomenon)이라고 하며 어두워질 무렵에 파장이 긴 붉은색은 어둡게, 파장이 짧은 보라색은 비교적 밝고 선명하게 보이는 현상은 푸르키네 현상에 기인한다. 명소시와 암소시의 사이를 박명시(mesopic vision) 또는 혼합시라고 하는데 동이 트는 새벽이나 해가 저물어 어둠이 찾아오기 전의 시간대의 시각환경으로 주변 휘도(background luminance)의 조건이 $10^{-3\sim10}$ cd/m^2 의 사이 값을 나타내는 시각환경이다.

한편, 백열전구와 같이 적색을 많이 포함하는 조명하에 있거나 청색의 형광램프 하에 있게 되면, 각각 적색과 청색에 대한 감도가 약해져서 물체의 색의 보임이 수정되는데 이를 색순응(color adaptation) 이라고 한다. 그러나 고압 수은등이나 나트륨 램프와 같이 본래 색의 한쪽으로 치우침이 심한 조명하에서는 눈의 색순응에 의해 조정되지 않으며, 물체의 색의 보임도 이상하게 된다.

03. 빛과 색

인간이 눈을 통하여 색채를 느끼는 것은 피사체의 표면이 특정한 파장의 가시광선만을 반사하고, 다른 파장은 투과하거나 흡수하기 때문이다. 자연광이나 인공광원에서 발생하는 빛이 반사면의 상태에 따라서 표면색이 변화하는데 빛의 전부를 흡수하면 검게 보이고 반대로 입사된 빛의 대부분을 반사하면 표면은 희게 보인다. 빨간색은 적색 스펙트럼의 가시광선을 반사하고 다른 색을 흡수하기 때문에 붉은 색으로 보이며 신록이 녹색으로 보이는 것도 동일하다.

가장 일반적으로 인정을 받고 있는 표면색의 분류는 먼셀표색계(Munsell System)로서 색의 3가지 속성을 구별한다.

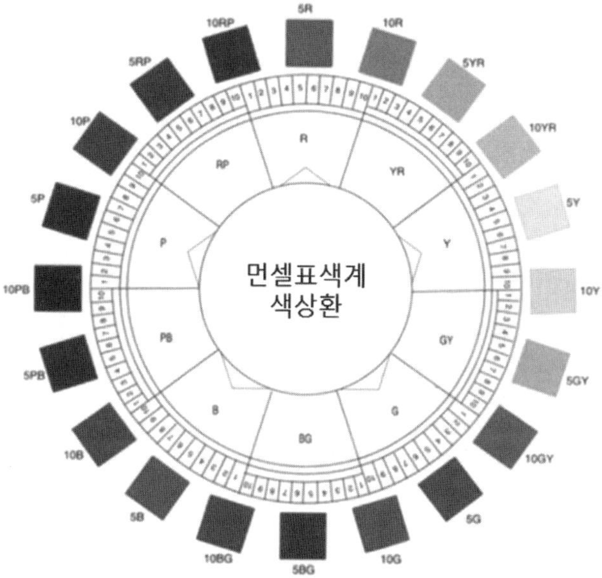

그림 1-7. 먼셀표색계의 색상환

먼셀표색계는 미국의 화가 먼셀Albert H. Munsell(1858~1918)이 1905년에 고안한 체계로, 1940년 미국 광학회(OAS)에 의해 수정되었는데 표색방법이 합리적이기 때문에 현재 국제적으로 가장 널리 사용되고 있는 색체계이다.

먼셀 색체계는 물체 표면에서 인지되는 색지각을 기초로 색상, 명도, 채도의 색의 3속성에 따라 3차원 공간의 한 점에 대응시켜 세 개의 좌표 방향에 있어서 지각적인 등간격이 되도록 좌표 측도를 정하여 만든 표색계이다. 여기서의 등간격은 시각적 감각에 의한 등간격을 말하는 것으로서, 다수의 관찰자가 시감으로 동등하게 느끼는 간격으로 설정되었다는 것을 의미한다.

먼셀표색계 기호는 색상-명도/채도의 3가지 요소로 되어있다. 따라서 5Y-5/10은 노란색의 색상 5- 명도 5 / 채도 10인 색상이다.

1) 색상(Hue)

먼셀의 색상은 색상 차이가 등간격으로 보이는 주요한 5가지 기본 색상 R(Red, 빨강), Y(Yellow, 노랑), G(Green, 초록), B(Blue, 파랑), P(Purple, 보라)와 각각의 사이에 중간 색상 YR(Yellow Red, 주황), GY(Green Yellow, 연두), BG(Blue Green, 청록), PB(Purple Blue, 남색), RP(Red Purple, 자주)를 정해 10가지 색상을 기본으로 하였다. 10개의 주 색상들은 다시 각각 10개의 색상 단계로 등분되어 100색상을 전체 색상의 범위로 하였다.

2) 명도(Value)

명도는 빛의 반사율에 따른 색의 밝고 어두운 정도를 말한다. 먼셀의 명도 개념은 무채색을 기준으로 해서 이상적인 검은색을 0, 이상적인 흰색을 10으로 하고, 그 사이를 밝기의 감각차가 시각적으로 등간격이 되도록 9단계의 무채색으로 분할해서 총 11단계로 나타내었다. 실용화된 색표에서는 반사율 0%인 이상적인 검은색과 반사율 10%인 이상적인 흰색은 만들어 낼 수 없기 때문에 명도 1에서부터 명도 9.5까지를 무채색의 단계로 만들어 사용하고 있다. 무채색의 명도를 표기할 때에는 N(Neutral, 무채색)을 붙여 N1, N2, N3, ……, N9.5로 나타낸다. 유채색의 명도를 나타내는 경우, 유채색의 밝기의 감각이 무채색의 기준과 동등한 곳의 명도 기호를 사용하며, 대개 명도 2~9까지 배열된다.

3) 채도(Chroma)

채도는 회색을 띠고 있는 정도, 즉 색의 맑고 탁한 정도를 나타낸다. 색상과 명도가 일정한 배열에 있어서 색깔이 없는 무채색을 0으로 기준하여 색의 순도에 따라 채도 값을 1~14단계로 표기하며, 그 색상에서 가장 순수한 색의 채도값이 최대가 된다. 채도의 단계는 보통 /2, /4, /6, ……, /14 등과 같이 2단위로 되어 있으나 저채도의 부분이 색상 및 채도 판단이 어려워 /1과 /3을 추가하여 /1, /2, /3, /4, ……, /16 등으로 배열한다. 그러나 인간의 시감에 따라 각 색상의 채도 단계가 다르기 때문에 빨강~노랑 등은 16단계, 청보라와 초록 등은 7~8단계로 나타나 색상에 따른 차이를 보인다.

4) 먼셀 기호 표기법

색의 표기는 색상, 명도, 채도의 순으로, 기호로는 H V/C로 표기한다. 예를 들면, 5R 3/10으로 표기된 색은 색상 5R, 명도 3, 채도 10인 색상이다. 이 색상은 높은 채도와 낮은 명도를 지닌 기본 빨강임을 알 수 있으며, 읽을 때는 5R 3의 10이라고 읽는다.

(a) 색상(Hue): 빨강, 노랑, 파랑 등의 보통색의 용어를 사용하여 중간적인 색을 구분하고 수치로 세분한 색의 개념
(b) 명도(Value 또는 Lightness): 0(완전 흑색)에서 10(완전 백색)까지의 스케일에 따른 반사율 및 외관에 대한 명암의 주관적 척도이다. 실제로 1에서 9까지의 명도로 구분되며 명도는 반사율로 환산된다.
(c) 채도(Chroma 또는 Saturation): 색의 풍부성 또는 강도를 최소 10분류(파랑-초록)와 최대 18분류(빨강)로 구분한 것이다. 이와 같이 다른 이유는 파랑-초록의 강도는 결코 빨강만큼 많지 않기 때문이다.

04. 조명용어 및 측광단위

1) 광속(Luminous Flux, F)

광속은 빛 에너지 흐름의 크기를 칭하는 것으로 가시범위(380~780nm)의 방사속(방사에너지의 양)을 최대비시감도(Km=680lm/W)에 기초를 두어 측정한 것으로 광원으로부터 나오는 모든 빛의 총량을 말한다. 단위는 lumen(약호 lm)이다.

그림 1-8. 광속의 이해

1lumen은 1cd의 광도와 동일한 점광원(point source)에서 발산하는 광속 중 1입체각(1sr, steradian)내에 방사하는 빛의 양이다. 이때 입체각은 구에 있어서 일부분의 면적을 구하기 위한 것으로 구의 중심에서 구의 일부분을 연결하는 원뿔의 바닥 면적을 나타내는 단위인데 구 전체의 입체각은 4π, 구 전체의 면적은 $4\pi r^2$로 1sr은 반경 r인 구의 중심점이 그 표면적 r^2과 이루는 입체각을 말한다. 구의 표면적이 $4\pi r^2$ 이므로 면적 r^2의 4π(≒12.56) 배이다. 따라서 구의 중심은 4π 스테라디언을 포함한다. 조명에서 입체각이 필요한 이유는 빛은 삼차원의 모든 방향으로 방사될 수 있으므로 한 점의 주위 공간을 입체각으로 나누어서 측정하는 방법이 필요하다. 입체각에 대한 표준 SI단위는 스테라디언steradian으로

구의 반지름의 제곱에 해당하는 구 표면에서의 면적을 구의 중심에서부터 절단하는 입체각을 1스테라디언이라 하고 완전한 구는 전체 4π 스테라디언으로 둘러 쌓여져 있다.

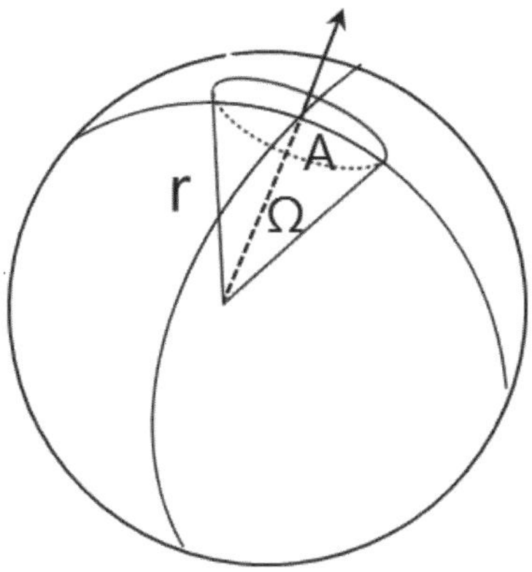

그림1-9. 입체각 개요

광속발산도(luminous radiance)란, 발광면(1차 광원 또는 2차 광원)에서 발산하는 광속의 면적 밀도이다. 완전 확산면의 경우에는 휘도의 π배이다. 반사율 ρ인 면이 조도 E[lx]를 받으면 그 광속 발산도는 ρE[lm/m²]가 된다. 물체의 표면에서 반사하는 빛의 양으로 조도에 반사율을 곱한 것, 조도와 동일한 개념이나 빛의 방향이 반대이다. 단위는 radlux(rlx)= 1lm/m² 이다.

2) 광도(Luminous intensity, I)

광도는 점광원의 어떤 방향에 대한 발산광속의 입체각 밀도를 말한다. 즉, 빛의 강도를 말하며 광원으로부터 어떤 방향으로 얼마만큼의 광량이 방출되는지를 나타낸다. 달리 표현하면 빛을 모으는 정도라고 할 수 있으며 헤드라이트나 손전등은 내장된 램프를 노출해서 점등한 경우보다 밝게 느껴지는데 이는 렌즈나 반사판을 이용해서 램프에서 나오는 빛을 모아주어서 광도가 높아지기 때문에 더 밝다고 느끼게 되는 것이다.

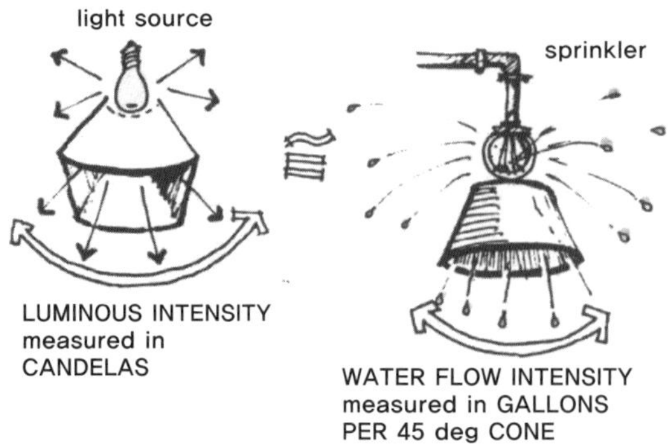

그림 1-10. 광도(1983, Concepts in architectural lighting)

광도는 단위 시간당 특정한 방향으로 점광원에서 발산하는 빛 에너지를 발생하는 힘을 나타내며 단위는 candela(candlepower)이며 cd로 표시한다. 단위의 의미에서도 나타나듯이 일반적으로 사용되는 양초는 약 1candela의 광도를 갖는다. 1cd는 점광원을 중심으로 반지름 $1m^2$의 면적을 뚫고 나오는 광속이 1lumen 일 때 그 방향의 광도를 1candela라고 한다. 광도는 광원의 특성만을 표시하는 것으로서 시지각과는 무관하고 광원의 방향성을 갖는 확산을 나타낼 때 사용한다.

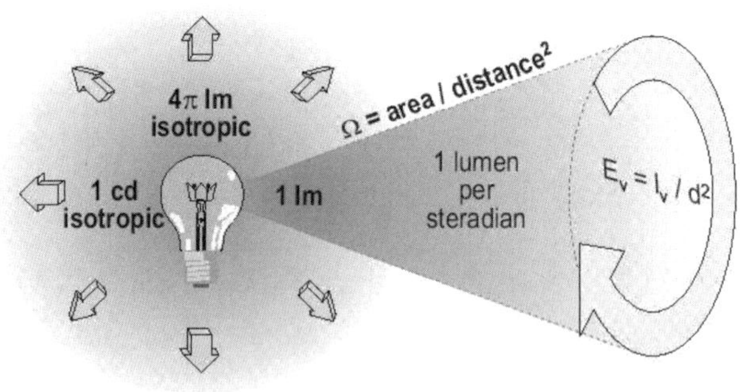

그림 1-11. 단위 입체각에서 발산하는 광속의 밀도(Lumen / Sr)
(1997, Light Measurement Handbook)

3) 조도(illuminance, E)

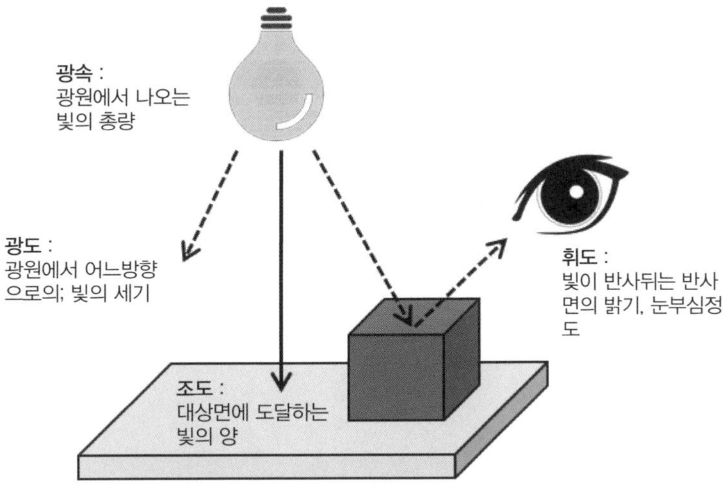

그림 1–12. 조도, 광도, 휘도, 광속의 이해

광원으로부터 빛이 비추어지면 광원이 입사된 면을 밝히게 되는데 밝혀진 어느 면의 밝기를 조도(illumination)라 하며 밝기의 기준이 된다. 조도는 어느 면에 입사하는 빛의 양(광속, luminous flux)으로 입사하는 빛의 면적밀도를 나타내며 광속에 비례하고 단면적에 반비례 하므로 다음 식으로 나타낼 수 있다.

$$E = F/A \, (lx = lm/m^2)$$

E : 면의 조도(Illuminance : E), 단위 : 룩스(lx), 1룩스 = 1루멘/m^2

F : 면에 도달하는 광속의 합 (lm)

A : 면의 면적 (㎡)

조도는 그림 1-14처럼 광원에서 멀어질수록 거리의 자승에 비례하여 낮아지는데 이를 역자승의 법칙(inverse square law)이라 한다.

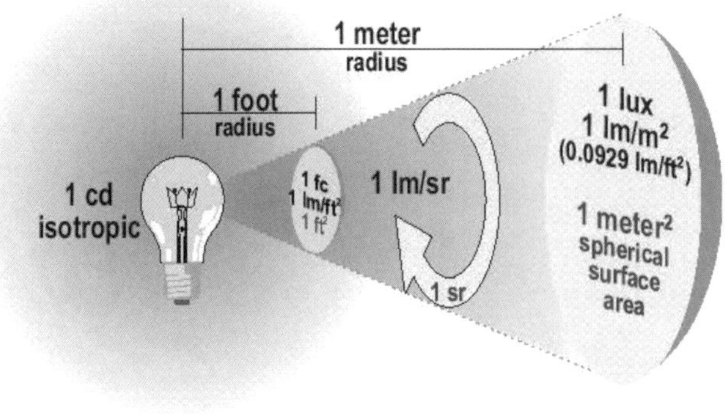

그림 1-13. 광원과 조도의 관계(1997, Light Measurement Handbook)

역자승의 법칙(inverse square law)은 광원의 빛의 양(광속)은 변하지 않아도 손전등을 표면에 가까이 비추면 좁은 면적에 밝게 비추어지지만 손전등을 표면에서 멀리 비추면 넓은 면적에 덜 밝게 비추어지는 개념인데 거리가 2배로 되면 빛을 받는 부분의 면적은 4배가 되면서 조도는 1/4로 감소한다. 거리가 3배로 되면 빛을 받는 부분의 면적은 9배가 되면서 조도는 1/9로 감소한다.

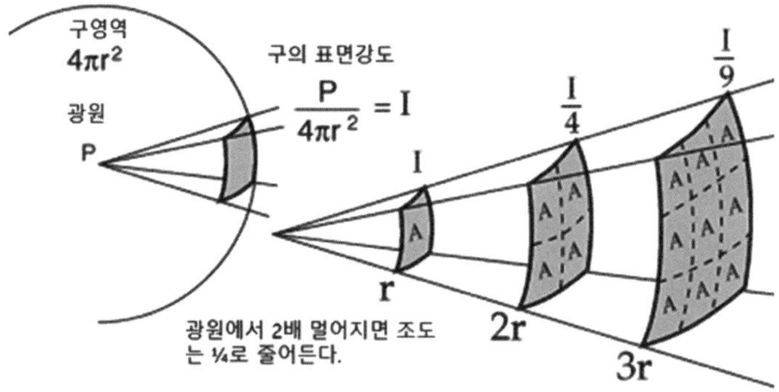

그림 1-14. 광원과 거리변화 – 역자승의 법칙

조도는 거리에 따라 변화하는 동시에 광원과의 각도에 따라서도 변화하는데 이를 나타내는 것이 램버트의 코사인 법칙(Lambert's cosine law)이다. 즉 조도는 입사하는 빛과 표면의 법선이 이루는 각의 cosine 값에 비례한다. 따라서 표면에 광원이 수직(0°)으로 입사할 때(cos 0°=1) 최대가 된다(cos 0°=1 cos 60°= 0.5 cos 90°=0).

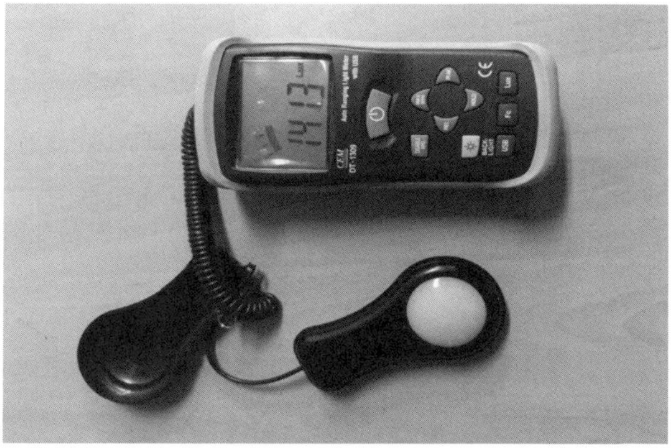

그림 1-15. 조도 측정계

조도는 조명계획 시 얼마만큼 밝게 하는가 기준이 되는 개념으로 작업의 종류, 사용빈도 등을 고려하여 적당하게 볼 수 있는 정도를 적정조도라 하며 조명설계의 기준이다. 이 적정조도를 조도기준이라 하며 각종 건물 별로 장소와 작업내용과 작업자의 연령 등에 따라 조도를 정하고 있다.

조도는 조명 설계의 양적 기준으로 국가표준(KS, JIS)이나 조명과 관련된 단체(IES, CIE)에서는 실의 종류 또는 시작업의 종류에 따라 가장 적합한 것으로 권장되고 있는 조도를 나타내고 있는데 이를 권장조도라고 한다.

조도가 높아질수록 입사하는 광속이 증가하므로 밝아지면서 사물이 잘 보이지만 조도가 높아질수록 전력사용량이 증가하므로 조도의 높고 낮음은 전기에너지의 사용량과 직결된다. 따라서 잘 보이게 하기 위해서 무한정 조도를 높게 권장 할 수는 없다. 권장 조도기준은 작업장소와 작업내용에 따라 구분되는데 공장, 사무실, 상점 등의 작업장소에 따라 구분하고 작업 대상물의 크기 또는 휘도 대비를 중심으로 작업의 난이도(거친, 단순, 보통, 정밀, 초정밀의 5종류)에 따라 권장조도기준을 정한다. 특정 국가의 권장조도기준은 그 나라의 경제 여건과 에너지 수급 상태에 따라 결정되므로 국가별 차이가 있을 수 있다

국내 조도기준은(KS A 3011) 먼저 작업장소를 분류한 후 다시 작업의 종류로 구분하여 권장조도를 나타내고 있다.

어떤 작업장에서 작업의 종류에 따른 권장조도의 예를 들면, 박물관에서 동양화를 관

찰할 때는 200 lux, 서양화는 400 lux, 3차원 조형물의 경우 1000 lux가 적당하다. 동양화는 먹으로 그려져 그림의 휘도대비가 크므로 조도가 낮아도 되며 서양화의 경우 채색의 다양성 때문에 색채 구분 능력을 높이기 위해서 고조도가 필요하다. 조형물이나 모형의 경우에는 동일한 재질을 사용함으로써 재질 자체에 의한 대비를 얻기 어렵고 입체감의 표현을 위한 렌더링효과가 중요하므로 고조도가 필요하다.

4) 휘도(Luminance)

사람이 느끼는 밝기는 조도(E)나 광도(I)와는 직접적인 관련이 없는데 사람은 물체에 입사하는 빛이 아니라 물체에서 반사되는 빛에 의해 사물을 보게 되고 밝기를 느끼므로 단위 면적에 입사하는 빛의 양으로 정의되는 조도는 밝기와는 무관하다. 사람이 밝기를 느끼기 위해서는 크기를 갖는 면의 개념이 있어야 하는데 광도는 점에서 출발하기 때문에 면에 대한 개념이 없다.

휘도는 빛을 발하거나 반사하는 즉 광원과 광원으로 간주 될 수 있는 반사면처럼 자체로 빛을 내는 발광체의 표면의 밝기를 나타내는 것으로 조명기구에서 발생된 빛이 직접 눈에 들어오거나, 물체의 표면에 반사된 후에 눈으로 들어오는 빛이 얼마나 밝은 것인가를 나타내는 것으로 휘도(luminance)는 candela(cd/㎡ 또는 cd/㎠, cd/ft)로 표시하며 니트(nt)로 나타낸다. (1nt = 1cd/m^2). 즉, 휘도는 어떤 대상을 본 눈의 밝기를 나타내는 것으로 사람이 느끼는 밝기에 가장 가까운 물리량이라할 수 있으며 작업능력에 커다란 영향을 미친다. 예를 들면 책을 읽을 때 종이에 도달하는 빛의 양은 동일하므로 조도가 동일하지만 글씨와 종이의 반사율이 다르고 이에 따라 휘도차가 발생하여 글씨를 읽을 수 있다. 또한 발광체는 모든 방향으로 동일한 빛을 발산하는 것이 아니고 서로 다른 방향으로 다른 양의 빛을 내기 때문에 보는 방향에 따라 휘도가 달라진다.

휘도가 높은 광원이나 반사면이 직접 눈에 보이면 눈부심이 일어나고 시선에 가까울수록 보는 데 지장을 준다. 백열전등이 켜진 상태에서 직접 보면 매우 눈이 부시지만 같은 전구에 갓을 씌우면 휘도가 작아지므로 눈부심 현상은 상당히 완화된다.

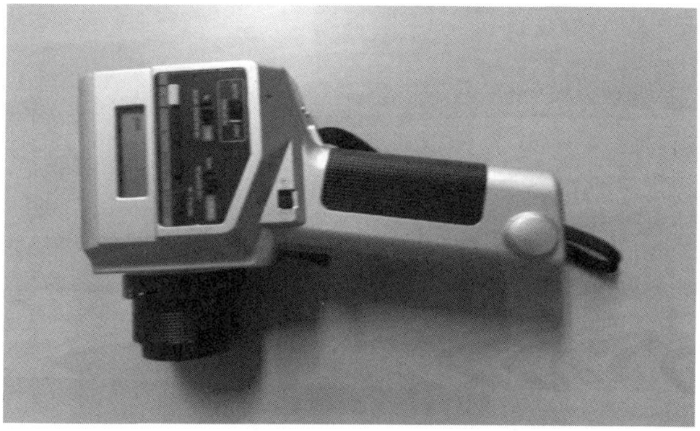

그림 1-16. 휘도 측정계

5) 색온도(Color Temperature, CT)

색온도는 광원의 색상을 나타내는 수치로 그 빛과 같은 색의 빛을 흑체가 방사할 때의 흑체의 온도이다. 흑체(blackbody)를 가열하면 빛이 발산되는데 온도증가에 따라 적색-황색-백열- 청록색으로 변화한다. 이때 흑체는 파장, 입사방향, 편광에 관계없이 입사한 모든 방사를 완전히 흡수하고 온도에만 의존하여 다른 색상의 빛을 방출하는 가상의 물체이다. 따라서 색온도가 낮으면 붉은색 또는 오렌지색에 가까운 난색의 빛으로 되고 색온도가 높을수록 백색으로 변하다가 색온도가 더욱 높아지면 청색에 가까워진다. 색온도의 단위는 K(kelvin)이며 일반적인 온도의 개념과는 다른 물리량이다. 형광램프의 경우 색온도와 광색은 관내부에 코팅되는 형광물질의 배합에 의해서 결정된다.

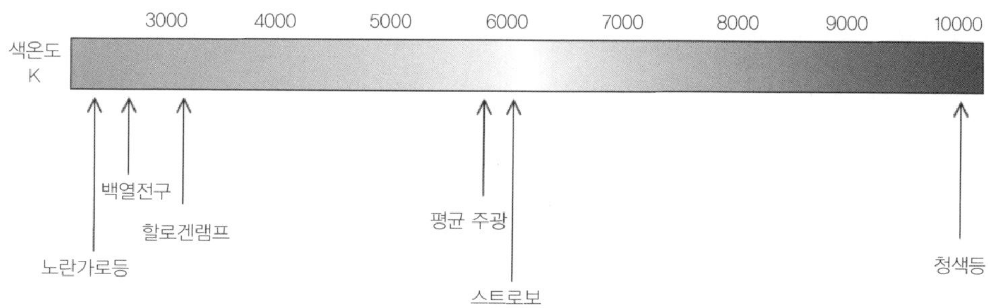

그림 1-17. 색온도

표 1-4. 자연광과 각종 조명의 색온도(2013, 목재조직과 인테리어)

광원	색온도
흐린 적색(흑체)	800
저압나트륨 등	1750
촛불 불꽃/일출 시 태양	1800
고압나트륨 등	2100
텅스텐필라멘트 백열전구	2600-3000
밝은 노란색(흑체)	3000
백열등, 수은증기등, 메탈할라이드	3000-5000
온화한 백색 형광등	3000
백색 형광등	3500
차가운 백색 형광등	4100
주광형 백열전구	4700
백색(흑체)	5000
정오 태양	5500
LED	6000
주광형 형광등	7000
흐린날 태양	7000
옅은 푸른색(흑체)	8000
푸른하늘	10000
밝은 푸른색(흑체)	60000

6) 연색성, 연색지수(Color Rendering Index, CRI)

연색성이란 색상이 각기 다른 광원이 피사체를 비출 때 본래의 색상과 비교하여 나타내는 색의 효과를 칭하고, 특정 조건 하에서 연색의 특성을 연색성(color rendition)이라 한다. 연색성은 8가지 색상의 색온도를 기준광원이 비춘 것과 측정하고자 하는 광원이 비춘 것을 비교하는 체계이다. 연색성을 지수로 나타낸 것을 연색지수(CRI, color rendering index) 라 하며 0-100까지의 수치를 이용하여 연색성을 나타내며 수치가 높을수록 연색성이 높은 것을 나타낸다. 예를 들어 백열전구는 연색지수의 정의에 따르면 그 값은 100에 가깝고 실내인테리어의 색상표현이 중요하다면 연색성지수는 80이상이 필요하다. 연색지수는 태양광을 사물에 조사했을 때의 사물의 색상을 기준(CRI: 100)으로 하여 기타 인공적으로 제작한 조명을 조사했을 때의 사물의 색상이 태양광을 조사했을 때와의 색상과 얼마나 근접한지를 나타내는 지수로서 0~100까지의 수치를 갖는다. 연색지수가 100에 근접하는 백색 광원일수록 태양광 아래서 인간의 눈이 인식하는 사물의 색상과 별반 차이가 없는 색상을 느끼는 것이다. 태양광에 가까운 백색광원은 연색지수가 80이상이며 일반 형광등의 경우 연색지수 값은 60~75이다.

연색지수의 측정방법은 정해진 여덟 종류의 시험색을 측정하려고 하는 광원하에서 본 경우와 기준 광원 하에서 본 경우의 차이로 측 정한다. 측정한 광원이 기준 광원과 같으면 Ra 100으로 나타나고 색차이가 클수록 Ra값이 작아진다. 지수가 100에 가까울수록 연색성이 좋은 것을 의미하며 일반적으로 평균 연색지수가 80을 넘는 광원은 연색성이 좋다고할 수 있다. 연색지수는 동일한 색온도를 갖는 2개의 광원을 비교할 때 사용된다. 예를 들어 5000K과 Ra 80 값을 갖는 광원이 4000K, Ra 70 값을 갖는 광원보다 연색성이 우수하다고 말할 수는 없는 것이다.

표 1-5. 광원에 따른 연색성(2013, 목재조직과 인테리어)

램프 형대	연색성 지수
자연광	100
백열전구	95-99
형광등	22-92
수온 증기 등	15-50
메탈할라이드	65-75
고압나트륨 등	20-25
저압나트륨 등	0
led	Blue: 75, Green: 75 -80, Red: 80

그림 1-18. 눈부심

7) 눈부심 현상

시야 내의 어떤 휘도로 인한 불쾌(discomfort glare), 고통, 눈의 피로나 시력의 일시적인 감퇴(disability glare)를 초래하는 현상을 눈부심 또는 현휘(glare)라고 하며 눈부심을 강하게 느끼는 것은 빛의 손실이 커지는 것으로 시계 내에서 과도하게 밝은 광원을 보거나 과다한 휘도의 차이에 의한 시각의 손상 또는 불쾌함을 느끼게 된다. 현휘는 시선으로부터 30° 이내의 시야 내에서 생기기 쉬우며, 이 범위를 글레어역(glare zone)이라고 한다.

8) 광원의 효율과 수명

광원의 효율은 소비하는 전력에 대해 발생하는 빛의 양으로 평가된다. 즉, '전광속/소비전력'으로 계산한 수치를 이용한다. 형광램프의 효율은 백열전구의 램프효율보다 높으므로, 전반조명용으로는 백열전구보다 형광램프가 적합하다고할 수 있다. 단, 상점의 액센트조명과 같이 좁은 범위에 강한 빛을 집광해야 하는 경우라면 형광램프의 효율이 반드시 좋다고는 하기 어렵다. 발광면적이 극히 작은 할로겐램프는 램프효율은 낮지만, 빛을 어느 일정 방향으로 모으는 데 있어서는 효율이 우수하다고할 수 있다.

광원의 수명이란 광원이 점등되지 않게 되었을 때까지의 점등시간 또는 광속이 기준치

보다 일정비율로 낮아지기까지의 점등시간을 말한다. 백열전구 등 비교적 수명이 짧은 램프(1,000 ~ 2,000시간)의 경우에는 점등시간이 적용되고, 형광램프처럼 수명이 긴 램프(6,000 ~ 2,000시간)에 대해서는 광속저하시간이 적용된다. 그림의 CFL램프는 10000시간을 나타내고 있다. HID 램프의 수명은 대체로 형광램프와 비슷하다. 이에 비해 LED는 장수명(적절한 조건에서 10만 시간 이상)이면서 저전압에서 작동하므로 친환경 조명으로 추천되고 있다.

그림 1-19. 조명 램프의 효율과 수명 표시

9) 빛의 측정

❶ 반사율의 간이 측정

빛 반사율은 입사량에 대한 반사량의 비로서 나타낼 수 있다. 측정할 표면에 60도나 90도 각도로 일정 세기와 일정량의 빛을 쏘아 반대편에서 그 값을 읽어서 측정할 수 있으나 광택계 등의 장비를 필요로 한다. 간단하게 측정하는 방법으로는 측정할 표면에서 조도계를 50~80mm 높이에 위치시키고 수광부를 광원이 입사하는 방향으로 맞추고 조도(입사량)을 측정 한다. 다시 수광부를 측정할 표면쪽으로 향하게 한 후 조도(반사량)를 측정한다. 이때 측정된 양이 입사량이 100lx이고, 반사량이 50lx이면 측정 표면의 반사율은 약 50%가 된다.

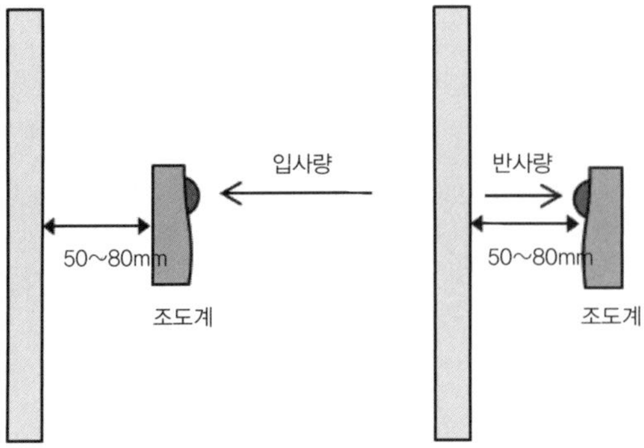

그림 1-20. 반사율측정(2013, 조명의 기초이론)

❷ 조도측정

조도는 조명설계의 기본이 되므로 정확하게 측정하여야 한다. 조도계가 측정자의 그림자에 영향을 받지 않도록 하고 수평을 잘 맞추어야 한다. 그림은 일반적인 조도계를 나타내며, 측정점은 4점, 5점 또는 다점법으로 측정한다. 4점법은 IES(북미조명공학회)에서 제시한 조도 측정방법으로 다점법의 약식계산 방법으로 간단하게 평균조도를 측정할 수 있으며 조명기구가 중앙 배치형으로 되어있을 때 평균조도의 측정이 가능하다. 조도측정방법은 4장에서 자세하게 설명한다.

5점법은 KS 평균조도 산출법(KS C 7612)으로 국부조도를 고려한 방법인데 공간의 크기가 증가할수록 최대 및 최소 조도값의 차이가 증가하는 경향이 있다.

다점법은 공간에 설치된 조명기구의 수가 많을 때 평균조도의 측정방법으로 측정 포인트가 많기 때문에 정밀한 조도의 분석이 가능(평균조도 개념에 근접)하지만 조도측정에 소요되는 작업시간과 작업량이 크다

조도계는 수광부에 셀렌 광전지를 사용하여, 입사되는 광속을 전류로 변환하여 고감도 전류계로 읽어내는 방식을 채택하고 있다. 백열등이나 수은등과 같은 각종 인공광 및 다양한 조건 하에서의 자연광의 조도를 측정할 수 있고, 점광원뿐만 아니라 창에서 들어오는 빛이나 다양한 광원에 의한 실내조명, 각도가 있는 도로 조명 등도 유백 글로브의 작용에 의해 측정할 수 있다.

❸ 휘도의 측정

광원 또는 반사면의 휘도 측정은 측정하고자 하는 장소에 휘도계의 초점을 맞추고 측정한다. 측정 시에 휘도계가 흔들리지 않도록 해야 한다. 측정자가 수동으로 초점을 조절하고 부위에 따라 휘도가 다르기 때문에 측정자에 의한 오차가 발생될 수 있다. 휘도계의 사양은 일반적으로 최소 측정거리, 측정 각도, 측정값의 범위 등으로 나타낸다. 광원 또는 반사면의 특성을 분석하기 위하여는 분광 휘도계를 이용한다.

10) 배광곡선

광도의 공간적인 분포를 배광(light distribution)이라 한다. 점광원은 각 방향의 광도가 일정하지만 그 밖의 광원은 종류, 형태, 방향, 반사판의 구조에 따라 변화하므로 해당 조명기구의 광도 분포를 확인하고 이를 적절히 이용함으로써 효과적인 조명을 계획할 수 있다.

조명기구의 배광을 그래프로 표시한 것을 배광곡선(light distribution curve)이라 하며 광원의 중심을 통과하는 연직면(수직면) 또는 수평면상의 광도를 극 좌표계에 표시하여 그림으로 나타낸다. 수직면 위 각 방향의 광도 분포를 수직 배광곡선이라 하고 수평면 위 각 방향의 광도 분포를 나타낸 것을 수평 배광곡선이라 한다.

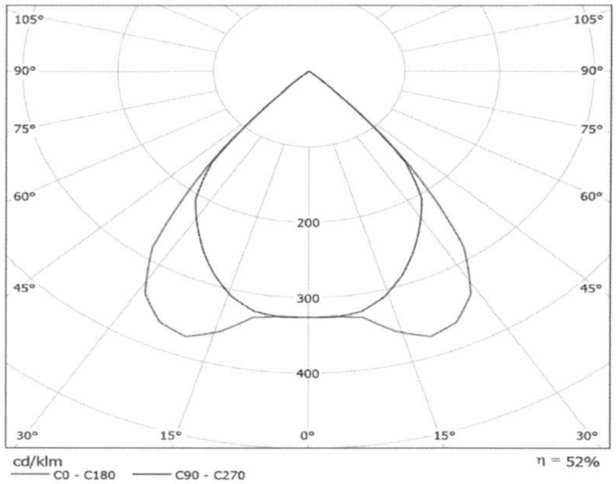

그림 1-21. 배광곡선

2장

자연채광과 인공조명

01. 자연채광

자연채광은 인공적인 조명을 사용하지 않고 채광하는 것으로 건축의 시작과 동시에 인류가 사용한 조명방식이며 태양을 광원으로 해 주광조명이라고도 한다. 태양은 약 70%의 수소와 약 30%의 헬륨으로 구성되어 있으며 수소와 헬륨의 핵융합반응으로 에너지를 만들며 전체 태양에너지의 20억만분의 1정도가 지구에 도달하는데 하루에 1.49×10^{19} 킬로주울(KJ)의 에너지이다. 이것은 세계에서 1년간에 사용하는 에너지(석유환산 : 87억 킬로리터)의 무려 16,000배에 해당하는 에너지이다. 태양으로부터의 빛은 지구의 대기권에 입사하여 일부 산란, 흡수되지만 대부분은 대기층을 통과하여 직사일광으로 지표면에 도달한다. 대기층에서 산란, 흡수된 빛은 청공광으로 도달하고 구름에서 확산, 투과 반사되면 담천광으로 지표면에 도달한다. 청공광과 담천광을 합하여 천공광이라 하고 천공광과 직사일광을 합하여 주광이라고 한다. 주광을 실내로 유입시켜 이용하는 것이 자연채광인데 자연채광은 우수한 연색성으로 쾌적한 환경을 제공하고 건축 및 산업시설의 조명 에너지 절감과 환경 개선에 기여한다. 자연 채광은 별도의 설비를 사용하지 않고 건축물의 차양이나 창문을 통한 자연형 자연채광과 설비를 사용하는 설비형 자연채광으로 구분된다. 자연형 자연채광에는 천창, 고창, 측창, 아트리움, 반사채광 방식 등이 있으며 설비형 자연채광에는 반사경 채광 방식, 광덕트 채광 방식, 광섬유 채광 방식, 광파이프 채광 방식, 광튜브 채광 방식 등이 이용되고 있다.

1) 자연형 자연채광

자연채광은 태양광을 이용하여 거주자의 시각적 피로를 덜어주고 조명에너지를 절약할 수 있는 효과적인 방안으로 자연채광과 인공조명 간의 상호보완이 필요하다. 자연채광은 주로 창문을 이용하는데 창의 위치와 크기, 형상, 유리의 투과율과 반사율 등에 따라 유입되는 햇빛의 양과 질이 달라지며 위치에 따라 측창, 정측창 그리고 천창으로 구분된다.

측창은 벽면에 수직으로 설치한 창을 측창이라 하며 편측 채광과 양측 채광으로 구분한다. 편측채광은 가장 일반적으로 사용하는 방법인데 실내로 채광이 한쪽에서만 들어오기에 실의 조도 분포가 균일하지 않다. 창의 반대편에서의 조도는 실의 깊이가 증가함에 따라 감소하게 되므로 인공조명으로 보완해야 할 필요가 있다. 양측 채광은 조도 측면에서 유리하나 주광선이 2개가 있어 그림자와 실공간의 분위기가 양분되는 단점이 있다.

측창 채광의 장점으로는 구조 및 시공이 용이하고 누수의 우려가 적고 개폐 및 기타 조작이 간단하며 통풍, 단열에 유리하다.

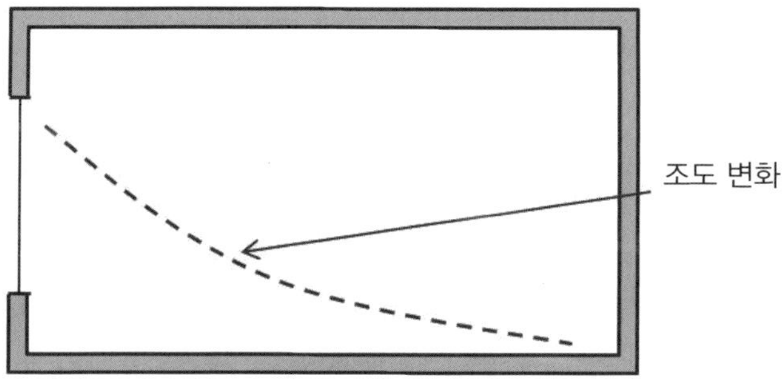

그림 2-1. 측창

천창은 지붕면에 대해 수평 또는 수평에 가까운 창에 의한 채광이며 1층 또는 다층구조의 최상층 상부에 개구부를 두어 창을 내므로 다층건물에 적용이 불가능하고 조망과 방위조절에 대한 요구를 만족시키지 못하는 단점이 있다. 천창 채광은 매우 넓은 실내 면적에 균일한 조도를 제공하고 높은 조도 레벨을 제공하지만 일부의 경우 눈부심을 야기하거나 광막반사의 원인이 되기도 한다. 이러한 눈부심이나 광막반사를 방지하기 위하여는 광원을 시각 불쾌 존에서 멀리하기 위해서 지붕의 개구부를 적절하게 배치하거나 빛을 천장으로 반사시키거나 차폐 장치를 사용하여 광원을 가려 직접 현휘의 문제를 해결하거나 천창에 반투명 유리를 적용하여 방지할 수도 있다.

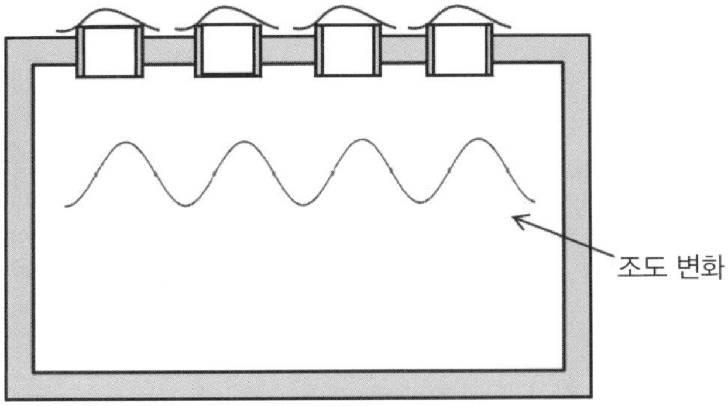

그림 2-2. 천창

정측창 채광은 천창 채광과 측창 채광의 효과를 얻기 위해 지붕면에 수직이나 수직에 가까운 창에 의한 채광이며 반사성 고창, 톱니형 천창을 들 수 있다. 반사성 고창은 채광을 반사에 의해 실의 아래쪽 공간으로 입사시키고 간접광으로 확산하여 분위기 있는 효과를 부여하고 전시공간의 벽면에 높은 조도가 필요한 미술관과 같은 경우에 사용하고 톱니형 천창은 넓은 작업면에 주광율 분포가 일정할 필요가 있는 공장 등에 사용한다.

2) 설비형 자연채광

국내의 경우 국토 면적이 좁아 고층 사무소 건물이나 고층 아파트를 활용하게 되는 경우가 많은데 이 경우 저층의 공간 또는 인접한 저층 건물 그리고 지하 공간은 측창이나 천창을 이용한 채광이 불가능하다. 이런 경우에 반사 장치, 덕트, 케이블 등을 통하여 건물내부로 자연광을 도입시키는 방법을 설비형 자연채광이라 한다.

설비형 자연채광 시스템은 보다 효율적인 자연채광을 위하여 별도의 설비시설을 건물에 설치하는 방법이다. 효율적인 자연채광이란 실내로 유입되는 자연광의 집광 면적을 증가시키고, 집광된 자연광을 별도의 이송설비를 이용하여 필요한 용도와 위치에 사용할 수 있는 적극적인 채광 방식이다. 설비형 자연채광 방식은 과학기술의 발달과 에너지 절약의 기대에 부응하여 여러 가지 방식의 제품들이 개발되고 있으나 고가의 설치비용으로 인하여 사용이 제한되고 있다. 우리나라는 국토면적이 좁아서 밀집 주거형태의 주거환경에서 생활하는 비율이 높고 석유나 천연가스 등의 에너지자원이 부족하여 조명효율을 높여야 하므로 설비형 자연채광 시스템을 효율적으로 적용해서 태양에너지를 이용해야 한다.

❶ 반사거울 방식

평면 또는 곡면의 반사거울을 이용하여 자연광을 실내로 유입시키는 방법이다. 여러 개의 반사거울을 사용할 경우 별도의 이송장치 없이도 장거리의 자연광 이송이 가능하나, 정밀한 조사 위치의 조절이 어려워 주로 전반조명의 목적으로 사용된다.

❷ 프리즘 방식

반사거울 방식은 태양고도에 따라 채광양의 변화가 발생한다. 이를 보완하기 위하여 2장의 평판 프리즘을 조합하여 수집된 자연광을 바로 밑으로 굴절 시킬 수 있는 프리즘 방식이 개발되었다. 프리즘 방식과 형태는 같으나 평판 프리즘을 사용하지 않고 유입된 자연광을 실내로 바로 유입하는 광파이프 방식도 있다.

그림 2-3. 프리즘 유리방식 자연채광

❸ 프리즘-거울 병용 방식

프리즘-거울 병용 방식은 전반사 프리즘에 의해 수직방향으로 입사된 자연광을 2차 반사거울을 사용하여 수평방향으로 굴절시켜 실내로 유입하는 채광 장치이다. 이 방식은 반사거울 방식에 비해 태양고도에 의한 채광량의 변화가 적으며, 대용량의 채광량 전송과 장 · 단거리 이송이 가능하다.

❹ 렌즈-광섬유 방식

렌즈-광섬유 방식은 빛을 집광시키기 위하여 렌즈를 사용하며, 집광된 빛은 광섬유로 전송된다. 렌즈는 항상 태양과 정면으로 향하도록 제어되기 때문에 태양고도의 변화에도 불구하고 항상 일정한 전송효율을 얻을 수 있다. 또한, 광케이블의 특성으로 전송거리의 제약이 거의 없고 광전송 손실이 적고 설비장소의 제약이 없다. 실용화된 장치 중 가장 우수한 방식으로 평가되고 있으나 광섬유의 가격이 고가여서 설치비가 비싸지는 것이 단점이다.

02. 발광원리와 광원

1) 발광원리

인공광원이 빛을 발하는 원리는 열복사(thermal radiation)와 루미네선스(luminescence) 현상을 이용하는 것이다.

열복사에 의한 광원은 온도 방사광원이라고도 하며 백열(incandescent)현상에 의한 발광을 하게 된다. 물체가 가열되면 열에너지는 고체의 전자를 흥분시키는 방향으로 전달된다. 열적으로 자극된 원자들은 광자를 방출하게 된다. 이때 방출된 복사에너지가 우리가 눈으로 인식할 수 있는 파장대인 가시영역에 있을 때를 '백열'이라고 한다. 백열을 통한 가시광선을 방출하기 위해서는 물체의 온도가 절대온도 800K(붉은색)이상으로 가열되어야 한다.

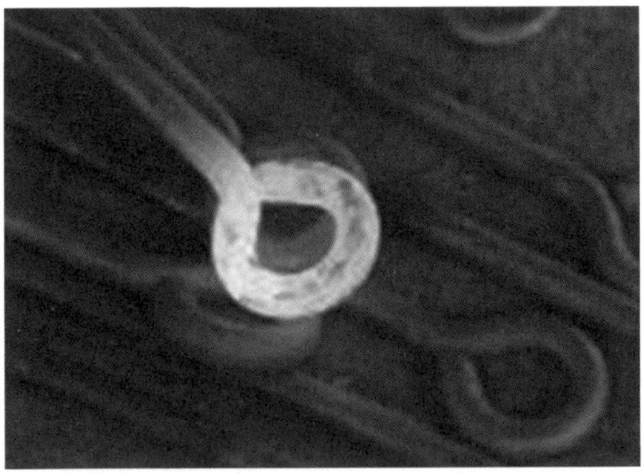

그림 2-4. 가열된 강철의 발광

물질이 빛을 발하는 것은 그 물질을 이루는 원자의 최외곽 전자 궤도가 어떤 자극에 의해 여기(excited) 되었다가 원래의 궤도로 되돌아 가는 과정에서 빛을 발하게 된다. 전자의 여기는 가열, 자외선이나 엑스선 등의 빛, 음향, 마찰 등 여러 방법에 의한다. 다양한 발광 방식에 의한 수많은 조명기구가 존재하며 조명기구의 종류는 백열전구, 형광등, HID 램프 그리고 LED의 4종으로 크게 구분된다. 가열에 의한 발광은 오래 전부터 사용해 오던 백열전등의 발광 방식이며 여러 형태의 백열등이 사용되고 있고 효율이 높은 할로겐전구도 백열전구의 한 종류이다.

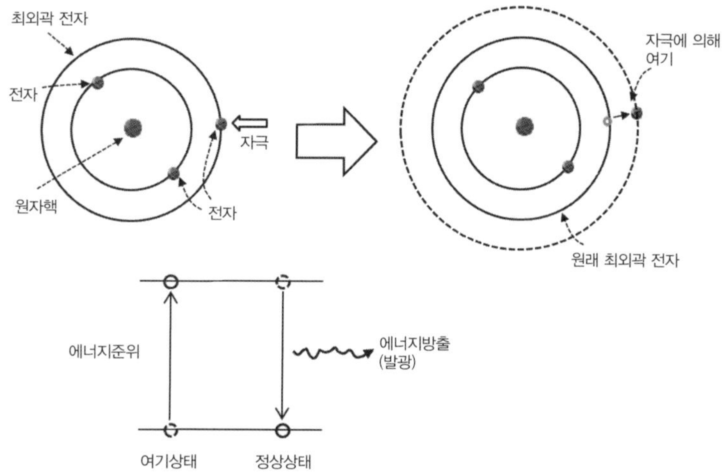

그림 2-5. 발광원리

루미네선스(luminescence)는 온도복사와 달리 고온이 아닌 저온에서 발생한다. 열을 수반하지 않기 때문에 냉광이라고도 하며 물질이 빛이나 전기, 방사선 등의 에너지를 흡수하여 여기상태가 되고, 그것이 기저상태로 돌아갈 때 흡수 한 에너지를 빛으로서 방출하는 현상이다. 화학적, 생화학적 변화, 전기에너지, 아원자의 운동(subatomic motions)등과 같은 자극에 의해 발생한다.

빛에 의하여 여기되었다 원래 궤도로 돌아가면서 다른 파장의 빛을 발광하는 것은 형광에 의한 발광인데 형광등에 적용되고 있다. HID 램프는 전극 간의 방전에 의해 발광 원소 원자의 최외곽 전자를 여기시켜서 발광하게 되며 LED는 전계발광에 의해 발광한다.

초기에 주어지는 자극의 종류에 따라서

- 형광(Fluorescence)
- 인광(Phosphorescence)
- 광루미네선스(Photoluminescence)
- X선루미네선스(X-ray luminescence)
- 마찰루미네선스(Triboluminescence)
- 음극선루미네선스(Chemoluminescence)
- 전기루미네선스(Electroluminescence)
- 화학루미네선스(chemiluminescence 반딧불이나 야광충의 생물발광)

등이 있다.

2) 백열전구

백열전구는 약 130년 전부터 사용하기 시작한 광원으로, 전류에 의하여 텅스텐 필라멘트를 가열하여 빛을 발산 하는 온도 방사의 원리를 응용한 것이다. 따라서 빛에 열을 동반하며 광색이 다소 붉은 빛을 띤다. 전체 방사 에너지는 대부분이 열로 발산되므로 빛으로 변환되는 에너지는 전체 입력의 10% 정도에 불과하다.

전력소모나 수명을 감안하면 경제적이지 않지만 태양광선에 가까운 자연스러운 빛을 내며 일반적으로 사용하는 전구이다. 백열등은 온도 방사에 의한 발광원리를 이용한 조명기구로 발광원이 적은 점조명이며 단파장의 빛 성분이 적고 장파장의 성분이 많아 태양빛보다 붉은 빛을 방사한다. 백열등의 구조는 유리구 안에 텅스텐 필라멘트를 넣고 텅스텐 코일의 산화방지를 위하여 아르곤과 질소가스를 봉입한 것으로, 전기를 통하여 텅스텐 필라멘트가 가열되면 발광한다. 백열등은 구조가 간단하고 발광원리도 간단하여 가격이 저렴한 반면 90%이상의 에너지가 열로 바뀌고 10%이하의 에너지만이 빛으로 변환되기 때문에 동일한 조도를 발생시키는데 다른 조명에 비해 전력소모가 많은 편이어서 발광효율이 떨어진다. 또한 점등시간 동안 열의 발생이 많아서 냉방 시 냉방소요에너지가 증가하고 램프의 수명이 1000시간 정도로 짧은 단점이 있다. 따라서 형광램프 등이 백열전구보다 많이 사용되고 있으며 일정용량 초과 백열전구 사용을 제한하는 규정도 있어서 점차 사용이 감소하고 있다.

❶ 필라멘트

백열등은 열에 의한 복사가 가장 두드러진 광원으로 전류의 흐름에 의해 충분히 높은 온도까지 필라멘트가 가열되면서 점차 밝아진다. 온도가 증가함에 따라 방사되는 빛의 스펙트럼은 짧은 파장대역으로 변환된다. 즉 빨갛게 달아오른 필라멘트는 백열등의 따뜻한 백색광(warm white)을 발산한다. 램프와 전력량에 따라 필라멘트의 온도는 3,000K까지 도달할 수 있다(할로겐램프의 경우에는 3,000K을 넘는다). 이 온도에서 이루어지는 최대한의 복사는 적외선의 범위 내에 있다. 그 결과를 가시광선과 비교하면 열적복사는 매우 크고 자외선(UV)복사는 매우 적다.

백열등의 필라멘트에 적합한 물질이 드물다는 것은 필라멘트의 온도를 더 이상 상승시킬 수 없다는 것을 의미한다. 즉 광효율(luminous efficacy)의 향상과 냉백색(cool white)의 광색을 표시하는데 한계가 있다. 모든 가열된 고체 덩어리와 마찬가지로 백열등은 연속적인 스펙트럼을 방출한다. 따라서 분광곡선(spectral distribution curve)은 연속적이며 독립적인 선으로 구성되지 않는다. 필라멘트 와이어의 전기적인 저항으로부터 발생되는 열은 복사에너지로 변환되며 변환된 에너지의 일부분이 가시광선으로 나타난다. 이는 매우 단순한 원리지만 백열등의 구조에 있어서 실질적인 문제점으로 나타난다.

여기에는 빛을 만들어낼 수 있는 몇 가지 물질만이 존재한다. 예를 들어 필라멘트 와이어로 사용하기에 적합한 물질은 충분히 높은 용융점을 갖고 있어야 하며 동시에 용융점 아래에서 충분히 낮은 기화율을 갖고 있어야 한다. 현재 필라멘트의 와이어로 사용되는 것은 텅스텐이다. 이는 3653K의 용융점을 나타내고 낮은 기화율을 갖기 때문이다. 텅스텐은 와이어를 만들기에 적합하고 단일 코일형과 이중 코일형으로 만들어진다. 백열등의 경우 필라멘트는 유리구 내부에 위치하게 된다. 유리구는 빛의 손실을 줄이고 기화된 텅스텐을 축적하기 때문에 상대적으로 크다. 필라멘트의 산화현상을 방지하기 위하여 필라멘트의 바깥쪽의 공기는 빼내고 질소(Nitrogen)가스나 질소 화합물로 만들어진 가스로 채운다. 유리구를 채우고 있는 가스의 열 차단 특성은 필라멘트 와이어의 온도를 상승시키고 동시에 텅스텐의 기화율은 감소시킨다. 이러한 가스의 주입은 결과적으로 광효율을 증가시키고 램프의 수명을 연장시키게 된다. 내부에 주입되는 가스는 주로 아르곤(Argon)이나 크립톤(Krypton)이 사용된다. 크립톤 가스는 보다 높은 작동온도를 가능 하게 만들고 광효율을 높여준다. 그러나 크립톤 가스는 자체 가격이 비싸기 때문에 특별한 목적의 광원의 제작에만 사용 된다.

백열등의 주요 특성중의 하나는 낮은 색온도 때문에 주광에 비하여 온화한 빛을 만들어낸다는 것이다. 백열등의 색 스펙트럼은 색의 재현에 있어서 매우 우수하다.

백열등은 높은 휘도(luminance)를 갖는 점광원으로서 광택이 있는 표면에 반짝이는 효과(sparkling effect)를 만들 수 있고 광학적인 기기를 사용하여 빛의 조절이 용이하다. 따라서 백열등은 좁은 조사 범위를 갖는 악센트 조명에서부터 넓은 범위를 갖는 일반 조명에까지 응용범위가 넓다고할 수 있다. 또한 백열등은 조광(dimming)이 용이한데 조광의 동작을 위해서 추가적인 조절장치가 필요 없으며 어떠한 램프의 밝기(burning position)에서도 조작이 가능하다.

❷ 백열등의 유형

a. A lamp

백열등은 에디슨 램프라고 통칭되는 일반 백열등(general service lamp)은 A lamp로 분류되며 다양한 형태와 크기가 생산되고 있다. 유리구는 투명(clear)인 것과 불투명(matt), 반투명(opal)이 있다.

그림 2-6. 백열등 – A형 램프

b. R lamp

반사형 램프(reflector lamp)이다. 반사형 램프는 모든 방향으로 빛을 발산하는 A-lamp와 달리 빛의 방향 조절이 가능하다. 빛의 방향은 램프의 모양과 램프 안쪽에 실버 코팅된 부분에 따라 달라진다.

c. PAR lamp

백열등의 또 다른 모델은 일명 빔전구라고 불리는 포물선 반사형(Parabolic Aluminized Reflector) 램프이다. PAR 램프는 온도의 변화에 보다 잘 대응하기 위하여 압축된 유리로 만들어진다(반사경의 말단에 테두리가 만들어진다). 반사면과 렌즈를 용착시켜 제작하였기 때문에 집광성이 우수하고 정확한 빛의 조사(beam spread)가 가능하다. 모든 유리는 옥외에 사용되는 개방형 등기구에 장착할 경우에 대비해서 외기의 온도차에 의한 열충격에 견딜 수 있는 내열유리를 적용하고 있다. PAR 램프는 Halogen 기술을 바탕으로 하며, 낮은 전압에서 보다 많은 빛을 발산하고 보다 긴 수명을 갖는다.

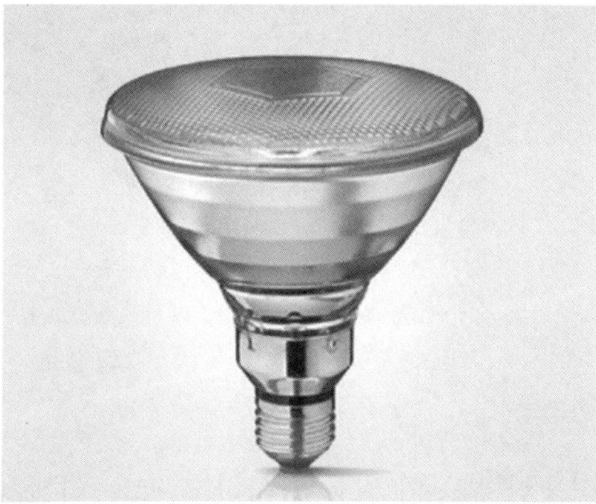

그림 2-7. PAR lamp(Parabolic Aluminized Reflector)

d. Krypton Lamp

크립톤 가스를 봉입한 백열 전구로 크립톤 가스는 아르곤 가스보다 무겁고, 열전도도는 약 1/2로 열손실이 적다. 크립톤 주입 전구는 필라멘트인 텡스턴의 증발을 억제하기 때문에 일반 조명용으로 사용되는 아르곤 봉입 전구에 비해 효율이 10-13% 정도 향상된다(효율을 같게 하면 수명이 2배가 됨). 일반 조명용 전구와 광속을 거의 동일하게 하고, 소비 전력을 10% 감소시켜서(효율 3% 향상), 수명을 2배(2000 시간)로 만든 크립톤 전구가 1975년에 제품화 되었다. 열손실이 적기 때문에 알루미나 실리게이트 유리구를 이용한 소형 크립톤 전구가 보급되어 있다.

3) 할로겐램프

할로겐램프는 미량의 할로겐 물질을 포함한 불활성가스를 봉입하여 할로겐 물질의 화학반응을 응용한 텅스텐전구로서 1959년 미국에서 개발되었다. 할로겐램프는 백열전구의 일종으로 가열발광에 의한 발광 방식은 백열전구와 유사하나 전구에 할로겐가스를 주입하여 발광효율과 수명을 늘린 전구로서 작은 사이즈의 전구이다.

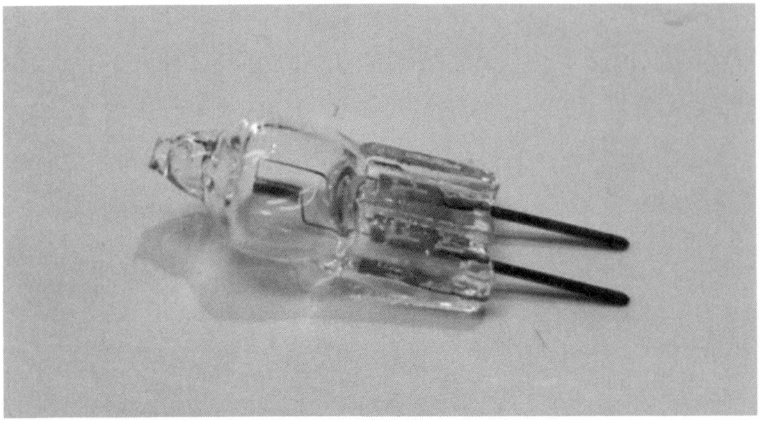

그림 2-8. 할로겐 램프

따뜻한 색상의 빛을 방사하고 높은 연색성을 나타낸다. 백열전구보다 빛 변환효율이 높고 수명이 길며 가격이 백열전구보다 비싸서 초기비용이 높다.

할로겐 램프의 할로겐 싸이클(halogen cycle)을 살펴보면 먼저 텅스텐의 용융점은 3,650K으로서 이 점에 도달하기 위해서는 백열 현상이 시작되는 약 2800K에서 상대적으로 긴 시간이 소요된다. 이러한 사실은 보다 효율적인 백열램프를 제작하는데 방해가 되는 요소이다. 이때 필라멘트의 기화되는 비율을 상승시키면 온도의 상승이 수반된다. 초기에 이러한 현상은 최종적으로 필라멘트가 타는 유리구의 흑화 현상(blackening) 때문에 더욱 낮은 성능을 나타낸다. 광효율을 증가시키기 위해 소요되는 비용은 결국에 램프의 수명을 단축시키는 결과로 나타난다. 유리구의 흑화 현상을 방지할 수 있는 기술적인 방법이 램프내부의 가스 혼합물에 할로겐을 추가하는 것이다. 기화된 텅스텐은 할로겐과 결합하여 메탈할라이드Metal halide를 형성하고 이는 램프의 바깥쪽 단면에서의 온도에서 가스의 형태에 영향을 미쳐 유리구 표면에 아무것도 남기지 않을 수 있다. 메탈할라이드는 보다 뜨거워진 필라멘트에서 텅스텐과 할로겐으로 다시 구분된다. 그리고 텅스텐은 코일로 되돌아간다. 할로겐 순환을 원활하게 하기 위해서는 램프의 외부 유리의 온도는 250℃ 이상을 유지해야 한다. 이러한 결과를 얻기 위해서 석영(quartz) 유리로 만들어진 콤팩트한 유리관은 필라멘트와 밀착되어 있어야 한다. 이와 같은 콤팩트한 형태는 가스압이 증가하는 것뿐만 아니라 결과적으로 텅스텐의 기화율을 감소시키게 된다.

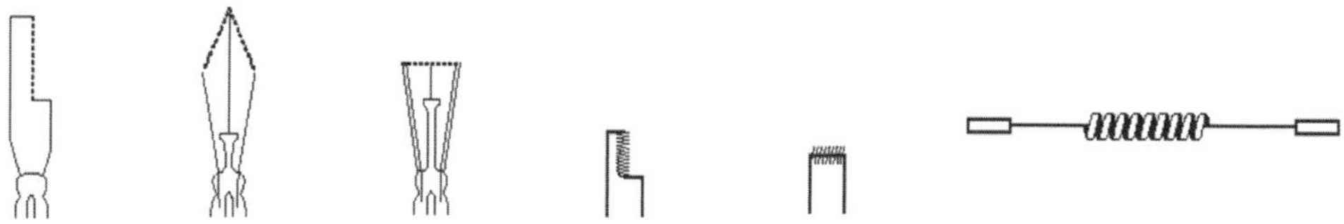

그림 2-12. 할로겐램프 필라멘트의 종류(2013, 조명의 기초이론)

할로겐램프는 흑화가 적으므로 유리구가 적어도 되며 체적이 일반램프에 비하여 1/10 정도로도 충분하다. 할로겐램프의 발광효율은 20 lm/w 정도이고 수명은 3000 ~ 4000 시간이다. 할로겐의 색온도는 'crisp white'이며 연색성(CRI)이 우수하며 대부분의 사람의 얼굴색을 잘 나타낸다.

할로겐램프의 용도는 상업공간의 스포트라이트나 다운라이트 및 주택에서 강조 조명(accent lighting)용 광원으로 사용되고 있다. Halogen PAR 램프는 상품이나 미술품의 high-lighting에 최적이다. 조명의 설치 예산이 적고, 램프교환 비용이 중요하지 않을 때, 장시간의 점등을 요구하지 않는 공간, 외기가 차가운 장소(건축물 투광이나 수목 투광)에서 조광을 할 경우에 적합하다. 할로겐램프는 발광효율이 낮아 에너지 효율과 유지관리 비용이 중요한 시설(학교, 상업시설, 소매점)에는 부적합하고 고온으로 작동하기 때문에 주변 온도를 상승시키고 직접 접촉할 경우 화상을 입을 우려가 있어서 사람이 기구에 근접할 수 있는 곳이나 장시간 사용되는 곳에서는 부적합하다. 전반조명(ambient lighting)의 용도보다는 작업조명(task lighting)으로의 활용이 권장된다.

한편, 할로겐램프의 단점은 전구의 온도가 높다는 것이다. 초기에 할로겐 램프는 석영

(quartz)으로 만들어진 투명한 관이었다. 석영은 할로겐 가스와 필라멘트가 고온에서 작동할 때 고온에 저항할 수 있는 유일한 물질이었다. 이러한 할로겐은 현재까지 사용되며 뜨거워진 석영관이나 금속 재료가 가연성의 커튼이나 얇은 의류에 접촉하게 되면 화재의 위험도가 높아진다.

할로겐램프의 또 다른 단점은 일반 텅스텐 백열등 보다 자외선 방출량이 많다는 것이다. 자외선은 예술작품의 안료를 탈색시켜 색과 종이를 변색시킨다. 이는 짧은 시간에 나타나고 회복이 불가능하다. 모든 색채에 민감한 예술 작품에는 자외선(UV)을 차단하는 렌즈나 필터가 부착된 할로겐을 사용해야 한다.

할로겐램프의 한 종류인 MR(multifaceted reflector) lamp는 Cool-beam lamp라고도하며, 다면체 반사경을 부착한 할로겐램프를 지칭한다. 다면체 반사경의 코팅 재료는 다이크로익diachronic이나 알루미늄aluminum을 사용한다. 다이크로익 반사경의 특성은 가시광선은 전면으로 반사하고 필라멘트 캡슐에서 발출되는 대부분의 적외선은 반사하지 않고 투과(transmitted)시킨다는 것이다. 따라서 조명의 대상이 되는 오브젝트 표면의 열에 의한 온도상승을 감소시킬 수 있다. 반면 알루미늄 코팅은 알루미늄을 사용한 박막 필름으로서 다이크로익과 달리 적외선과 가시광선 모두를 반사시킨다.

그림 2-10. MR(Multifaceted Reflector) lamp

MR 램프의 크기는 다양하며, 그 크기는 램프의 최대 직경(diameter)으로 결정된다. 램프의 크기는 1/8인치 증분이다. MR16의 경우 그 크기는 1/8 inch x 16 = 2 inch(약 50mm)이다. 일반적으로 가장 많이 사용되는 MR16의 소비전력은 10~100W의 범위이다.

일반적인 MR16 램프의 base 타입은 5가지 정도이다.

그림 2-11. MR16 램프의 base 타입(2002, Rensselaer Polytechnic Institute.)
ⓐ 2-pin(bipin), ⓑ medium screwbase with integral transformer,
ⓒ intermediate screwbase with integral transformer, ⓓ turn and lock, ⓔ bayonet

PAR 램프의 하위 그룹에 속하는 Cool-beam lamp의 경우 선택적으로 반사 코팅(dichroic)이 적용된다. 다이크로닉 반사경은 가시광선을 반사한다. 그러나 적외선의 많은 부분은 반사경을 투과하는 것이 허용된다. 따라서 조사되는 오브젝트 표면의 열에 의한 온도 상승은 절반으로 줄어든다.

HIR(halogen infrared reflected) lamp는 백열 램프 계열의 확장된 것으로 일반 할로겐에 비해 효율적이며 수명이 길다. 필라멘트 캡슐에 적외선 코팅을 하여 적외선(열)을 다시 필라멘트로 반사한다. 여기서 반사되어 추가된 열은 전기 에너지의 소모가 없이 필라멘트의 온도를 더욱 상승시키고 가시광선을 방출한다. Linear 또는 PAR 형태로 생산되며 HIR/PAR 가 보편적이다.

4) 형광등

1938년 GE에서 개발된 형광등은 기존의 백열등을 대치하여 1960년대는 산업용 및 상업용 조명 수요의 2/3를 담당하게 된다. 이 시기를 조명산업에서는 '풍요의 시대(Age of abundance)'라고 한다. 형광램프는 백열등과 달리 유리관 내부의 가스방전을 통해 관 내부에 도포되어있는 형광물질이 자외선을 가시광선으로 변환시켜 빛을 발산하게 된다. 직관형 형광램프는 광원 자체가 넓은 표면 영역을 갖기 때문에 백열등(할로겐)에 비해 빛의 방향성은 떨어지지만, 넓은 공간을 효율적으로 조명하는데 탁월한 효과를 갖는다. 에너지의 효율 측면에서 가정용, 사무용, 상업용으로 가장 많이 보급된 램프이다. 특히 삼파장 램프(tri-phosphor fluorescent lamp)의 개발을 통하여 형광등은 소형화, 경량화, 효율(lm/w)의 향상, 연색성이 크게 개선되었다.

❶ 형광등의 발광원리

공기 중에 2개의 전극(electrode)을 서로 마주보고 설치한 후 전극에 전압을 가하면 기체의 절연성 때문에 전류가 흐르지 않는다. 그러나 양 전극 사이의 전압을 높여주면 2개의 전극 사이에 불꽃이 튀어 전류가 흐르는 상태가 된다. 이와 같이 공기가 절연성을 잃고 공기 중(절연체)으로 전류가 흐르는 현상을 방전(discharge)이라고 한다. 이러한 방전 현상에는 기체 방전, 진공 방전, 글로 방전(glow discharge), 아크 방전(arc discharge), 코로나 방전(corona discharge), 고주파 방전 등이 있다. 형광등은 이중에서 저압의 아크 방전을 이용하고 있다.

2개의 전극에 가해진 높은 전압에 의해 음극(-)에서 양극(+)으로 전자가 이동하게 된다. 이때 전자는 유리관 내부에 충진된 수은 가스의 분자에 충돌(전리)하여 수은을 에너지가 높은 상태인 여기상태(excitation)로 만든다. 여기상태에서 수은 가스의 분자나 원자는 양이온 상태가 되고 이 양이온은 전자와 결합하면서 원래의 기저상태로 되돌아 간다. 이와 같이 여기상태에서 기저상태로 돌아가면서 그 차이만큼의 에너지는 빛과 열로 방출된다.

이와 같이 형광등과 같은 방전등은 유리관 내부에 가스를 충진 해야 하는데 여기에 사용되는 가스에는 수은(Hg)과 아르곤(Ar)이 대표적이다. 수은은 직접적으로 여기와 전리 과정을 통해 자외선을 만든다. 즉, 우리가 인식할 수 있는 가시광선을 만들기 위해서는 관벽 내부에 도포하는 형광물질에 자외선이 입사해야 하는데, 이 과정에 필요한 단파장의 자외선을 만들 수 있는 물질이 수은이다. 아르곤은 불활성 기체로서 방전의 개시를 용이하게 하고 전극의 수명을 증가시키고, 형광등의 발광효율을 증가시키기 위해 주입한다. 방전에 의해 포화상태가 된 수은가스의 작용에 의하여 발생되는 빛은 단파장의 자외선이 90%이고, 가시광선은 10%이다.

형광등은 파장 254nm의 자외선이 관벽에 도포된 형광체를 여기시켜 가시광선으로 변환시키는 광원이기 때문에 형광체의 종류에 따라 광색에 변화를 줄 수 있다. 일반 조명용 형광등에 사용되는 형광체는 할로린산 칼슘이며, 이 물질의 화학적 구성이 자연적으로 풍부한 원소를 사용하기 때문에 경제적이다. 단점으로는 적색부분의 발광이 적기 때문에 연색성이 낮다는 것이다.

형광등은 발광을 위해서 복잡한 과정을 거치므로 방전관 이외에도 점등관과 변압기 역할을 하는 안정기가 필요하며 백열등에 비해서 발열이 적고 빛 전환효율이 3배정도 높아서 전력소모가 적어 백열등의 1/3 수준이다. 형광등의 광색은 형광방전관 내부에 바르는 형광물질의 종류에 의해 다양한 색상을 얻을 수 있어 주광원으로 우수하며, 광원이 커서 눈부심도 적다. 형광등의 광색은 차가운 색으로 색온도가 높고 연색성이 낮다. 초기비용은 백열전구보다 비싸지만 수명이 길고 빛 전환효율이 높아서 경제적인 광원이다. 램프의 크기가 백열전구보다 크고 밝기조절을 하려면 특수한 안정기가 필요하다.

형광등의 빛은 가정용 60hz 교류에 의해 빛이 미세하게 흔들리고, 보통은 인식하기 힘들지만 침실과 같이 조용한 곳에서는 소음이 들리며 안정기가 나쁠 때에는 더 크게 들린다. 형광등과 같은 원리의 방전등에는 수은등, 나트륨등, 자외선등, 살균등, 네온등이 있으나 이중 수은등과 나트륨등이 조명용으로 사용되고 나머지는 표시용, 의료용 또는 화학작용을 위한 특수 용도로 사용되고 있다.

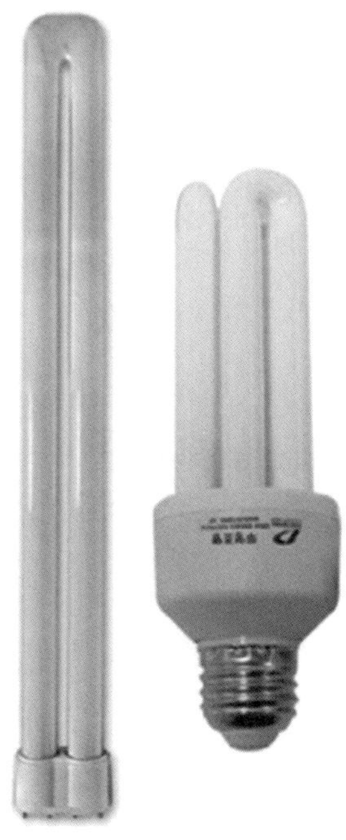

그림 2-12. 형광등

❷ 형광등의 구조

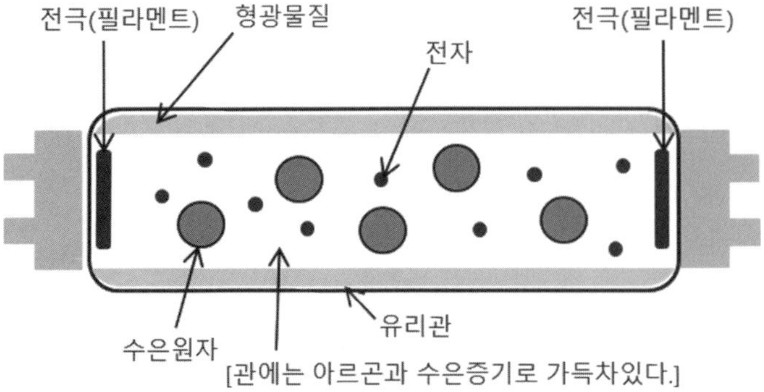

그림 2-13. 형광등의 구조

형광램프는 유리관의 내벽에 형광체가 도포되어 있고 양단에 텅스텐 전극이 부착된 구조로 되어 있다. 전극은 2중 코일 또는 3중 코일의 텅스텐 전극으로 되어 있으며 전극에는 바륨 또는 스트론튬 등의 산화물로 된 전자방출 물질(emitter)이 충진 되어 있다. 에미터가 전부 비산 증발하여 소모되면 흑화 현상이 나타나고 형광등은 점등되지 않는다. 유리관 내벽에는 형광체(phosphor)가 도포되어 있으며 수은과 아르곤 등과 같은 불활성기체가 봉입되어 있다. 베이스base는 형광램프를 기구의 소켓에 부착시켜 전원에 접속하기 위한 부분이다.

형광등에는 안정기(ballast)가 필요한데 안정기는 방전 현상을 안정적으로 유지시키기 위한 전류를 제공하며 방전개시 시에는 높은 전압을 유도한다.

❸ 형광등의 효율

일반적으로 형광등은 관경이 가늘고 길어질수록 효율이 상승한다. 동일한 조도를 얻기 위하여 40W형광등 1개와 20W 형광등 2개를 사용한다고 가정할 때 우선 광속에서 차이가 있다. 40W 형광등의 광속은 2800 lm이지만 20W 형광등 2개를 동시 점등해도 2300(1150*2)lm이다. 또한 40W 형광등의 점등에는 안정기가 1개 사용되지만 20W 형광등 기구에는 안정기가 2개가 필요하다. 여기서 안정기가 소모하는 전력이 있게 됨으로 전력 효율은 20W 형광등이 더욱 낮아지게 된다.

표 2-1. 오스람 형광램프, G13베이스, T12(38mm)

model No.	소비전력(W)	광속(Lumen)	길이(mm)	램프 효율(Lm/W)
L20 W/640 S	20	1150	590	57.5
L40 W/640 S	40	2800	1200	70
L65 W/640 S	65	4400	1500	67.7

표 2-2. 오스람 형광램프, G5베이스, T5(16mm)

model No.	소비전력(W)	광속(Lumen)	길이(mm)	램프 효율(Lm/W)
L4 W/640	4	140	136	35
L6 W/640	6	270	212	45
L8 W/640	8	385	288	48.1
L13 W/640	13	830	517	63.8

❹ 컴팩트형 형광등

일반 형광등은 할로린산 칼슘 형광체(안티몬 망간 불화할로린산 칼슘)를 사용하여 적색 부분의 파장이 적어 연색성이 좋지 않고 광속감소가 심하고 방전관을 가늘게 만들기 어려운 문제가 있다. 이러한 문제점을 개선하기 위해 3파장 램프는 파장대역이 좁은 적(R, 610nm), 녹(G, 550nm), 청(B, 450nm)의 3개 파장의 형광물질(희토류 형광체)을 사용하여 연색성을 개선한 백색광을 얻는 램프를 1970년대 말에 개발했는데 전구형 또는 컴팩트형(CFL, compact fluorescent lamp) 일명 삼파장 형광램프(삼파장 협대역 발광형 형광등)라고도 불린다. 3파장 형광물질은 열로 방출되는 에너지의 양을 줄여 온도가 상승하는 것을 억제하고 효율과 수명을 개선하였다. 희토류 형광체는 일반 형광체에 비하여 가격이 매우 비싸기 때문에 3파장 램프의 가격 상승의 주요 요인이며 이를 해결하기 위하여 관 내부 전체에 희토류 형광체를 모두 사용하지 않고 1층에는 기존 할로린산 형광체를 도포하고 2층에는 희토류 형광체를 도포하여 성능을 개선하는 2층 도포법이 사용되고 있다.

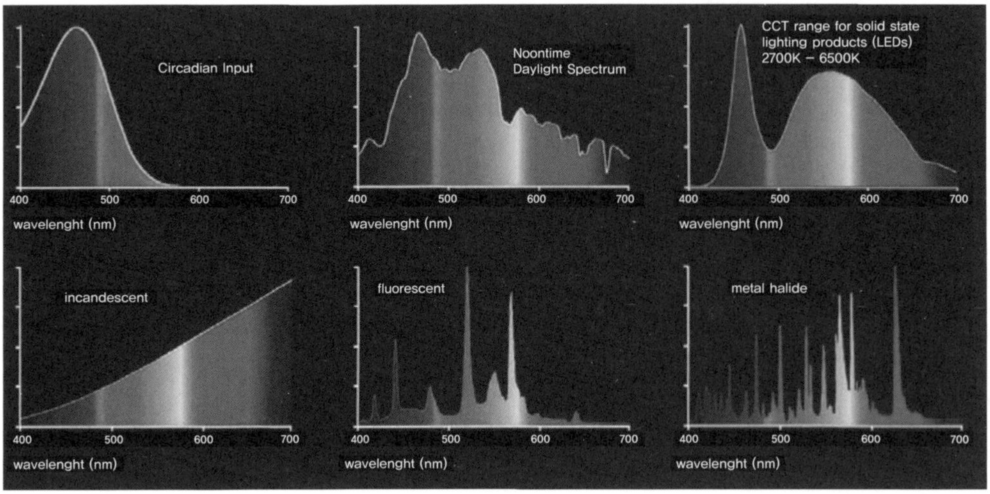

그림 2-14. 각종 조명의 분광에너지 분포(2013, Eugenia *et al.* Proceedings of ARCC2013)

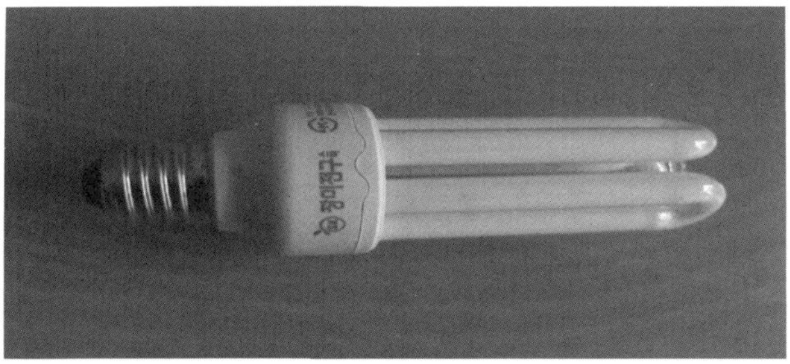

그림 2-15. 컴팩트형 형광등(Plug-in Type)

유리관을 구부리거나 또는 접합해서 콤팩트한 형상으로 만든 형광램프로 발광관의 형상은 U형(4개 봉) (DL형)및 플랫형(WL형)이 있다. 스타터형 형광램프가 코일을 이용한 자기식 안정기를 사용하는 것과 다르게 전자식 안정기를 방전관 내부에 내장하고 있어 발광관의 크기가 작아진다. 또한 전자식 안정기는 자기식 안정기가 60Hz의 전기를 제공하는 것과 다르게 고주파의 전기를 제공하여 눈부심이 감소한다. 광변환 효율은 비교적 높으며 램프 사용 수명이 길고 휘도가 높다. CFL은 안정기의 결합 여부에 따라 안정기 결합형(integral CFL)과 안정기 분리형(pin-based CFL)으로 구분된다.

CFL램프는 2pin과 4핀으로 구분된다. 2pin은 베이스에 스타터가 포함되어있다. 즉

magnetic preheat ballast가 필요하며 5~28W 제품이 있다. 4핀 램프는 본래 전자식 안정기(electronic ballast)로 작동한다. 이 타입은 내부 스타터가 포함되어 있지 않다. 따라서 다른 핀이 추가되며 추가되는 핀은 외부의 안정기와 연결하기 위하여 만들어진다. 안정기 결합형(Integral CFL)은 안정기 분리형(pin-based CFL)에 비하여 효율이 낮다.

5) HID 램프

HID(high intensity discharge) 램프란, 고압 방전 램프를 일컬으며 일반적으로는 메탈할라이드 램프, 고압 수은램프, 고압나트륨 램프, 저압나트륨 램프의 총칭이다. 고압 방전 램프의 발광원리는 예열 단계 및 글로우 단계, 아크 단계를 거쳐 여기가 된 후 방전관 내에 있는 원소들의 고유한 색으로 발광한다. 메탈할라이드 램프는 메탈 특유의 색인 푸르스름한 색이 나오고 나트륨등은 나트륨 고유의 색인 주황색의 빛이 나온다. 고압 수은램프는 HID 램프 중에서는 저렴하지만 연색성과 램프 효율이 일반적으로 좋지 않다. HID 램프의 공통된 특징은 효율이 높고 색온도가 낮으며 연색성이 낮고 수명이 길고 초기비용이 많이 들어가는 점이다. 또한 점등과 재점등에 많은 시간이 걸리고 최고 조도에 도달하는데 소요시간이 길며 일부를 제외하고는 형광램프와 마찬가지로 안정기가 필요하다.

❶ 메탈할라이드 램프

메탈할라이드 램프는 금속 혼합 증기를 봉입한 수은 램프로 수은 램프의 연색성과 발광효율을 개선할 목적으로 만든 것이며 금속 혼합 증기가 할로겐의 화합물 형태로 첨가되어 있으므로 메탈할라이드 램프라고 부른다. 발광관 내부에 불활성가스(수은, 아르곤) 이외에 금속 할로겐 화합물을 첨가하여 금속 원자에 의한 특유의 스펙트럼을 발생시킨 것으로서 효율과 연색성을 개선하였으며 실용적인 발광관 온도에서 높은 증기압을 발생시키고 고온상태에서 발광재료인 석영(quartz)과 봉입된 금속이 반응하여 석영자체가 침해되는 현상을 방지하기 위하여 램프 안에 봉입하는 금속을 할로겐화물(halide)로 대체한 램프이다. 메탈할라이드 램프는 연색성이 우수하기 때문에 상업공간이나 경기장 조명에 주로 사용되고 있다. 메탈할라이드 램프의 발광재료는 석영(quartz arc tube)에서 세라믹ceramic으로 대체되고 있다. 일반 조명용으로는 나트륨(Na), 탈륨(Tl), 인듐(In), 스칸듐(Sc), 셀레늄(Se), 토륨(Th), 디스프로슘(Dy), 주석(Sn), 툴륨(Tm), 홀뮴(Ho) 등의 할로겐화합물이 사용되며 일반 조명용은 물론, 집어등용, 복사기용, 광화학용, 동식물 육성용 등 광범위하게 이용되고 있다.

그림 2-16. 메탈할라이드 램프

표 2-3. 발광물질에 따른 메탈할라이드 램프의 분류(2013, 조명의 기초이론)

스펙트럼	첨가물		효율 [lm/W]	색온도 [K]	평균 연색 평가수 Ra	종류
소수의 강한 선스펙트럼의 조합	Na-Tl-In계	Na-Tl-In	80	5,000~5,500	70	일반
			80	5,000	70	저전압시동
다수의 밀집된 스펙트럼과 소수의 강한 선스펙트럼의 조합	Sc-Na계	Sc-Na-Th	90	4,200~4,500	70	일반
			80	4,200	70	저전압시동
	Dy-Tl-In계	Dy-Tl-In	80	6,000	80~90	일반
분자발광에 의한 연속스펙트럼	Sn계	SnI2	50	5,000	90~95	고연색

❷ 고압 수은등(High Pressure Mercury Vapor Lamp)

고압 수은등은 빛을 내는 발광관과 이를 보호하기 위한 외관으로 구성되어 있으며 발광관의 위 · 아래 끝에는 주전극이 있어, 이 사이에서 아크 방전을 일으킨다. 이 관속에는 수은과 아르곤이 봉입되고 바깥쪽의 관은 안쪽의 관을 보온, 보호하는 것으로, 질소가스가 봉입된다. 점등 초기에는 작은 보조전극과 주전극 사이에서 방전을 일으키고, 즉시 주전극 사이의 방전으로 옮겨지는데 처음에는 수은 증기압이 낮지만, 몇 분 후에 기압이 올라가 정상적인 빛을 내게 된다. 따라서 한번 소등하면 온도가 내려가, 가스의 압력이 내려가기까지 10여분 간은 재점등이 어렵다. 램프 효율은 400 W의 것이 1 W당 50 lm 정도로서 500 W의 백열전구가 1 W당 20 lm 정도인데 비해 대단히 우수하다. 초고압 수은등은 더 효율이 좋아 1 W당 100 lm 정도가 된다. 고압 수은등의 빛은 파장이 짧은 쪽에 많으므로 청색을 띠고 있으나, 초고압이 되면 백색에 가까운 빛을 낸다. 이 램프는 도로 · 공원 등의 광장, 특히 고속도로에 널리 사용된다. 고압 수은등의 특징을 요약하면 점등 후 수은이 증발되어 광속이 안정되기까지 시동시간이 소요되고 소등 후 재시동 시간도 수 분 소요된다. 광색(청색광) 범위가 한정되어 있고, 외형이 크고 수명이 길다. 램프특성(광속, 관전압)은 주위온도에 의하여 변화하지만 형광등에 비하여 변화가 적어 옥외사용에 적합하다.

표 2-4. 고압 수은등의 분류(2013, 조명의 기초이론)

투명형(H)	외관이 투명 수은의 휘선 스펙트럼에 의한 녹색을 띤 청백색의 광색(연색성이 낮다)
형광형(HF)	형광수은램프 외관 내면에 적색 형광체를 도포하고, 발광관으로부터 방출되는 자외선을 가시광으로 변환
반사형(HRF)	외관에 알루미늄 반사경을 증착하여 빛이 방향성을 갖도록 한 것
안정기 내장형	안정기를 내장하여 백열전구의 조명기구와 호환 연색성은 높으나 필라멘트에서 소비하는 전력으로 인하여 발광효율은 낮다.

❸ 고압 나트륨등(HPS; High Pressure Sodium Lamp)

나트륨 가스의 방전을 이용하여 발광하는 램프로 590nm에 가까운 노란색의 광색을 내며 램프는 외관과 내관으로 구성되어 있고 그 사이는 진공으로 되어 있으며, 내관의 내부에는 1쌍의 전극과 소량의 나트륨이 들어 있다. 점등 중의 내관 속 나트륨 증기압이 0.004mmHg 정도의 것을 저압 나트륨등이라고 한다. 램프의 효율은 백열전구의 10배 정도이며 점등 후 20~30분이 경과한 후 충분한 광속이 나타난다. 광색이 황색이기 때문에 일반 조명용으로는 적합하지 않다. 그러나 안개 속에서도 빛을 잘 투과하여 장애물 발견에 유효하다는 점에서 교량 · 고속도로 · 일반도로 · 터널 내의 조명 등에 사용된다. 램프효율은 100-140[lm/W] 로서 광원 중에서 가장 효율이 높다. 24,000시간까지의 장수명이 가능하며, 광속 유지율도 우수하다.

6) LED(Light Emitting Diode) 조명

LED 조명은 전계발광에 의해 발광하며 저전압에서 동작하므로 전력이 절감되고 일반전구처럼 필라멘트가 단락 되지 않아 반영구적으로 사용할 수 있으며 형광등이나 백열등에서 발생하는 자외선이나 적외선의 발생이 적어서 눈의 피로가 적은 조명이다. 전 세계 발전량의 약 25% 정도가 조명용으로 사용될 정도로 조명에 소요되는 전기에너지가 큰 비중을 차지하는데 전력이 절감되는 특성은 에너지절약과 환경보존의 측면에서 장점이며 반영구적으로 사용 가능한 특징은 광원의 교체 및 폐기에 따른 환경 문제를 줄일 수 있다.

또한 응답속도가 빠르기 때문에 시급한 조명에도 적합하다. 응답속도란 반응속도를 말하는데, 백열전구에 전압을 인가하면 필라멘트가 가열된 후 시간이 경과한 후에 정상 밝기가 나오고 형광등의 경우에는 수초 간 깜빡이면서 방전을 유도하여 정상 밝기가 나오는데 이때의 소요시간을 응답속도라고 한다. 백열전구는 고속의 점등과 소등이 어려운데 LED의 전기에 대한 반응 속도는 백열전구에 비해 1000배 정도 빠르다. LED의 반응속도를 이용한 것이 자동차의 브레이크등과 방향등에 사용되는 적색과 주황색 LED이다. 선행하는 자동차의 정지 시 자동차 후미의 정지표시램프의 경우 응답속도가 빨라야

후방 운전자의 추돌을 예방할 수 있으며 다른 예로 도로신호등의 빠른 응답속도는 안전 운전에 도움을 줄 수 있다. 한편 LED는 초기에 휘도가 낮고 백색광원을 만드는데 기술적 한계가 있었고 제조 가격이 비싸서 일반 가정용 조명으로 널리 이용되지 못하였으나 최근 새로운 LED재료가 개발되고 생산기술이 진보함에 따라 백색을 포함한 가시광선의 전체 영역에서 다양한 광색을 가지는 LED가 생산되고 있다. 또한 LED는 긴 수명, 낮은 소비전력, 높은 신뢰성 등 많은 장점을 가지고 있으며 형광등과 비슷한 빛 변환 효율로 백열전구에 비해 같은 밝기의 경우 소비전력이 낮아 친환경 광원으로 선택되고 있다.

❶ LED(Light Emitting Diode) 조명의 개요

백색LED(light emitting diode, 발광 다이오드)를 조명으로 응용 개발시킨 것을 의미하며, 통상적으로 LED조명이라고 말한다. LED는 반도체의 일종인 다이오드에 전류를 흘려 보내면 빛을 내는 성질을 이용한 것이며, LED 색상은 반도체 재료에 따라 다르게 구현할 수 있다. 발광 파장에 따라 비교적 파장이 긴 적색 LED나 녹색 LED는 오래 전부터 생산되어 디스플레이나 각종 기기의 인디케이터 등에 사용되어 왔다. 그러나 파장이 짧은 청색 LED는 최근에 실용화되어 완전 컬러(full color) 전광판이나 신호기, 휴대폰 등에 응용되고 있다. 백색은 빛의 3원색인 청색, 적색, 녹색에 의해 만들 수 있기 때문에 청색 LED가 실용화됨으로써 백색LED 개발이 급속히 진행되고 있다. 원리로서는 청색, 적색, 녹색의 LED를 조합한 것이나, 청색 LED와 형광체 재료를 조합하여 백색을 발광시키고 있다.

그림 2-17. LED 조명

❷ LED(Light Emitting Diode) 조명의 작동원리

3족 원소인 알루미늄(Al), 갈륨(Ga), 인듐(In)과 5족 원소인 질소(N), 인(P), 비소(As)로 이뤄진 화합물 반도체는 실리콘이 갖지 못한 특성인 빛을 발생시키는 기능이 있다. 질화갈륨(GaN)이 이런 화합물 반도체의 대표적 예라고할 수 있다. 반도체에서 빛이 나오는 이유는 반도체가 갖는 에너지 띠구조 때문이다.

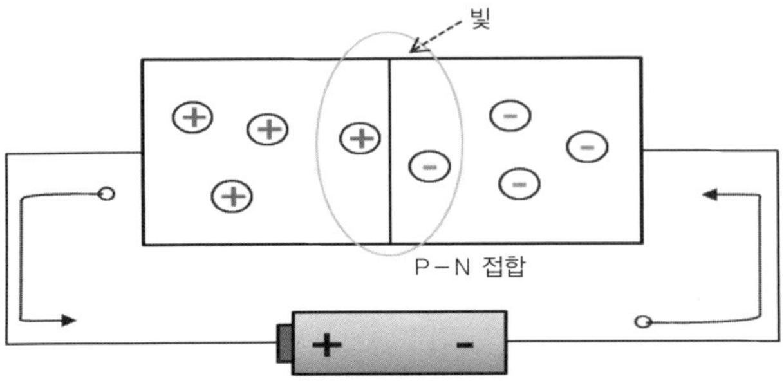

그림 2-18. LED 조명의 작동 원리

반도체에는 전자와 정공이 있고 이들 사이에는 에너지 띠 간격이 존재하는데, 전자가 정공보다 높은 에너지를 갖고 있다. 반도체 내의 전자는 에너지 띠 간격에 해당하는 만큼의 높은 에너지를 갖고 있으며 이 전자가 지면에 있는 양전하의 정공과 결합하면서 그 에너지를 빛으로 내보내게 된다. 3족과 5족 원소를 적절하게 조합해 반도체를 만든 뒤 전류를 흘려주면 에너지 변환과정이 일어나 빛이 발생하게 된다. LED는 대부분의 전류가 열 대신 빛으로 전환되기 때문에 반도체 광원은 효율이 매우 높다.

❸ LED(Light Emitting Diode) 조명의 백색광

청색 LED의 개발 이전까지는 대부분의 디스플레이용 전광판의 글자색은 대부분 빨강, 주황, 초록 등 몇 가지 색으로 제한 되었다. 사람은 빛의 삼원색인 빨강(R), 초록(G), 파랑(B)을 감지하는 세 종류의 원추세포의 자극 정도의 조합으로 서로 다른 색을 인지한다. 따라서 RGB의 세 종류 광원을 만들 수 있다면 자연계의 모든 색을 재현할 수 있다.

LED의 색깔은 반도체의 에너지 띠간격과 관계가 있다. 빛에너지는 파장에 반비례하고 에너지 띠간격의 크기가 큰 반도체 일수록 짧은 파장의 빛을 낸다. 따라서 에너지 띠

간격의 크기를 적절하게 조절하면 빛의 파장을 조절할 수 있다. 화합물 반도체인 질화갈륨의 에너지 띠간격은 3.4전자볼트(eV)로 파장으로 따지면 파란색보다 짧은 자외선에 해당한다. 따라서 질화갈륨에 인듐을 적당히 첨가해 에너지 띠간격을 조절하면 450나노미터(nm)의 파란색에서부터 525nm의 초록색까지 LED 색깔을 얻을 수 있어 원하는 파란색 LED가 만들어진다.

일반 조명으로의 응용을 위해서는 우선 LED를 이용한 백색광을 얻어야 한다. 백색 LED를 구현하는 방법은 크게 3가지로 분류된다. 첫째로 빛의 삼원색인 적색, 녹색, 청색을 내는 3개의 LED를 조합하여 백색을 구현하는 방법이다. 이 방법은 하나의 백색 광원을 만드는데 3개의 LED가 사용될 뿐만 아니라, 각각의 LED를 제어해야 하는 어려움이 따른다. 둘째는 청색 LED를 광원으로 사용하여 황색 형광체를 여기시킴으로써 백색을 구현하는 방법을 들 수 있는데, 이 방법은 발광 효율이 우수한 반면, 연색지수, 연색성(CRI)이 낮으며, 전류 밀도에 따라 CRI가 변하는 특징으로 인해 태양광에 가까운 백색광을 얻기가 어렵다는 단점이 있다. 마지막으로 자외선 발광 LED를 광원으로 이용하여 삼원색 형광체를 여기 시켜 백색을 만드는 방법이다. 이 방법은 고전류 하에서의 사용이 가능하며, 색감이 우수하여 가장 활발하게 연구가 진행 중이다.

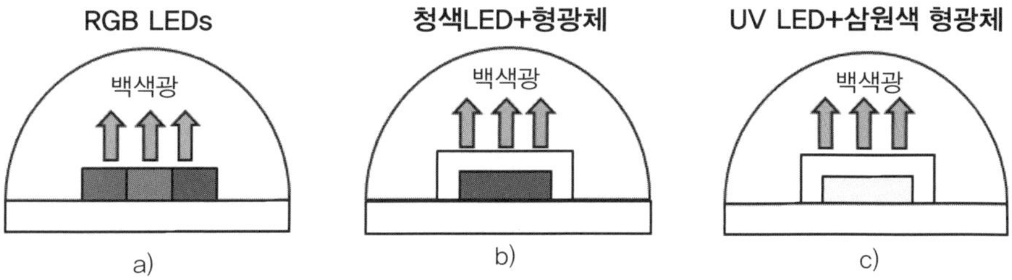

그림 2-22. LED 조명의 백색광 구현방식

a) R+G+B LED를 조합, b) 청색 LED+형광체를 이용, c) 자외선 LED+삼원색 형광체

❹ LED 조명의 특성

LED가 차세대 조명으로 주목 받고 있는데 그 이유는 먼저 기존 백열전구에 비해 효율성이 높고 수명이 길다는 것이다. 전력소모가 백열전구의 1/12 정도이며 수명은 100배 이상 길다. 백열전구의 수명이 5000시간, 형광등이 10000시간 정도인 반면 LED는 거의

반영구적이다.

백열전구는 고속의 점등과 소등이 어렵지만 LED의 전기에 대한 반응 속도는 백열전구에 비해 1000배 정도 빠르다. LED의 반응속도를 이용한 것이 자동차의 브레이크등과 방향등에 사용되는 적색과 주황색 LED이다.

LED 조명의 중요한 장점은 높은 발광효율이다. LED 조명은 전기에너지가 빛 에너지로 직접변환(에너지의 대부분이 가시 스펙트럼 내에서 방출)되어 낮은 소비전력(저전압, 저전류로 연속 발광)으로 발광효율이 높다. 예를 들면 백열전구(incandescent)가 일반적으로 16 Lm/Watt이고 콤팩트형 형광등(CFL)이 60~80Lm/ Watt인데 비해 LED는 100Lm/Watt이다.

또한 LED 조명은 친환경 조명으로 인식되고 있는데 전 세계 발전량의 약 25% 정도가 조명용으로 사용되고 있는 현실에서 발광효율이 높아서 교토의정서 발효에 따른 이산화탄소 발생량 감축에 기여하고 광원의 수명이 길어서 교체 및 폐기에 따른 환경에 대한 부담이 적다.

한편 최근의 IT기기들은 후광 조명장치(back light unit)를 사용하는 경우가 많은데 현재 노트북컴퓨터 등에 주로 사용되고 있는 LCD의 후광 조명장치로 LED를 사용할 경우 기존의 형광등 계열의 후광 조명장치를 이용할 때보다 자연색에 가까운 색을 재현할 수 있다. 또한 유럽에서는 형광등에 수은사용을 제한하고 있는데 이러한 조건에도 부합한다.

한편 일반 광원(incandescent, FL, CMH)이 진동과 충격에 취약하여 보관과 취급에 주의를 요하지만 LED는 외관이 없고 필라멘트가 없어서 수명이 반영구적이다.

LED의 광색(wavelength)은 반도체 구성 물질에 따라 결정되며 색 재현(color Reproduction) 범위가 NTSC에 근접하고 있다. 따라서 자유자재로 광색을 조절할 수 있으며 광원의 지향성(directional light output), 광축 방향의 광도가 다른 광원에 비해 커서 제한된 작업면에서의 효율성이 높다.

표 2-5. LED의 광색(2013, 조명의 기초이론)

Composition	Color(nm)
GaAsP	Red (650)
GaP:Zn, O	Red (700)
GaAsP:N	Red (630)
GaAsP:N	Yellow (585)
GaP:N	Yellow-Green (565)
GaP	Pure Green (555)
AlGaAs	Red (650)
AlInGaP	Orange (620)
	Yellow (585)
	Green (570)
SiC	Blue (480)

*Ga(갈륨;Gallium), As(비화물;Arsenide), P(인화물;Phosphide), Zn(아연;Zinc), O(산소;Oxygen), Al(알루미늄;Aluminum), In(인륨;Indium), N(질소;Nitrogen), Si(규소;Silicon), C(탄소;Carbon)

작동전력의 측면에서는 백열전구(incandescent)나 콤팩트형 형광등(CFL)이 110 ~220V, AC전류를 이용하는데 비해 LED시스템은 DC전류 2.8 ~ 4.5V에서 작동 가능하여 설치와 조작에서 안전하다.

한편, CMH, HPS, FL은 외기 온도가 낮을 경우에는 성능이 저하되지만 LED는 외기 온도가 낮을수록 성능이 향상(고온에서 성능 저하)된다. 또한 LED조명은 접합면(p-n junction)에서는 열 발생이 있지만 적외선에 의한 열 방출은 거의 없고 자외선 발생이 없어서 박물관 조명이나 디스플레이에도 적합하다.

7) OLED(Organic Light Emitting Diode) 조명

OLED(유기발광 다이오드)는 형광성 유기 화합물에 전류가 흐르면 빛을 내는 자체발광 현상으로 디스플레이 장치로 먼저 적용되어, 화질이 우수하고 반응속도가 초박막액정표시장치(TFT-LCD)에 비해 1,000배 이상 빠르고 저전압에서 작동하고 초박형으로 제조 가능하고 색 재현성이 뛰어난 특징 등으로 차세대 평판 디스플레이로 각광받고 있다. 예전에는 일본식 표기인 '유기EL(organic electro luminescence)'로 불렸으나 2003년 말 국제표준회의에서 'OLED(organic light emitting diode)'가 국제표준 용어로 확정되었으며, 2004년 4월 7일 산업자원부 기술표준원에서 국내 표기 표준도 'OLED(오엘이디, 유기발광 다이오드)'로 확정됐다.

지난 1950년 프랑스 베르나노즈 연구팀이 OLED현상을 처음으로 발견했으며 자체 발광 기능을 가진 적색(red)과 녹색(green), 청색(blue) 등 세 가지의 형광체 유기화합물을 사용하며, 음극과 양극에서 주입된 전자와 양의 전하를 띤 입자가 유기물 내에서 결합해 스스로 빛을 발하는 현상을 이용하고 조명원으로서의 가능성도 충분하다. 그러나 아직 제조단가가 비교적 고가이므로 일반 가정용 조명으로 발전하지 못하고 있다. 그러나 LED의 발견과 조명원으로의 부상 과정을 답습해 보면 OLED조명의 미래도 가늠할 수 있는데 기술의 발전으로 OLED소자를 저렴하게 제작하는 단계에 이르면 OLED조명이 급속도로 보급될 것이다.

8) PLS 조명

플라즈마 램프는 무선 주파수(RF) 전력에 의해 에너지가 공급되는 일종의 가스 방전 램프이다.

테슬라가 조명 및 고전압 현상 연구를 위해 진공관에서 고주파 전류를 실험한 후에 무전극 램프를 발명하였는데 최초의 실용적인 플라즈마 램프는 퓨전 라이팅(Fusion lighting)에서 제조한 유황 램프이다. 이 램프는 많은 실용적인 문제를 겪었으며 상업적으로 성공하지 못했다. Ceravision 및 Luxim과 같은 제조업체에서는 이러한 문제를 점차 해소하고 일반 조명 시장에 고효율 플라즈마(HEP)램프를 도입했다. 내부 형광체 코팅이 된 플라즈마 램프는 외부 전극 형광램프(EEFL)라고 부르며 이들 외부 전극 또는 단자 도체는 고주파 전계를 제공한다.

현대의 플라즈마 램프는 무선 주파수(RF) 전원을 사용하여 닫힌 투명한 버너 또는 전구 내부에서 플라즈마를 여기시켜 빛을 생성하는 광원으로 황가스 또는 이들 가스와 금속 할로겐화물, 나트륨, 수은 또는 황과 같은 추가 물질의 혼합물을 사용한다. 현대의 플라즈마 램프에서, 도파관은 전기장을 제한하여 플라즈마에 집중시키는 데 사용된다. 작동 중에 가스가 이온화되고 전기장에 의해 가속 된 자유 전자가 가스 및 금속 원자와 충돌하고 가스 및 금속 원자 주위를 돌고 있는 일부 원자 전자는 이러한 충돌에 의해 여기되어 더 높은 에너지 상태로 유도된다. 전자가 원래 상태로 되돌아가면, 전자는 광자를 방출하여, 채우기 재료에 따라 가시광선 또는 자외선을 발생시킨다.

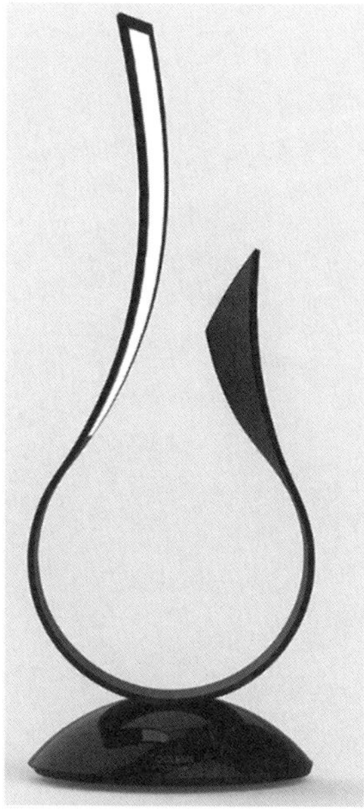

그림 2-23. OLED 조명

최초의 상용 플라즈마 램프는 퓨전 라이팅에 의해 개발된 아르곤 및 수은 증기로 채워진 전구를 갖는 자외선 경화 램프였다. 퓨전 라이팅(fusion lighting)은 플라즈마 램프로 상업적인 성공을 얻지는 못했지만, LG 그룹과 같은 다른 제조업체들이 유황 플라즈마 램프를 연구하고 있다. 유황 플라즈마 램프는 상대적으로 효율적이지만 여러가지 문제점을 가지고 있는데 먼저 고가인 마그네트론의 수명이 제한적이고 크며 램프 내부에 인입된 유황이 빠르게 돌지 않으면 전구 벽을 통해 불에 탈 가능성이 있다. 또한 램프 내부에 플라즈마 상태를 유지하기 위해서는 높은 전력 수요가 필요하다. 대체적으로 1000W 이하의 전력으로는 플라즈마를 유지할 수 없는 것으로 알려져 있다.

그림 2-24. PLS 조명

3장

조명기구와 조명제어

01. 조명기구 개요

KS C 8008에서 '조명기구란 광원의 배광 및 광색을 변환하는 기능을 갖고, 이들 광원을 고정하고 보호하며 전원을 접속하기 위하여 필요한 모든 것을 말하며, 점등에 필요한 부속장치를 포함한다'고 정의하였다. IESNA에서는 조명기구를 '램프 또는 램프의 빛을 분배하고, 위치시키며, 보호하는 부속장치, 그리고 램프를 전원 장치로 연결하는 부분으로 이루어진 하나의 완전한 조명 유니트'라고 정의한다. 따라서 조명기구는 전기에너지를 공급하기 위해 필요한 부품인 소켓, 전선, 단자, 스위치 등, 안정기나 시동장치 등의 전기적 기구와 반사, 투과, 흡수에 의해 빛의 방향과 양을 조절하고, 특정 파장의 흡수를 통해 광색을 조절하는 반사판, 배플, 루버, 쉐이드, 렌즈 등의 광학적 기구 그리고 광원을 고정하고 보호하는 기계적 기능을 수행하는 일련의 기구를 조명기구라할 수 있다.

표 3-1. 조명기구의 정의

구분	내용
광학적 부분	배광(빛이 갖는 강도의 공간적 분포)을 제어하는 부분 반사판, 투과재료
전기적 부분	기구에 동력(전기)을 공급하는 부분 소켓, 전선, 스위치, 단자, 안정기, 스타터
기계적 부분	조명기구의 광학적 부분과 전기적 부분을 보호하고 설치할 수 있도록 하는 부분 조명기구의 외형을 이루는 부분

조명기구를 사용하는 목적은 광원의 빛을 제어하는 것을 첫 번째 목적으로 하며 직사광에 의한 눈부심을 제거하고 외형상의 아름다움을 추구하며 광원에서 복사되는 광속을 피조면에 집중시켜 광속의 손실을 감소시킨다. 또한 광원의 고유 휘도를 부드럽게 하여

눈부심을 방지하고 광원에서 나오는 빛을 받아 이것을 한 방향으로 집중시켜 유효 적절한 배광으로 변형시켜 장소에 적절하게 시감을 조정하고 예술적인 면에서 외관의 미를 좋게 하기 위하여 조명기구를 사용한다. 따라서 조명기구가 갖추어야 할 조건은 다음과 같이 정리된다.

표 3-2. 조명기구가 갖추어야 할 조건

01	빛을 제어할 수 있어야 한다. (광학적 특성) -협각, 중각, 광각
02	견고성(광원을 보호)
03	설치의 용이, 유지 관리가 우수(광원의 교환)
04	경제성
05	합목적성(용도에 부합해야 한다.) 실내용, 실외용, 경관용, 도로용

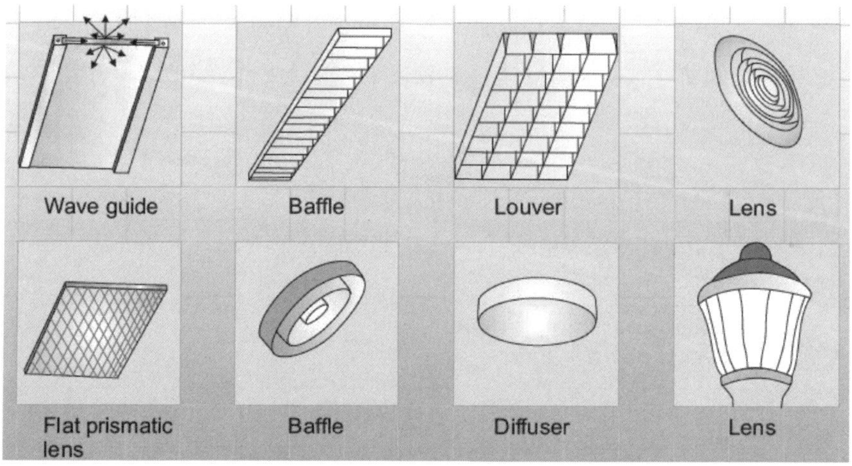

그림 3-1. 조명기구(2013, 조명의 기초이론)

02. 부착위치나 형태에 따른 조명기구 종류

부착위치나 형태에 따른 조명기구의 종류로는 샹들리에, 매입등, 직부등, 팬던트 조명, 벽 부착등, 스탠드형 등이 있다.

1) 매입형(Recessed Type)

일반적으로 천정에 구멍을 뚫고 기구를 매입하는 방식이 주종을 이루고 있는데 빛의 방향이 천정면에서 바닥면을 향한다. 빛의 확산이 잘되고 공간 전체를 밝게 해주며 천장을 깔끔하게 처리할 수 있고 부분조명과 전체조명으로 다양하게 적용할 수 있다. 매입형이기 때문에 기구의 전체적인 형태를 인식하기 어려우며 천정의 표면에 나타나는 반사경으로 기구의 특성을 분류 하는데 전반조명기능을 갖는 것과 스포트라이트의 기능을 갖는 것으로 구분되며, 전자는 반사경과 차폐판(baffle) 부착형이 많고 후자는 adjustable downlight와 universal, eyeball 등으로 불리워지며, 고정된 설치기구이면서 빛의 조사각도와 조정이 가능한 기구이다.

그림 3-2. 매입형 조명(2013, 목재조직과 인테리어)

2) 현수형(Pendant Type)과 샹들리에

용어적 의미로 본다면 매달려 있는 조명기구는 모두 펜던트라고 할 수 있으나 형태적 분류에서 보면 체인이나 전선, 파이프 등으로 달려 있어 샹들리에와 같으나 샹들리에 보다는 단순한 갓형의 펜던트를 의미한다. 일반적으로 천정의 높이가 높은 장소에서의 사용이 권장된다.

팬던트 조명은 천장이나 보 등에 줄을 이용해 매다는 조명기구로 천장이 높은 집이라면 거실 등의 공간에서도 사용할 수 있겠지만 우리나라 주택은 일반적으로 천장이 낮으므로 펜던트는 주로 식탁조명에 이용된다. 식탁의 경우에는 식탁에 앉아 램프의 눈부심이 없고 식탁 전체를 고루 조사할 수 있는 높이가 적당하고 의자에 앉았을 때 빛이 눈에 직접 들어오지 않도록 한다. 그리고 식탁에 사용하는 팬던트 조명은 음식을 먹으면서 서로 대화를 나누어야 하기 때문에 시야를 가리지 않아야 하고, 식탁위의 음식 부분을 비추어 음식이 돋보이도록 해야 한다.

그림 3-3. 팬던트 조명

샹들리에는 장식효과를 주목적으로 한 인테리어 조명기구의 명칭으로 실내디자인의 분위기나 여건에 따라 형태, 크기, 색, 소재 등을 비교하여 선택한다. 대형 샹들리에는 큰 하중을 요하므로 천장 내에 별도의 보강이 필요하며 에너지 절약을 위해 조명기구의 선택, 조도조절 등이 필요하다.

3) 벽면부착형(Bracket Type)

벽 부착등(Bracket)은 건축의 벽면이나 기둥에 부착되는 조명기구로 일반적으로 빛이 천장과 벽에 반사되어 공간에 퍼지는 형태로 다른 조명보다 은은하고 부드러운 조명이다.

브래킷은 설치위치가 중요한데, 브래킷을 너무 높이 달면 빛이 천장으로만 반사 되어 불안해 보일 수 있고 너무 낮은 위치에 달면 아래에서 올라 오는 빛이 시야를 방해할 수 있으므로 적당한 높이로 설치하는 것이 좋다. 조도를 얻기 위한 목적 보다는 공간의 악센트를 부여하거나 장식을 목적으로 디자인된 경우가 많으며 일반적으로 벽등은 대부분 반간접형의 배광을 가지고 있으나 특별한 효과를 위해서는 상향, 하향의 배광을 갖는 벽등을 사용하기도 한다. 장식용 램프 노출형, 글로브(globe)형, 쉐이드(shade)형, 접시형(sconce)으로 분류된다.

그림 3-4. 벽면 부착등

4) 바닥면 설치형(Floor Stand Type)

스탠드형 조명은 책상이나 바닥에 위치하며 이동 가능한 구조여서 인테리어의 소품으로도 사용된다. 사람의 눈과 가까이 하는 조명이므로 태양광선에 가까운 백열전구를 사용하는 것이 무난하다. 탁자나 콘솔 위에 올려 놓은 테이블 스탠드는 인테리어 소품 역할도 하므로 구입 시 디자인과 색상, 크기가 전체 공간과 조화를 이뤄야 한다. 거실이나 침실코너에 세워놓은 플로어 스탠드는 액자나 사진을 강조하는 스포트라이트로 이용할 수 있다.

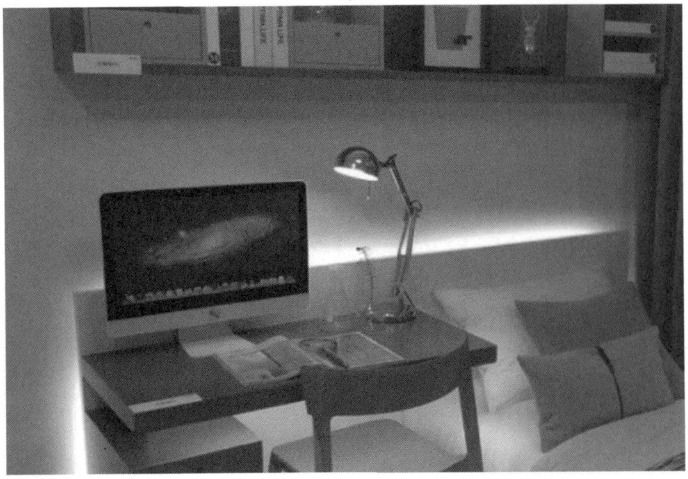

그림 3-5. 스탠드형 조명

5) 직부등(Ceiling Light)

직부등(ceiling light)은 천정에 바로 달기 때문에 천정등이라고도 하며 가장 일반적으로 사용하는 조명방식으로 방등이나 발코니등으로 사용한다.

그림 3-6. 직부등

03. 배광형태에 의한 조명기구

배광형태는 공간을 어떻게 조명하는가를 나타내며 형태에 따라 전반조명, 국부조명, 직접조명, 간접조명, 반간접조명 등으로 나눌 수 있다.

1) 전반조명(Ambient Lighting)

광원의 크기가 크거나 광량이 큰 조명을 이용하거나 다수의 조명기구를 이용하여 여러 사람이 이용하는 공간의 조도를 균일하게 조명하는 방법으로, 사무실과 같이 실내 조도 분포가 동일한 공간에 적합하다.

2) 국부조명(Accent Lighting)

국부조명은 시각적으로 강조하고 싶은 피사체를 부분적으로 조명하는 방법이다. 국부조명은 실내의 분위기 조성에 효과적이며 시각적인 변화를 주어 심리적으로 즐거움을 주는 반면, 실내 명암의 대비가 크기 때문에 눈부심을 일으킬 가능성이 있다.

3) 직접 조명(Direct Lighting)

조명 빛의 발산 광속의 90～100%가 직접 도달하는 배광을 가진 기구에 의한 조명으로 기구 중심을 통과하는 수평면을 경계로 위쪽으로 나가는 광속이 0~10%, 아래쪽으로 나가는 광속이 100～90%인 조명기구를 사용한 조명으로 일반 사무실이나 주택의 조명에 많이 이용한다.

4) 간접 조명(Indirectness Light)

광원에서 나온 빛을 천장이나 벽에 부딪혀 반사되는 반사광으로 피사체를 비추는 조명 방식으로 적정조도를 얻기 위한 소요에너지가 크지만 차분한 분위기를 연출할 수 있다.

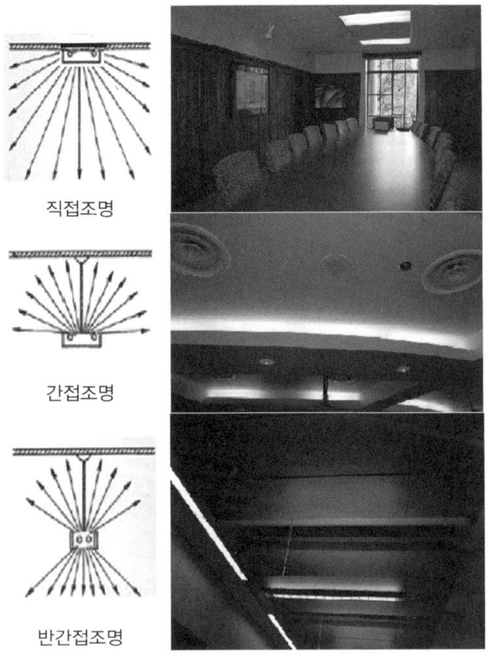

그림 3-7. 조명의 형태(2013, 목재조직과 인테리어)

5) 반간접 조명(Semi-Indirect Lighting)

반투명의 유리접시나 플라스틱제를 사용한 방식으로 빛의 10 ~ 40%가 대상물에 직접 투사되고 90 ~ 60% 는 천정면에서 반사, 확산되어 조도가 일정하고 눈부심도 적은 편이다.

04. 건축화 조명

조명이 건축과 일체가 되어 건축물의 일부가 광원화 되는 것으로 천장이나 벽과 같은 건축 구조물 속에 조명기구, 광원(strip light)을 집어 넣거나 건물 표면의 반사광을 이용하여 조명하는 방법으로 Cove Lighting, Cornice Lighting, Valance Lighting, Bracket Lighting, Luminous Ceiling 등의 방식이 있다.

그림 3-8. 건축화 조명(2013, 조명의 기초이론)

좌측상부는 컨벤션센터의 볼룸, 다운라이트 점등, 테이블 세팅과 배경에 강한 콘트라스트 생성, 다운라이트만 사용했을 때 생기는 전형적인 결과, 전체적으로 어둡게 인식되고 동굴 같은 공간으로 인식된다.

우측상부는 bowl 펜던트가 다운라이트를 보조, 테이블 세팅과 배경에 강한 콘트라스트가 약해짐, 천정의 높이가 강조되고 벽면은 여전히 어두워 동굴 같은 공간으로 계속 인식된다. 좌측하부는 upper wall sconce가 공간의 경계를 따라 점등되어 주변을 밝게 한다. sconce는 거대한 공간에서조차 친근감을 생성하여 공간의 비례와 규모를 강조한다. 우측하부는 ceiling cove가 coffer를 상향으로 조명, sconce에 의해 만들어진 천정 그림자를 사라지게 한다. bowl 펜던트가 천정의 밝기를 만든 것처럼 보인다. 부드러운 확산광은 사람들의 표정(facial rendering)을 보다 좋게 한다.

1) 코브 조명(Cove Lighting)

코브 조명의 모든 빛은 천정면이나 벽면의 상부를 향해 조사된다. 이때 천정면은 백색이거나 백색에 근접하는 색상이나 재료로 마감 되어야 한다. 코브 조명은 부드러운 느낌과 통일감을 부여할 수 있다. 그러나 강조의 효과나 공간의 활력을 표현하기에는 부적합하다. 또한 천정고가 높은 공간이나 천정고의 변화가 많은 곳에 적합하다. 코브 조명은 간접조명 방식으로서 선반이나 장식 커텐, 벽면이나 천정의 함몰된 부분에서 빛이 퍼지게 하는 방법이다. 코브 조명은 건축공간 내에 부드럽고 온화한 느낌을 제공한다. 코브로부터 나오는 빛은 위 부분을 지향하고 벽면의 상부 또는 천정면에 분산된다. 천정면에 반사된 빛은 공간 전체에 부드러운 빛을 제공한다. 이는 안락한 주변광을 생성하고 공간의 균형감을 형성하는데 도움을 준다. 대부분의 사람들은 코브 조명을 통한 간접광에 매우 긍정적인 반응을 나타낸다. 종종 코브 조명은 심미적인 상태와 창의적 분위기를 부여한다. 이러한 현상은 코브 조명이 색광을 제공할 때 사실로 나타난다.

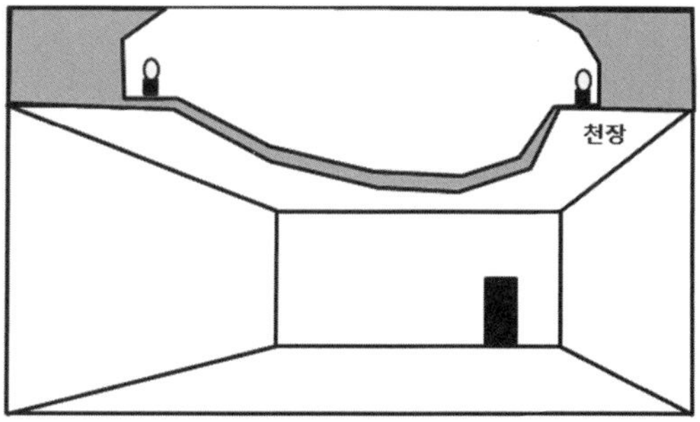

그림 3-9. 코브 조명

코브에서 socket shadow(reverse socket shadow)를 약화시키는 방법으로는 lamp를 코브 전면에 배치하거나 비대칭 조명기구를 사용한다. 또한 천정면의 반사율을 90% 이상으로 설정하거나 코브의 높이를 6"(152) 정도로 유지(치수가 커질수록 shadow가 눈에 띈다.)한다.

코브에서 광원의 위치에 따라 그림자가 달라지는데 투광조명기가 코브의 후면에 위치할 때 socket shadow(reverse socket shadow)가 강하게 나타나며 투광조명기가 코브의 전면에 위치할 때에는 socket shadow(reverse socket shadow) 가 약해진다.

2) 코니스 조명(Cornice Lighting)

천정면과 벽면과의 경계에 cornice를 만들고 그 내부에 광원을 배치하여 벽면을 조명하는 방법으로 cornice 조명은 벽의 표면이 질감이 강한 소재(벽돌, 석재)로 마감되었을 경우 그 효과가 높아진다.

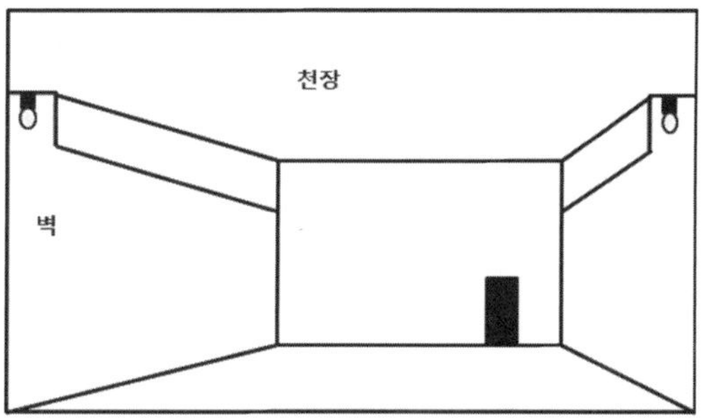

그림 3-10. 코니스 조명

3) 밸런스 조명(Valance Lighting)

창이나 벽면의 상부에 커튼을 설치하여 커튼의 아래와 위 방향으로 빛이 확산되도록 하여 천정면에 반사시킴으로써 실내 전반을 조명하는 방법이다.

4) 브라켓 조명(Bracket Lighting)

천정과 바닥 사이에 광원을 차단하는 브라켓을 설치하여 벽면의 질감을 강조한다.

그림 3-11. 브라켓조명(2013, 목재조직과 인테리어)

5) 광천정 조명(Luminous Ceiling)

천정의 일부 표면이 발광하는 것처럼 처리한 조명기법으로서 천정의 높이가 3,000mm 이하일 때 기능적인 조도를 나타낼 수 있다. 천정의 높이가 3,000mm 이상일 때는 조명으로서의 기능적인 측면보다는 장식적인 표면으로 고려하여야 한다. 발광하는 표면의 휘도는 약 850 cd/㎡이하로 조절하는 것이 바람직하나 지나치게 휘도가 낮아지면 음울한 분위기를 만들기 쉽다.

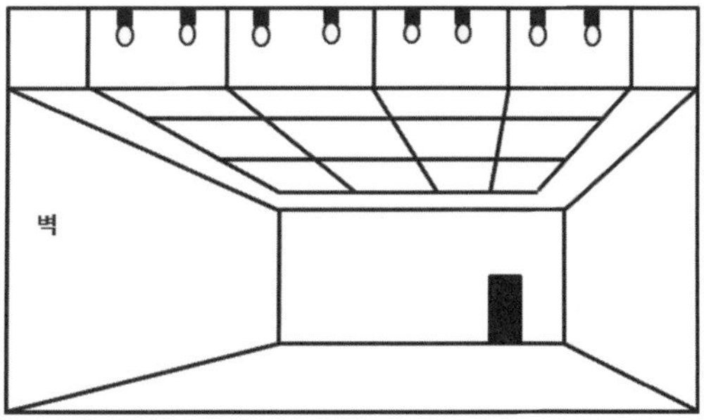

그림 3-12. 광천정 조명

6) 광창 조명(Luminous Wall)

지하공간이나 창이 없는 실내에 마치 창이 있는 것과 같은 효과를 만든다. 인공적으로 만든 창의 후면에는 형광등을 배치하고 빛의 확산을 높이는 투과소재를 사용한다. 이 방법은 디스플레이에 응용되어 쇼룸이나 전시장에 많이 사용된다.

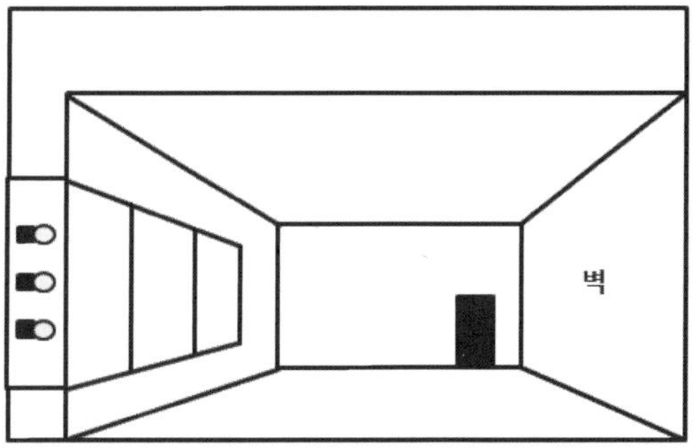

그림 3-13. 광창 조명

05. 경관조명

조명에 의한 경관을 아름답게 하여 특색 있는 도시의 이미지를 창출하고, 도시의 치안을 제고하며 고층 건축물들의 외형을 구성하는 다양한 빛을 구사하여 쾌적하고 특색 있는 빛 환경을 창조하는 것을 말한다. 즉 빛을 사용하여 도시전체를 종합적이고 계획적으로 디자인함으로써 주간의 경관에서는 발견할 수 없었던 도시의 매력을 발견하고, 쾌적하고 안전한, 그리고 활력 있는 도시의 모습을 실현하고자 하는 시도이다.

그림 3-14. 서울시의 주간경관과 야경

06. 조명제어

조명제어는 건물에서 불필요한 조명을 차단함으로써 건물의 에너지 사용량을 감소시킬 수 있는 가장 쉬운 방법 중 하나이며, 실내 시 환경의 적성 유지와 유지관리의 효율성 제고, 에너지 절약 등이 주목적이다. 조명 제어는 제어방법에 따라 점멸 제어, 조광 제어, 스텝 제어로 구분되며, 제어시스템에 따라 재실감지 제어시스템, 스케줄 제어시스템, 개회로 및 폐회로 제어시스템으로 구분할 수 있다(이주윤, 2002).

1) 조명제어의 목적

조명의 주목적은 최소한의 생활을 영위하기 위한 시 환경 확보에 있었으나 점차 생활이 윤택해짐에 따라 조명의 목적도 질적인 방향으로 바뀌어 오고 있다. 실내 환경에 적합한 조명환경을 계획하는 것은 단순하게 조명설계만으로 해결되지는 않는다. 실내 조명환경은 외부 가상의 변화 또는 실내 환경변화에 커다란 영향을 받기 때문에 실내 환경에 적합한 조명환경을 유지하고 불필요한 조명의 사용으로 인한 에너지 낭비를 최소화하기 위해서 조명제어의 사용이 요구된다. 건물의 사용과 관리의 측면에서 다음과 같이 조명제어의 목적이 있다(육정원, 1998).

a. 실내 시환경의 쾌적성 유지를 위한 제어

실내 시환경의 쾌적성은 실내의 큰 휘도대비와 현휘가 커다란 영향을 미친다. 이 휘도대비, 현휘에 크게 관여하는 것이 직사일광의 입사이다. 따라서 실내 시환경의 쾌적성 유지를 위한 제어는 직사일광의 제어를 위하여 블라인드와 루버 등의 제어가 대상이다.

그림 3-15. 루버조명

b. 유지관리의 효율성 제고를 위한 제어

여러 개의 건물이 넓은 대지에 분산되고 이것을 1개소의 제어 센터에서 관리하는 경우의 제어이다. 관리의 인력절감을 위하여 전용의 제어시스템이 건축되는 경우가 많다. 중앙에 중앙 제어시스템을 설치하고, 각 건물에 분산 제어반을 설치하고 중앙제어기와 분산 제어반 사이를 네트워크 케이블로 접속하여 제어한다. 대학의 캠퍼스와 리조트 개발 등에서 건물군의 제어 등이 포함된다.

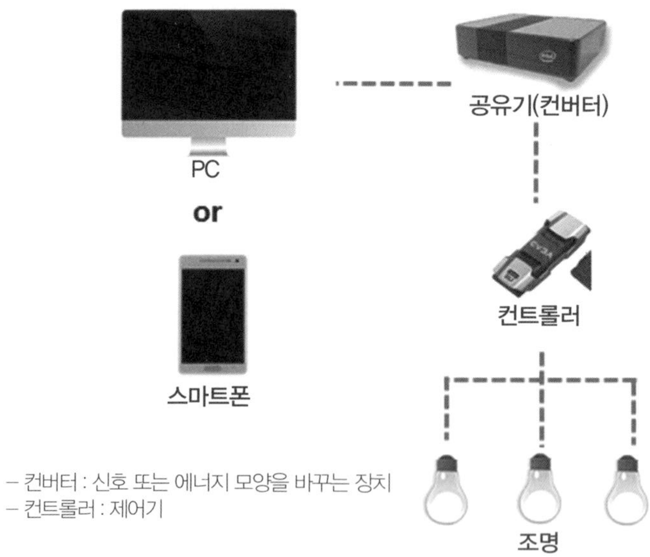

그림 3-16. 조명 제어시스템

c. 에너지 절약을 위한 제어

인공조명의 에너지 절약은 고효율 광원의 사용과 국부-전반병용 조명방식에 의한 에너지 절약 조명수법의 사용과 함께 자연채광을 고려한 제어의 사용으로 가능하다. 에너지 절약을 위한 대표적인 제어에는 재실센서에 의한 제어, 타임 스케줄에 의한 제어, 자연광에 의한 제어 등이 있다.

2) 제어방법에 따른 분류

조명기구의 출력을 조절하는 방법에 따라 다음과 같이 구분되며 구성되는 대상 공간과 제어시스템에 따라 적절한 제어방법이 사용된다. 일반적인 제어 시스템은 제어부로부터 제어기로 연결되는 제어신호와 조명기구로 전달되는 전원공급의 형태에 따라 제어방법이 구분된다(이주윤. 2002).

a. 점멸 제어(On/Off Control)

조명기구의 자동 여부를 결정하는 가장 기본적인 형태의 조명 제어방법이며, 제어의 원리가 간단하여 여러 가지 제어시스템에 쉽게 적용할 수 있는 장점이 있다. 제어의 원리를 살펴보면 제어시스템의 제어부로부터 초기 입력된 조건에 따라 조명 기구의 작동을 결정하는 신호를 받아 조명기구의 입력전원을 개-폐하게 된다. 제어방법은 가장 경제적으로 설치할 수 있는 조명 제어방법이며 조명 제어의 초기 형태로 아직까지 널리 사용되고 있는 조명방법이라고할 수 있다.

제어부로 입력되는 제어조건의 변화에 따라 제어기로 입력되는 제어신호가 제어기준값에 의하여 최대, 최소값으로 구분된다.

b. 조광 제어(Dimming Control)

조광 제어방법은 제어기로부터 입력된 신호의 크기에 따라 조명기구의 입력 전력량을 0-100%까지 연속적으로 변화시키는 방법으로 정확한 제어가 가능하여 작업에 필요한 조도를 일정하게 유지할 수 있다. 점멸 제어방법보다 구성이 복잡하고 고가의 가격으로 고급 제어시스템에 국한되어 사용되고 있다. 조광 제어방법은 조명기구의 광원에 따라 입력전력과 출력광속비가 상이하게 나타나 제어시스템 적용 시 조명기구의 특성을 고려하여야 한다. 제어부로 입력되는 제어조건의 변화에 따라 제어기로 입력되는 제어신호가 동일한 비율로 증감하게 된다.

c. 스텝 제어(Step Control)

스텝 제어방법은 점멸 제어방법과 조광 제어방법의 중간 형태로 조광 제어방법과 같이 조명기구의 출력을 연속적으로 변화시키는 것이 아니라, 조명기구의 출력을 사전에 정해진 단계별로 나누어 입력 신호에 따라 순차적으로 변화시키는 방법이다. 점멸 제어방법에 비하여 작업 면에 급격한 조도변화를 일으키지 않으며 조광 제어방법 보다 설치비가 저렴하다는 장점이 있다. 스텝 제어방법을 적용한 조명 제어시스템에서는 제어부로 입력되는 제어조건의 변화에 따라 제어기로 입력되는 제어신호가 정해진 제어기준 단계에 따라 구분된다.

3) 제어시스템에 따른 분류

조명 제어시스템은 설치 장소와 사용 목적에 따라 시스템의 기능과 구성원리가 상이하다. 특정작업을 위한 정밀한 조명제어에서부터 재실자 유무 또는 일정한 스케줄에 따라 자동 여부를 판단하는 등의 여러 가지 방법으로 사용되고 있다.

a. 재실감지 제어시스템

적외선 센서나 초음파센서 등에 의해 재실자의 유무를 검출. 자동적으로 조명의 점멸을 시행하는 방법을 말한다. 잦은 점멸은 시 작업의 쾌적도를 저해할 수 있기 때문에 근래에는 재실센서가 부착된 조명기구가 주거건물의 현관이나 사무실 건물의 화장실 같은 공용부분의 제어와 응접실, 회의실 등 사용이 비정기적인 실의 제어에 주로 사용한다.

그림 3-17. 재실 감지 제어시스템 감지센서

b. 타임 스케줄 제어시스템

시각에 따라서 조명기구를 점등하는 조광 제어이다. 업무를 시작하기 전후, 점심시간 등 건물의 사용률에 따라 조명기구가 요구되는 레벨 및 역할 등에 대하여 자동적으로 점멸 또는 조광을 하는 방법이다. 제어 패턴이 많은 경우나 제어대상 구역이 세분화된 경우는 조명을 위한 전용의 제어장치를 사용하는 경우가 많으며 옥외 조명도 타임 스케줄에 따라 제어 되는 곳이 많다.

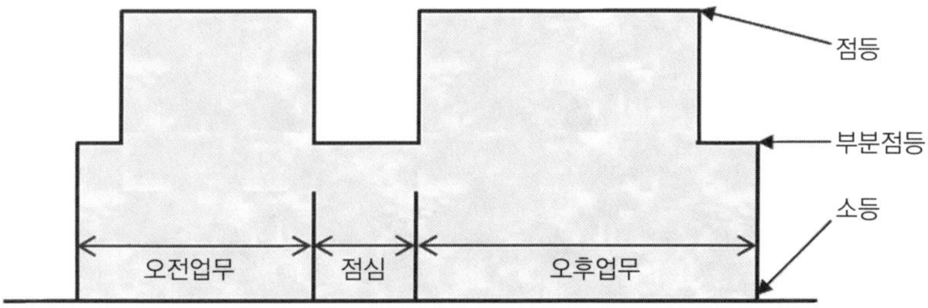

그림 3-18. 타임 스케줄 제어시스템 개념도

4장

조명설계

01. 조도측정과 조도계산

1) 조도측정

IES(북미조명공학회)에서 제시된 4점식 조도 측정방법은 다점법의 약식계산 방법으로 간단하게 평균조도를 측정한다. 이 방법은 조명기구가 중앙 배치형으로 되어있을 때 평균조도의 측정이 가능하다.

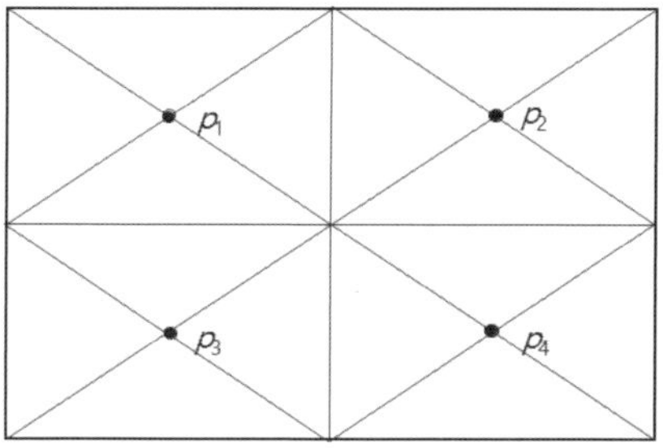

$$E=1/4(P_1+P_2+P_3+P_4)$$

5점법은 KS 평균조도 산출법(KS C 7612)으로 국부조도를 고려한 방법으로 공간에서 발생하는 작업의 특징을 부각한다. 공간의 크기가 증가할수록 최대 및 최소 조도 값의 차이가 증가한다.

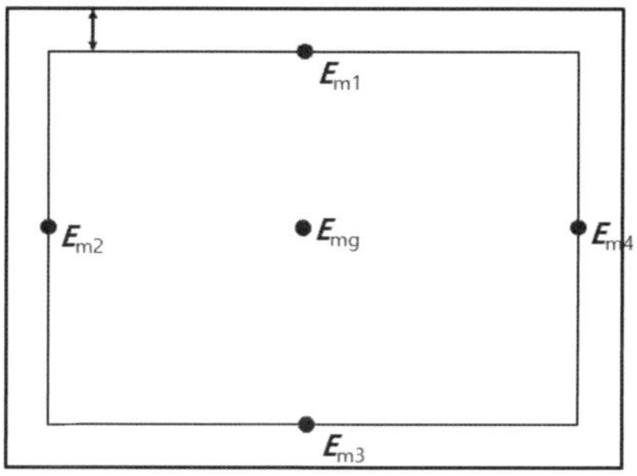

$$E=\frac{1}{6}\left(\sum E_{mi}+2E_{mg}\right)$$

다점법은 공간에 설치된 조명기구의 수가 많을 때 적용하는 평균조도 측정방법으로 측정인트가 많기 때문에 정밀한 조도의 분석이 가능하며 평균조도 개념에 근접한다. 이 방법은 조명기구의 배치특성을 반영하지 못하는 경우가 발생하며 측정위치가 많아서 조도 측정에 소요되는 작업시간과 작업량이 크다.

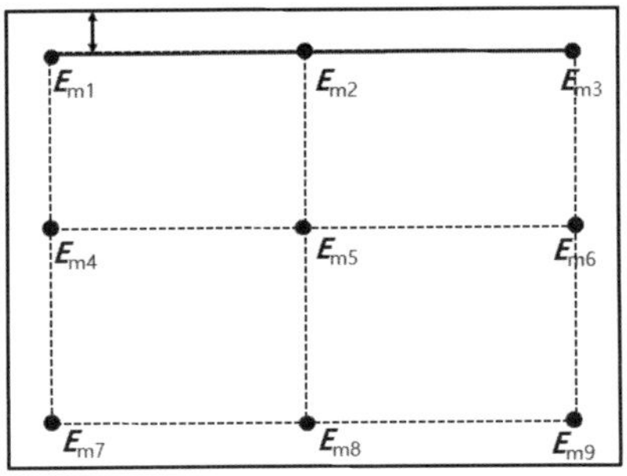

$$\mathrm{E} = \frac{1}{i}\sum \mathrm{E}_{mi}$$

2) 조도 계산

실의 형태, 마감재료의 특성, 조명방식, 광원의 성능과 개수 등으로 조도를 계산할 수 있는데 광속법(lumen method), 축점법(point by point method) 등으로 구한다. 본서에서는 광속법에 대해서 설명한다. 광속법은 조도가 어떤 공간의 면적에 광속이 도달하고 그 때의 조도가 광속(lm)/면적(m^2) 이라는 기본 개념에서 출발하는 방식으로 가장 간단하고 손쉬운 조도계산방법이다. 이 방법은 공간 전체의 균일한 조도를 얻기 위한 전반조명 설계 시에 사용하며 조도의 평균치를 구하는 방법으로서 규모가 작은 공간에 적용할 경우 오차가 커진다. 큰 공간이라도 폭이 좁고 긴 형상의 공간일 경우 계산법이 달라진다. 광속법은 광원(조명기구)의 배치가 균일한 경우에만 성립한다. 광속법에 의한 설계과정과 유형은 다음 표와 같다.

표 4-1. 광속법에 의한 설계과정(2013, 조명의 기초이론)

①	광원과 조명기구 선택
②	조명기구의 간격과 배치 결정
③	목표 조도 결정
④	실지수 결정
⑤	조명률 결정
⑥	보수율 결정
⑦	램프의 크기 계산

표 4-2. 광속법에 의한 유형(2013, 조명의 기초이론)

계산법	지역
3배광법	한국 및 일본
ZCM (Zonal Cavity Method, 구역공간법)	북미
BZM (British Zonal Method, 영국구역법)	영국
Litg	독일
UTE	프랑스
CIE	국제조명위원회

먼저 3배광법은 조명기구의 배광을 측정한 결과에서 그 배광을 상향, 하향, 측면 방향의 3가지 성분으로 나누고, 각 성분들이 작업 면에 어느 정도 입사할 것인지를 실험식을 이용하여 찾아내므로 3배광법이라는 이름을 얻게 되었다.

- **3배광법에 의한 평균조도의 산출식**

$$E_{ave} = \frac{FUN}{AD} \quad or \quad E_{ave} = \frac{FUNM}{AD}$$

E=평균 조도 Average illuminance

N=광원의 수 Number of lamps used in the installation 2등용 등기구의 수량은 N/2

F=광원의 광속 Luminous Flux

U=조명률 Coefficient of Utilization

M=보수율 Maintenance factor

A=실면적 Area to be lit by floodlights

D=감광보상율

- **조명률(CU; Coefficient of Utilization)**

$$조명률\ (U) = \frac{F_s}{F}$$

F_s : 작업면 도달광속 / F : 광원의 전광속(lm)

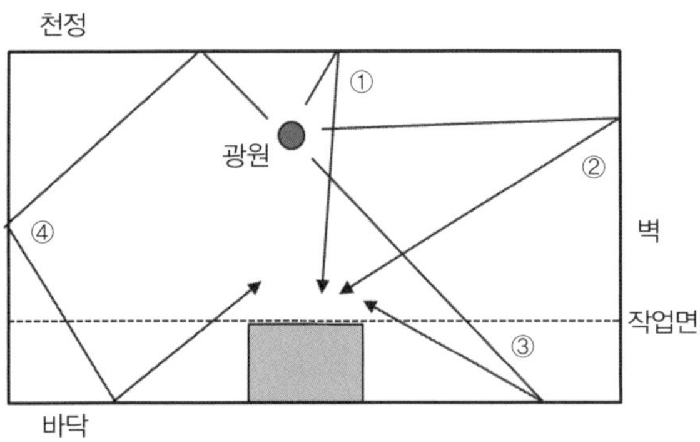

그림 4-1. 3배광법

3배광법에서 광원에서 작업면에 도달하는 빛을 고려해 보면 직접 도달하는 빛과 천장, 벽면 또는 바닥면으로부터 반사되어 도달하는 빛으로 구성되는데 그림에서 ①은 천장면에 반사되어 작업면에 입사하는 빛(직접요소)이고 ②는 벽면에 반사되어 작업면에 입사하는 빛(직접요소), ③은 바닥면에 반사되어 작업면에 입사하는 빛이며 ④는 천정, 벽, 바닥에 상호반사되어 작업면에 입사하는 빛(간접요소)이다.

이러한 직접 요소 및 간접 요소이외에 창밖으로 나가버리는 빛과 천정, 벽, 바닥에 흡수되는 빛은 작업면의 조도에 영향을 미치지 않는 빛이다. 조명률은 작업면에 도달하는 ①, ②, ③, ④의 광속의 합과 광원 자체의 총광속의 비율(%)을 말한다. 이때 조명률은 실의 크기, 실 표면(천정, 벽, 바닥)의 반사율, 실의 폭과 너비, 광원의 취부 높이, 조명기구의 배광에 따라 달라진다. 일반적인 조명기구의 조명률은 실지수, 바닥, 벽면, 천장의 반사율의 조합에 따라 결정된다.

표 4-3. 조명율표(최대설치간격 1.3H)(2013, 조명의 기초이론)

반사율	천정	75%			50%			30%	
	벽	50%	30%	10%	50%	30%	10%	30%	10%
실지수		조명율							
0.6J		40	38	34	42	37	34	36	32
0.8I		49	47	42	48	44	42	44	40
1.0H		55	54	49	55	52	48	51	47
1.25G		59	57	53	59	56	52	54	52
1.5F		64	62	58	63	60	57	59	58
2.0E		69	67	63	67	64	61	64	62
2.5D		71	70	66	69	67	66	66	64
3.0C		72	71	68	71	69	68	68	66
4.0B		74	73	71	73	72	70	70	68
5.0A		76	75	73	74	73	71	72	70

- 감광보상률(D)

$$감광보상률(D) = 1/M$$

감광보상률(D)은 시간의 경과에 따라 낮아지는 조도의 감소를 미리 예상해서 소요 광속에 여유분을 주는 것이다. 즉, 조명 기구를 어느 기간 사용한 뒤에도 평균조도가 유지될 수 있도록 초기 평균조도에 산입하는 비율을 말한다. (보수율)

표 4-4. 감광보상률표(2013, 조명의 기초이론)

반사율 천정	80%			50%			10%		
벽	50%	30%	10%	50%	30%	10%	50%	30%	10%
	조명율								
1	0.79	0.78	0.76	0.75	0.74	0.72	0.70	0.69	0.68
2	0.74	0.71	0.69	0.70	0.68	0.66	0.66	0.65	0.64
3	0.69	0.65	0.62	0.66	0.63	0.61	0.63	0.61	0.59
4	0.64	0.60	0.57	0.62	0.58	0.56	0.59	0.56	0.55
5	0.59	0.55	0.52	0.57	0.54	0.51	0.55	0.52	0.50
6	0.55	0.51	0.47	0.53	0.50	0.47	0.51	0.48	0.46
7	0.51	0.46	0.43	0.49	0.45	0.42	0.48	0.44	0.42
8	0.47	0.42	0.39	0.45	0.41	0.38	0.44	0.41	0.38
9	0.43	0.38	0.35	0.42	0.37	0.35	0.40	0.37	0.34
10	0.39	0.34	0.31	0.38	0.34	0.31	0.37	0.33	0.31

*spacing ratio 1.5 / Efficiency 72%

유지율(M)은 기구와 관련된 변수로서 초기 조도에 대한 시간 경과 후의 조도의 비율을 말한다. 예를 들면 수명이 짧은 백열등은 1.3, 그보다 수명이 긴 형광등은 1.6을 적용한다.

$$유지율(M) = \frac{시간경과후조도값}{초기조도값} \times 100$$

실지수(K)는 실의 크기와 형상에 따라 달라지는 광속배분의 영향을 나타내 주는 지수로 작업면에서 광원까지의 높이(H)가 낮고 실의 가로(X)와 세로(Y)의 길이가 작을수록 실지수(K)는 커진다. 실지수(K)가 커진다는 것은 작업면에 입사하는 광속의 비율이 커진다는 것이기 때문에 조명률(U)이 높아진다는 것을 의미 한다. 조명률(U)이 높다는 것은 작업면의 평균조도가 높아질 수 있다는 것이다.

$$실지수(K) = \frac{XY}{H(X+Y)}$$

K: 실지수

H: 작업면에서 광원까지 거리(m)

X: 실의 가로길이(m), Y: 실의 세로길이(m)

산출된 실지수(K)는 다음과 같은 실지수 표를 통해 등급화된다.

표 4-5. 실지수표 (2013, 조명의 기초이론)

구분	A	B	C	D	E	F	G	H	I	J
실지수 (K)	5	4	3	2.5	2	1.5	1.25	1	0.8	0.6
범위	4.5 이상	4.4 ~3.5	3.5 ~2.75	2.75 ~2.25	2.25 ~1.75	1.75 ~1.38	1.38 ~1.12	1.12 ~0.9	0.9 ~0.7	0.7 이하

실지수도(nomograph)를 이용하는 방법은 Y/H와 X/H를 각각 구하여 각 축을 연결하는 선을 긋게 되면 해당 등급이 표시된다.

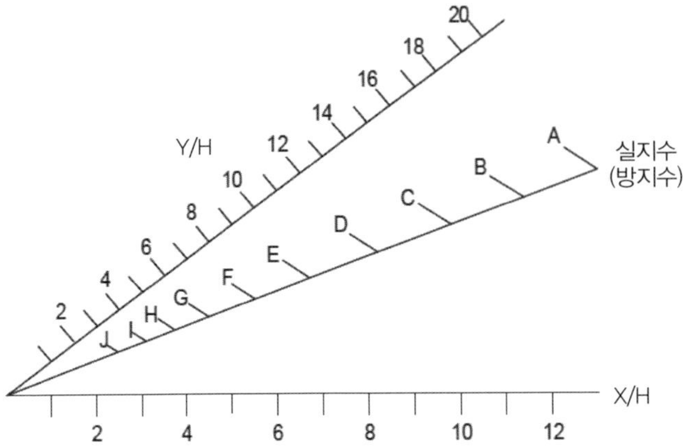

그림 4-2. 실지수도(2013, 조명의 기초이론)

02. 주거공간 조명

기존의 주거공간의 조명은 주로 일실일등(一室一燈)으로 충분한 조도를 얻는 것이 주거공간 조명의 목표이었으나 조명기술이 발달하고 거주자의 욕구가 다양화함에 따라 실의 용도에 따라 조도와 분위기가 다른 조명으로 설계하는 추세이다. 즉 실의 종류에 따라 밝기, 연색성, 사용의 용이성, 심리적 쾌적성, 비용, 에너지효율 등에서 적절히 고려된 공간별 조명공간이 설계되고 있다. 또한 기존의 일실일등방식에서 일실다등(一室多燈)으로 한 공간 내에서도 부위에 따라 다른 조명을 적용하여 공간의 쾌적성을 제고하는 추세이다. 실의 용도에 적합한 조명방식을 계획하고 적절한 조도를 상정하여 조명기구의 수와 설치위치 등을 정하게 된다. 지역과 문화권 그리고 연령 등에 따라 밝기에 대한 반응이 다르기 때문에 적절조도도 변하는데 한국인들은 대체적으로 밝은 조명을 좋아하고, 나이가 들어가면 조도를 높여야 한다. 각 공간별 조명계획의 고려사항을 요약하면 다음과 같다.

1) 거실

거실은 다목적 공간으로 휴식공간으로 활용되는 경우가 많고 가족구성원 모두가 사용하는 공간이므로 아늑하고 밝은 분위기의 부드러운 조명이 요구된다. 거실은 주거공간 중에서 비교적 면적이 크기 때문에 전반조명이 필요한데, 되도록 부드러운 느낌이 들도록 직접조명과 간접조명을 병행해서 사용하는 것이 좋다. 장식 벽을 향한 집중조명과 소파 등의 작업부분을 분리해서 계획한다. 조도는 100lx 정도가 적절하며 샹들리에를 사용하여 거실 전체의 분위기를 고급스럽게 할 수도 있다.

그림 4-3. 거실 조명

2) 공부방(서재)

공부방은 연구나 공부 등과 같이 집중적으로 눈을 사용하므로 눈을 보호하는 방안을 고려해야 한다. 형광등의 경우 미세한 떨림이 있기 때문에 눈의 피로가 커질 수 있다. 최근에 이용이 증가하고 있는 LED조명은 형광등이나 백열등에서 발생하는 자외선과 적외선의 발생이 적고 빛 떨림 현상이 적어서 눈의 피로가 적다. 책을 읽는 공간은 사용자의 연령에 맞추어 조도를 조절할 필요가 있는데 연령이 40대가 되면 20대에 비해 2배의 조도가 필요한 것으로 알려져 있다. 공부방 전체적으로 전반조명을 적용하고 책상에는 테이블 스탠드를 적용하여 책을 읽는 공간과 주변공간의 휘도차이를 적게 해주어야 할 필요가 있다.

그림 4-4. 서재조명

3) 침실

침실의 조명은 편안하게 수면할 수 있도록 조도를 조절할 수 있는 것을 선택한다. 조명의 조도조절은 백열전구는 오래 전부터 조도조절이 용이하였으나 그 외의 조명은 조도조절이 용이하지 않았다. 그러나 최근에는 디밍기능이 있는 형광등도 개발되어 있으며 LED의 경우에는 조도조절은 물론 색온도의 조절도 가능하다. 그리고 배광측면에서는 반간접조명이나 간접조명을 천장 가장자리에 설치하거나 브래킷을 벽면에 부착해서 휴식용 조명이 되도록 한다. 취침 중에 화장실에 가는 경우를 위하여 발밑 등이나 플로어 스탠드를 설치할 수도 있으며 편안한 휴식과 취침을 용이하게 하기 위하여 색온도가 낮은 조명을 사용하는 것이 좋다. 또한 침실의 프라이버시 보호를 위하여 커튼 조명을 설치할 수도 있다.

그림 4-5. 침실 조명

4) 주방

주방은 식탁과 그 주변에 둘러앉은 사람들이 강조되고 분위기 위주로 조명이 계획되어야 한다. 이를 위해서는 형광등보다는 백열전구가 효과적이고 가능한 조도를 높게 한다. 또한 음식물은 인간의 건강과 생명에 직접적으로 영향하고 음식물의 변질을 일차적으로 인간의 눈으로 확인하게 되므로 식탁의 조명은 고연색성과 고조도의 조명이 적당하다. 대체적으로 식탁 위의 조명은 펜던트의 사용이 일반적이다. 펜던트는 설치 높이가 조명

효과, 효율 등에 크게 영향하는데 너무 낮으면 눈부심이 발생할 수 있고 너무 높으면 음영이 생기거나 조도가 저하하므로 적당한 높이로 설치해야 하는데 식탁 위 60-80cm 가 적당하다.

한편 조리대는 음식을 조리할 때 칼과 같은 절삭기구를 사용하므로 사고방지를 위해서도 또한 음식재료의 신선도 파악을 위해서도 700lx 정도의 조도가 필요하며 작업자의 눈부심을 방지할 수 있도록 반사갓 등으로 배광을 조절해야 한다.

그림 4-6. 주방 조명

5) 현관

현관은 손님과 주인이 처음 대면할 수 있는 공간으로 만남이 이루어지는 공간에 그늘이 지지 않도록 조명위치를 설정하는 것이 중요하다. 현관조명은 장시간 점등하기보다는 간헐적으로 점등하게 되는 경우가 많으므로 백열등처럼 간단한 광원이 유리하며 사람의 동작을 파악하는 센서를 이용하여 자동 점등과 소등이 되도록 조절한다. 또한 현관조명은 다른 주거공간보다 비교적 외기조건과 접하는 경우가 많기 때문에 내후성, 방수성 기구를 사용해야 한다.

그림 4-7. 현관조명

6) 욕실

욕실은 치장을 위하여 거울을 사용하게 되므로 거울에 그늘이 생기지 않도록 거울의 위나 양쪽에 조명등이 필요하며 단시간 사용하는 공간이므로 백열등을 달고, 수분이나 습기에 잘 견딜 수 있는 방수 또는 방습 등을 사용한다. 백열등을 사용하면 피부색이 건강하게 보이는 효과도 얻을 수 있다. 욕실의 전반적인 조도는 100lx 정도면 충분하고 목욕하는 사람의 그림자가 비춰지는 위치에 조명기구를 설치하지 않도록 주의한다.

그림 4-8. 욕실조명

7) 아동침실

아동침실은 밝은 분위기를 연출할 수 있도록 형광등을 전반조명으로 사용하며 학습이나 취침을 위한 테이블 스탠드 같은 국부조명을 별도로 설치한다. 어린이의 호기심을 유발할 수 있는 디자인의, 예를 들면 공룡이나 비행기 형상의 조명을 설치하여 창의력을 기르도록 유도한다.

그림 4-9. 아동 침실

03. 건축공간 조명

1) 전시공간 조명

미술관 조명은 작품을 관람자에게 작가의 의도와 그 예술품의 아름다움을 충분히 표현 보다 좋게 보이게 설계되어야 하며 예술작품의 보존에도 주의를 기울여야 한다. 미술작품은 자외선에 의해 열화가 진행될 가능성이 있으므로 그림 등의 조명용 광원으로는 자외선 발생 여부를 고려하여야 한다. 또한 그림의 상, 하부에 조도차이가 없도록 설계해야 하며 조도 제어가 용이한 광원을 사용하고 배광제어가 용이한 조명기구를 적용해야 한다. 조명방식은 그림의 경우 글레이징이나 월워싱방식으로 벽면에 부착한 작품의 질감을 재현하도록 하고 조각품의 조명에는 조각품이 가지고 있는 입체감을 충분히 표현할 수 있도록 조명의 질이나 방향을 조정할 수 있어야 한다.

그림 4-10. 전시공간 조명

2) 공장 조명

공장 조명은 공장의 작업을 용이하게 하고 작업 능률을 향상시키기 충분한 조도로 명시의 조건을 만족시키고 작업자의 재해를 방지하고 활동원활과 안전감을 증가시켜 작업 능률을 향상시키고 생산성을 증대할 수 있어야 한다. 전반조명으로는 백열전구, 형광등 또는 고압 수은등을 사용하고 국부조명으로는 각각의 장소와 용도에 적당한 국부조명기구를 사용한다. 공장의 조명설비는 조도확보 이외에 작업원의 안전성, 작업성 그리고 쾌적성을 위하여 글레어, 음영, 균제도 등을 고려해야 한다.

그림 4-11. 공장 조명

3) 병원 조명

병원은 접수, 진료, 치료, 입원 등 매우 복잡한 기능을 갖는 시설로 다양한 조명기술을 이용할 필요가 있다. 병원에 대한 일반인의 정서는 먼저 두려운 곳이라는 선입견이 있으므로 조도, 빛의 질, 눈부심, 빛의 색에 대한 검토 등을 통하여 친근감을 느끼도록 유도해야 한다. 병원 입구는 편안하게 느끼게 하고 접수처는 서류작성, 수납 등이 이루어지므로 고조도가 필요하다.

병실 전반조명은 환자에게 눈부심을 주지 않도록 고려하고 치료, 또는 수술실은 세밀하고 집중적인 작업이 이루어지므로 밝은 전반조명이 필요하고 음영이 생기지 않도록 주의한다.

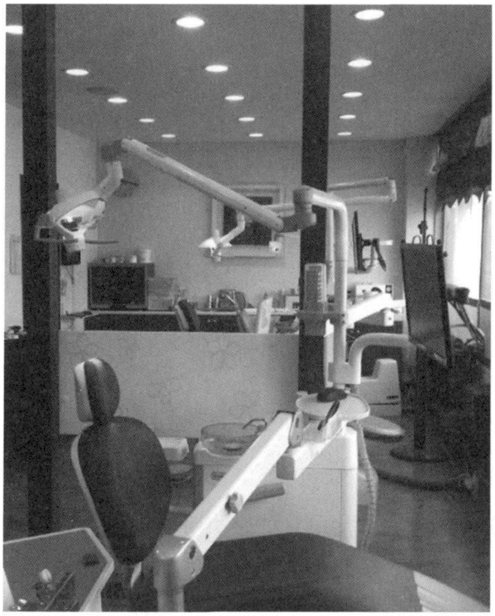

그림 4-12. 병원 치료실 조명

4) 사무실 조명

그림 4-13. 사무실 조명

사무실은 주로 책상을 이용하여 서류를 작성하거나 문서작업을 하는 공간으로 전반조명과 작업조명을 병용해야 할 필요가 있다. 기존의 사무실 조명으로는 발광효율이 높고 수명이 긴 형광등이 많이 사용되었으나 최근에는 LED 조명이 형광등을 빠르게 대체하고 있다. LED 조명은 높은 에너지효율, 장수명, 조광용이, 색온도 조절이 용이한 여러 장점 때문에 사무실 조명으로 각광받고 있다. 한편, 사무실의 전반조도는 500~700lx가 적당하며 작업조명으로는 테이블 스탠드를 이용하는 경우가 많다.

5) 상업공간 조명

상업공간은 각종 상품을 소비로 연결하는 역할을 하는 장소로 고객의 관심을 유발하고 구매의욕을 제고하기 위하여 다소 극적인 느낌을 발생시키는 조명이 필요하다. 즉 귀금속의 경우 글레어가 발생하는 정도의 휘도대비를 통하여 보석에 대한 소유욕구를 이끌어내거나 다소 비현실적인 디스플레이에 의해 의류의 소비욕구를 제고하기도 한다. 이를 위하여 고조도와 고연색성의 광원과 조명기구가 필요하다. 불특정 다수 고객을 상대로 구매 의욕을 자극하여 상품 판매를 통한 이윤을 얻는 것을 목적으로 하는 공간이므로 상품을 고급스럽게 보이도록 하고 광원에서 발생하는 자외선이나 열에 의한 상품의 손상을 방지하며 상품의 색체를 강조해야 하는 경우에는 고연색성 광원을 사용한다.

그림 4-14. 백화점 조명

6) 전문식당 조명

전문식당 조명은 식음공간에서 식욕을 만족시키고 영양을 보충하며 스트레스 해소와 사교 및 상담을 위한 행위도 포함되므로 명시조명보다 분위기 위주의 조명을 한다. 광원의 색온도, 조도, 휘도, 광원의 높이 등을 적절하게 조절하여 분위기를 조절한다. 음식점에서는 대략 200lx 조도로 조명한다.

그림 4-15. 식당 및 커피숍 조명

7) 무대조명

무대조명은 연극, 무용 또는 음악을 연주하는 공간을 조명하는 것으로 일반 건축조명과는 다른 범위의 조명으로 관객과 연출자 간에 극적으로 다른 조명이 필요하다. 즉 무대를 기점으로 관객석은 공연 중에 조도를 2lx정도로 어둡게 할 필요가 있고 무대에서는 실로 넓은 범위의 조도로 무대를 조명하게 된다. 무대조명은 관객이 무대를 보는 데 불편하지 않도록 밝게 비추면서 무대의 분위기나 인물의 심리 따위를 표현하기 위한 효과 조명으로 여러 장치와 연출이 조화를 이루게 된다.

무대조명에 주로 사용되는 장치는 보더라이트(border light), 풋라이트(foot light): 기본조명(base light), 실링스폿라이트(ceiling spot light), 프런트사이드라이트(front side light), 플러드라이트(flood light), 호리즌라이트(horrizen light), 스트립라이트(strip light), 무빙라이트

(moving light), 그리고 무빙미러(moving mirror) 등이 있다.

그림 4-16. 연극무대 조명

04. 도로 조명

도로 조명은 야간에 도로를 오가는 차량, 자전거 그리고 보행자들의 안전한 진행에 필요한 시각 정보를 제공하고 야간 도로교통을 안전 원활, 쾌적하게 하기 위하여 설치하는 조명을 의미한다. 도로 조명의 주안점은 평균 휘도와 균제도가 적절하고 글레어가 적은 조명환경을 조성하는 것이다. 도로 조명은 넓은 면적을 장시간에 걸쳐 조명해야 하고 수리보수에 수고가 적은 것을 고려해야 하므로 발광효율이 높으며 수명이 비교적 길고 터널이나 안개속에서의 직진성이 좋은 주황빛 고압 나트륨 램프가 많이 사용되었으나 최근에는 효율이 좋고 수명이 길며 연색성이 높은 백색LED광으로 전환되고 있다.

도로 조명 설계 고려사항은 노면 전체 휘도가 높고 조명의 광색, 연색성이 적당하고 조명시설이 도로와 주변경관을 해치지 않아야 한다. 도로 조명은 기후, 차도분리, 분기점 유형, 교통량, 차량속도 등의 여러 인자를 고려하여 조명등급을 결정하여 이에 준하여 조명을 설계한다.

그림 4-17. 도로 조명

[05. 조명연출]

조명연출은 공간의 특성에 부합되게 의도된 조명효과를 나타내기 위하여 광원을 선택하고 그 광원을 제어하는 조명기구를 부착한 후 조명수법과 조명기구를 적절히 사용하여 조명의 총체적인 효과를 창출하는 활동이라고 표현할 수 있다. 조명연출의 기법을 간략하게 정리하면 다음과 같다.

1) 강조기법(Accent Light)

시야 내의 한 부분에 그림이나 전시물체를 강조하여 보는 사람의 주의를 집중시킬 때 사용하는 조명연출방법으로 일반적으로 주변 조도보다 5배 이상의 조도로 조명한다.

2) 빔플레이(Beam Play)

강조 물체에 광선을 조사하여 광선 그 자체가 시각적인 특성을 가지며 공간에 생동감을 부여하는 방식이다.

3) 월워싱(Wall Washing)기법

수직벽면에 빛으로 쓸어 내리는 듯한 효과를 내는 조명 연출 방법으로 시각적 공간 확대 느낌을 주며 시선을 집중시킨다.

4) 그림자 연출기법(Silhuetting)

사물 앞에 조명을 두고 이를 벽이나 창에 조사하여 빛과 그림자 효과 이용하는 기법으로 관찰자가 피사체의 윤곽과 실체를 동시에 비교, 관찰하게 하는 조명연출이다.

그림 4-18. 그림자 연출기법

5) 실루엣(Silhuet) 기법

조명을 사물 뒤에 위치시켜 조명하여 인물 또는 사물의 형상(윤곽)만 표현한다. 피사체의 윤곽만 보이기 때문에 색상이나 질감과 같은 세밀한 내용은 파악할 수 없지만 피사체의 전면을 추측하게 하여 호기심과 신비감을 유발하는 조명연출이다.

6) 후광 조명(Back Light)기법

빛을 아크릴, 스테인드글라스 등과 같이 반투명재료를 통과시켜 배면의 빛을 확산시키는 기법이다.

7) 글레이징(Glazing Lighting)기법

빛의 각도를 이용하는 방법으로 수직면과 평행한 광선을 벽에 비추어 마감재료의 재질감을 강조하는 기법이다.

8) 상향광조명(Up-Lighting)기법

상향광을 이용하여 평범하지 않은 분위기를 연출하거나 피사체의 아랫부분을 강조할 때 사용하는 연출방법이다.

9) 스파클(Sparkle)기법

어두운 배경에서 광원 자체의 흥미로운 반짝임을 연출하여 생동감을 주거나 화려한 분위기를 연출하는 방법이다.

5장

조명디자인 실습

01. DIALux 설치와 시작

1) 설치

DIALux는 회원가입이나 유료 프로그램이 아니라 누구나 자유롭게 이용할 수 있는 프리웨어(무료 프로그램)로써 홈페이지에 접속하여 다운로드 후 설치할 수 있다. DIALux를 설치하기 위해 https://www.dial.de/en/dialux/download/ 홈페이지에 접속하면 다음과 같은 화면이 나온다.

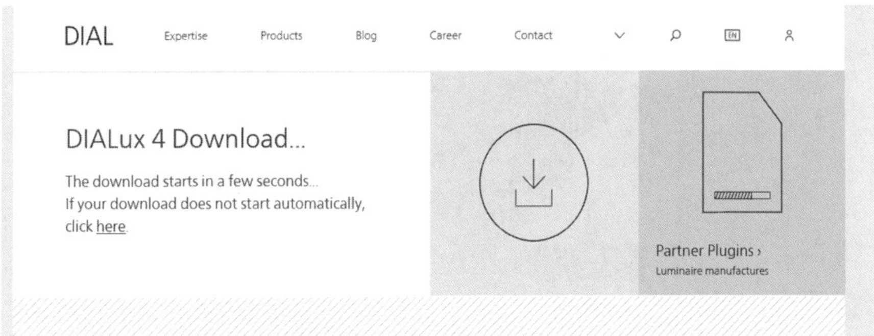

그림 5-1. DIALux 설치파일 다운로드

노란색 그림을 클릭하여 다운로드할 수 있으며 저장 완료된 DIALux-41300.exe 를 실행하여 설치할 수 있다.

02. DIALux 사용자 인터페이스

1) 사용자 인터페이스

DIALux는 Windows 사용자 인터페이스를 채택했다. 도구 모음, 새롭고 훨씬 포괄적인 가이드, 사용자를 안내하는 더 간단한 대화로 훨씬 쉽고 빠르게 작업할 수 있다.

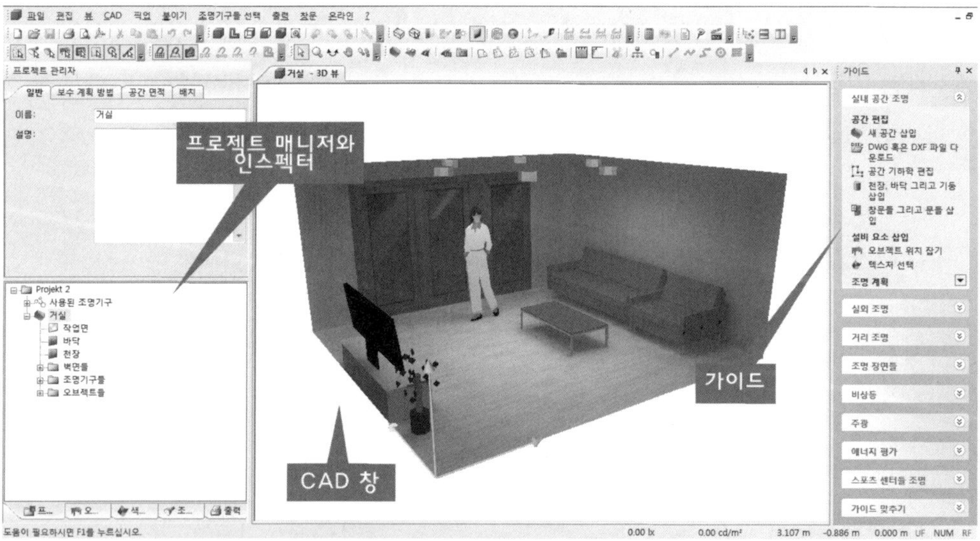

그림 5-2. 사용자 인터페이스

DIALux 사용자 인터페이스는 세 가지 주요 작업 영역으로 나누어져 있다.

- CAD 창
- 프로젝트 관리자와 인스펙터
- 가이드(The Guide)

이 세 가지 작업 영역을 통해 DIALux로 조명 설치를 효과적이고 명확하게 계획할 수 있다. 각 영역에서 특정 소프트웨어 기능에 액세스하거나 객체를 편집할 수 있다. 프로젝트 관리자는 인스펙터와 해당 트리 구조(프로젝트, 가구, 색상, 조명기구 및 출력)를 포함하고 있다.

a. CAD 창

그림 5-3. 실내의 3D 전망

3D 및 평면도 외에도 측면 및 정면도를 사용할 수 있다.

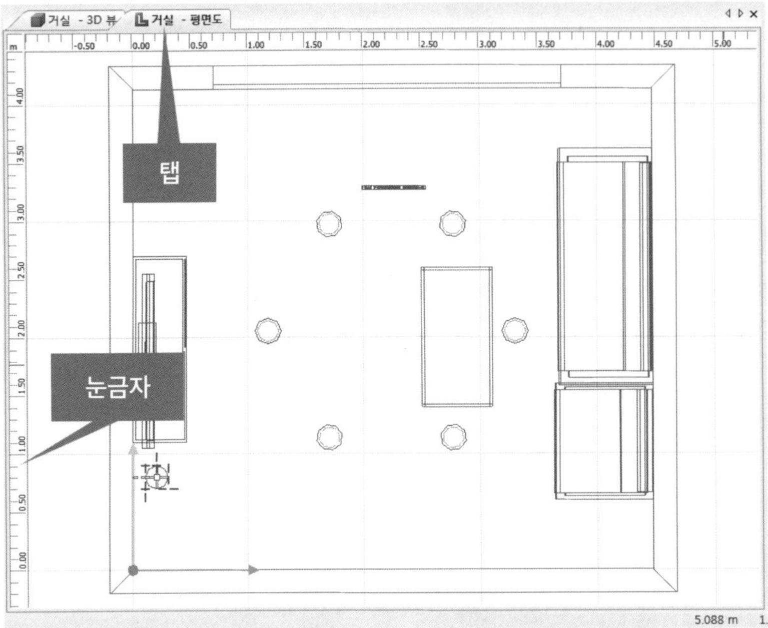

그림 5-4. 실내 정면도

CAD 창은 대화식 조명 디자인에 사용된다. 마우스를 사용하여 실내, 거리 또는 외부 장면을 그래픽으로 회전, 확대 / 축소, 이동 및 로밍할 수 있다. 끌거나 이동 옵션은 항상 가운데 마우스 버튼을 통해 액세스할 수 있다. 휠 마우스를 사용하는 경우 줌 옵션도 가능하다.

DIALux로 작업하는 동안, 마우스 오른쪽 버튼은 매우 중요하다. 선택한 개체에 따라 프로그램 모드 및 작업 영역이 다른 중요한 옵션에 액세스할 수 있다. 또한 실내 또는 실외에서 개체를 이동하거나, 확장, 회전 또는 선택할 수 있으며 마우스 오른쪽 버튼을 클릭하여 문맥(context)메뉴에 액세스 한다.

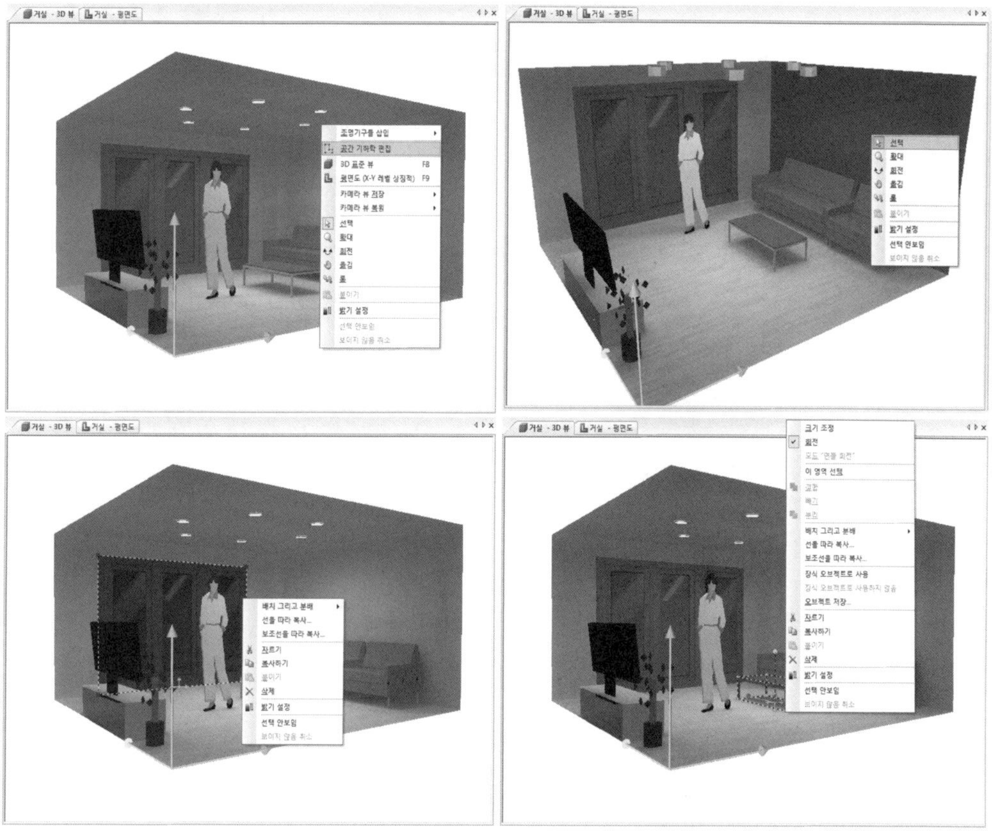

그림 5-5. 3D CAD 창 문맥메뉴

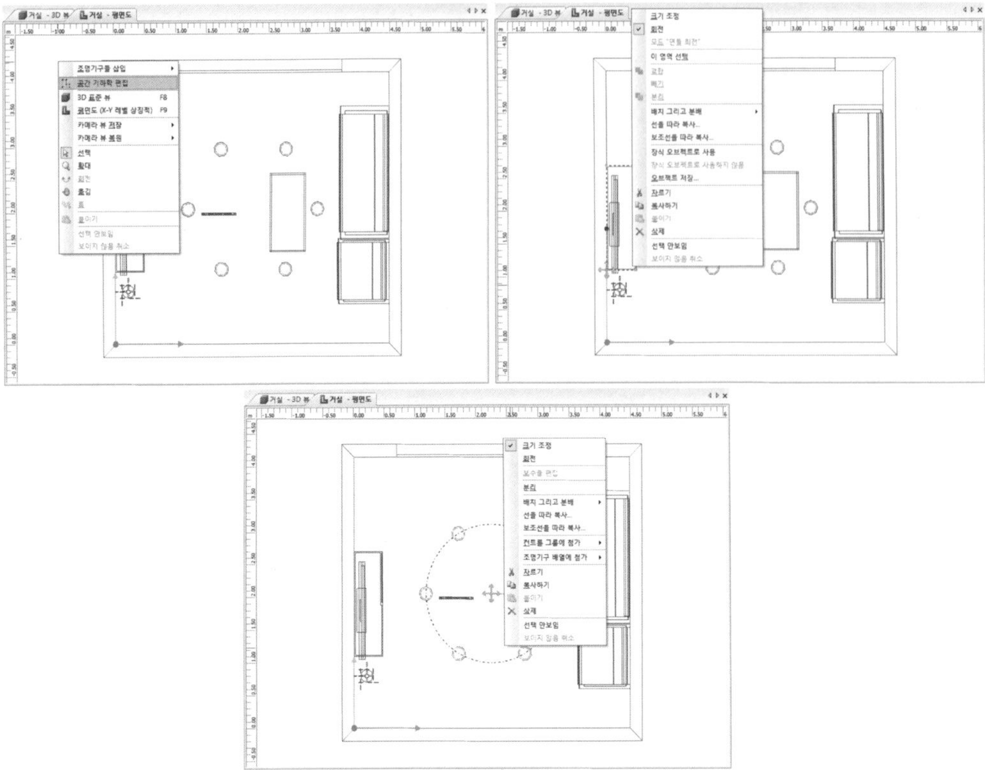

그림 5-6. 평면도 문맥메뉴

프로젝트 매니저에서 방 내부를 마우스 오른쪽 버튼으로 클릭하여 3D 또는 평면 뷰를 선택할 수 있다. 두 개 이상의 CAD 창이 열려 있으면 창 메뉴를 통해 원하는 대로 정렬할 수 있다. 창이 전체 화면인 경우 화면 상단의 탭을 통해 다른 보기로 변경할 수 있다. 동시에 여러 창에서 작업하는 것은 높은 화면 해상도와 좋은 디스플레이 어댑터로 작업할 때만 권장된다.

객체가 실내에 삽입 된 경우 해당 객체의 상황에 맞는 메뉴를 마우스 오른쪽 버튼을 클릭하여 액세스할 수 있다.

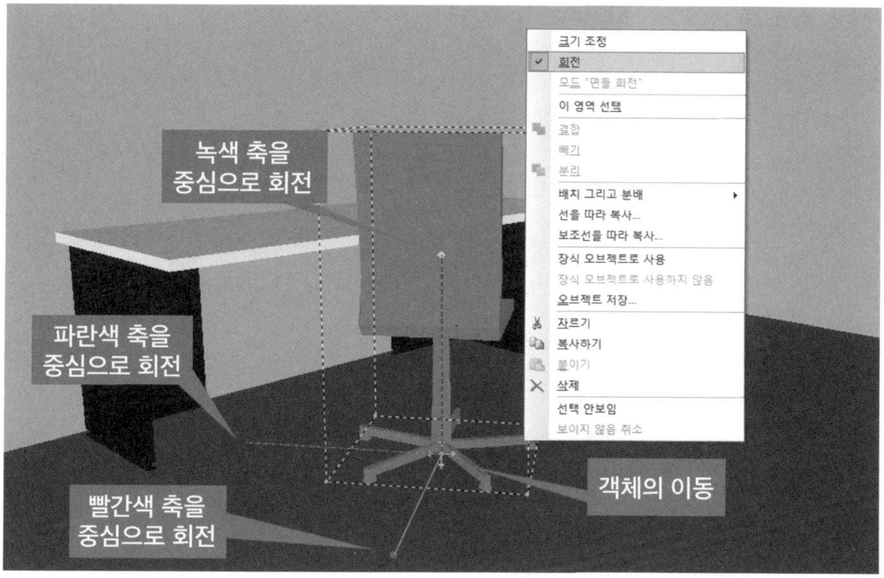

그림 5-7. 선택된 객체의 문맥메뉴

회전 옵션이 활성화 된 경우, 개체의 점을 클릭하고 회전하여 개체를 회전할 수 있다. 빨간색 회전 지점은 빨간색 축을 중심으로 회전할 수 있다. 마찬가지로 파란색과 녹색의 회전 지점은 파란색 및 녹색 축을 중심으로 회전할 수 있다. 개체에 자체 좌표계가 있다. 화살촉을 클릭하고 당겨 개체를 이동할 수 있다.

b. 프로젝트 관리자

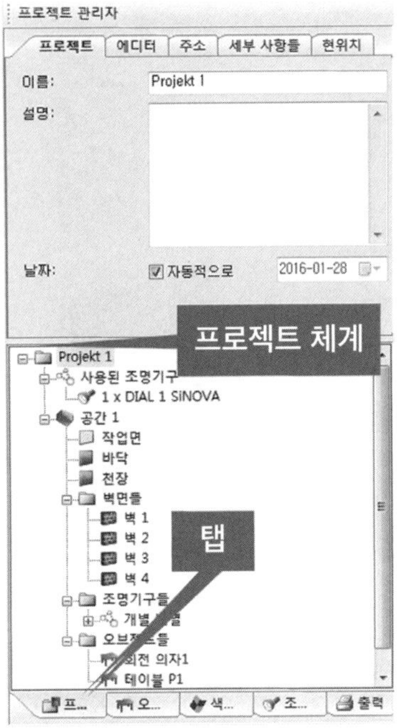

그림 5-8. 프로젝트 관리자

프로젝트 관리자는 조명 디자인에 사용되는 요소로 빠른 작업 흐름을 가능하게 한다. 인스펙터에서 개별 요소를 선택할 수 있으며 해당 속성을 조회하고 수정할 수 있다. 프로젝트 관리자는 인스펙터와 각각의 트리 구조(프로젝트, 가구, 색상, 조명기구 선택 및 출력)를 포함하고 있다.

c. 가이드

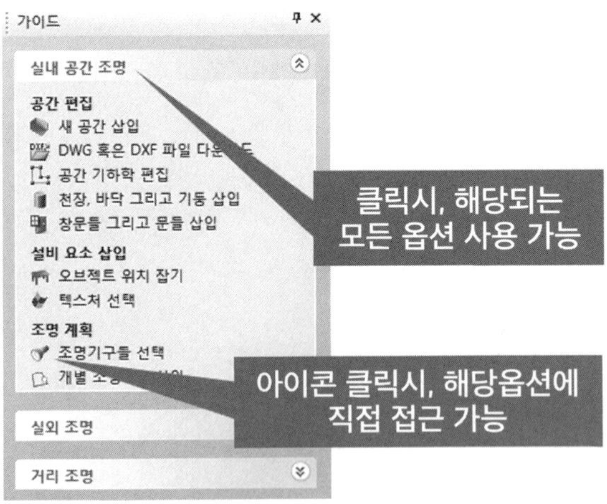

그림 5-9. 가이드

가이드는 조명계획에 필요한 모든 작업 단계에 접근할 수 있다.

이 가이드에서 아이콘을 클릭하면, 해당 옵션이 직접 엑세스 된다. 실내 조명에 마우스 포인터를 놓으면 객실 조명을 계획하는 모든 옵션을 사용할 수 있다.

사용자는 개인에 취향에 맞게 가이드를 조정할 수 있다. 이 기능을 사용하면 각각의 응용 필드를 숨기거나 숨기기를 해제할 수 있다.

DIALux에서는 가이드가 숨겨져 있을 수 있다. 가이드를 표시하려면 메뉴 창의 가이드 표시 기능을 사용한다.

2) 사용자 데이터베이스

사용자는 DIALux 프로젝트에서 정기적으로 사용되는 다양한 제조업체의 플러그인에서 해당 조명기구를 선택할 수 있다. 이 조명기구는 사용자 데이터베이스에 저장할 수 있으며 조명기구를 검색하고 삭제하는 것도 가능하다.

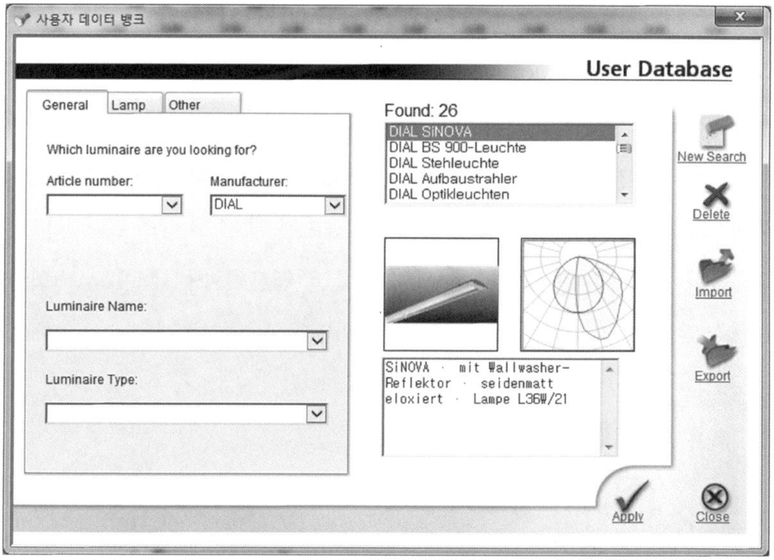

그림 5-10. 사용자 데이터베이스

가져 오기 버튼을 사용하여 조명기구를 사용자 데이터베이스로 전송한다. 하나 또는 여러 개의 ULD, .ldt(Eulumdat), .ies 또는 .cib 파일을 원하는 디렉터리에서 가져올 수 있다. 조명기구를 프로젝트로 가져온 경우(즉, 조명기구 목록에 표시되는 경우), 오른쪽 클릭을 통해 사용자 데이터베이스에 복사할 수 있다.

3) 조명기구 파일 삽입하기

DIALux가 실행 중일 때, 조명 장비 데이터를 원하는 디렉터리에서 검색하고 현재 DIALux 프로젝트로 가져 오거나, 자신의 데이터베이스에 삽입할 수 있다(파일을 마우스 오른쪽 버튼으로 클릭).

DIALux는 다음 형식을 지원한다.

- EULUMDAT(LDT) / CIBSE TM14 / IES(모든 유사파일) / LTLi

4) 램프 플러그인

조명기구 플러그인에서 조명기구를 선택한 후, 그들 중 일부는 조명기구에 맞는 램프를 찾기 위해 설치된 램프 플러그인을 제공한다. 램프 플러그인은 측광 파일 및 유지 보수율을 포함하여 필요한 모든 기술 및 마케팅 데이터를 제공한다. 램프 플러그인이 아직 준비되지 않은 경우 램프 플러그인을 시작하려면, DIALux 램프 플러그인을 사용해 볼 수 있다.

조명기구의 속성 페이지 "기술 자료"에는 다운로드한 램프 유형의 목록 외에 3개의 점이 있는 버튼이 있다. 이 버튼을 클릭하면 설치된 모든 램프 플러그인을 선택할 수 있다. 조명 배치 및 부속품의 요구 사항에 따라 올바른 장비를 찾으려면 하나를 선택해야 한다.

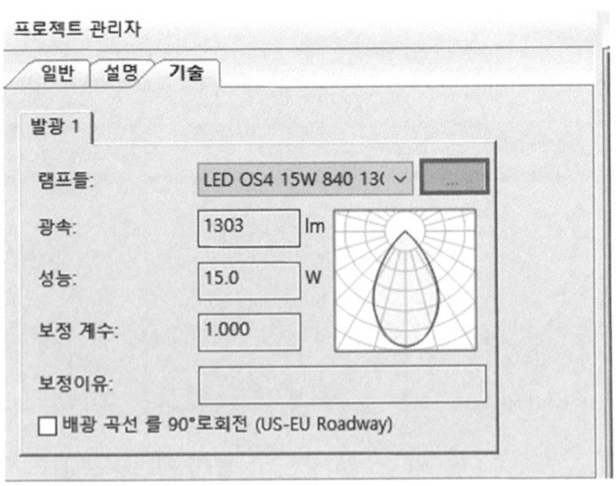

그림 5-11. DIALux에서 램프 플러그인 시작

조명기구 제조업체가 기술 데이터를 입력 한 경우, 조명기구에 맞는 램프를 사전에 선택하여 사용한다. 검색기준은 ILCOS-L 코드, 소비 전력, 소켓, 전압 등이 있다.

램프 플러그인은 조명기구에 맞게 해당 제품을 제공한다. 조명 레이아웃에 가장 적합한 램프를 선택할 수 있다. 이 선택은 표준 램프 또는 특수한 색상, 연색지수, 긴 유지 보수 또는 기타 램프의 다른 특정 속성에서 표준 램프가 될 수 있다.

램프는 반사경 램프의 분배 곡선 등 모든 기술 데이터를 포함하고 있으므로 스포트라이트 또는 반사판 사용 여부를 결정할 수 있다. 광 분포 곡선의 "변경"이 불가능한 경우, 조명기구는 원래 LDC(배광곡선)의 교체를 제한할 수 있다.

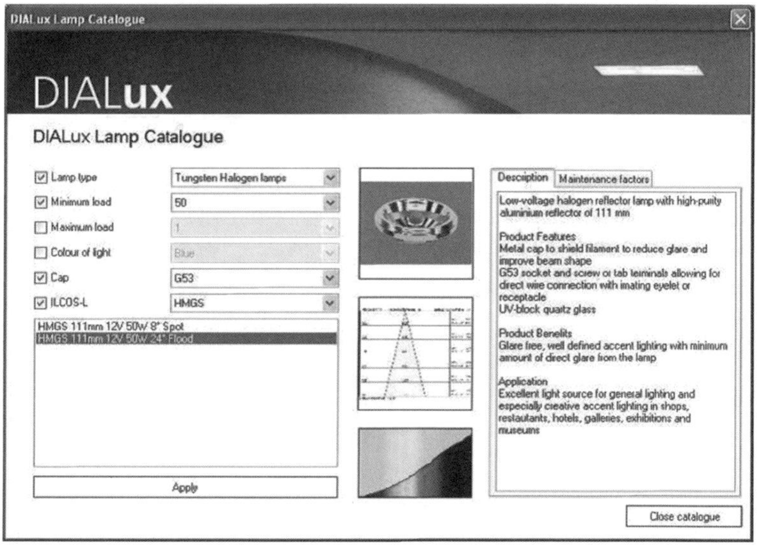

그림 5-12. DIALux 램프 데모 데이터베이스

사용자는 조명기구에 하나 이상의 램프를 삽입할 수 있으며 그것을 스포트라이트 라인에 배치하고 투광 반사경을 혼합 하거나 배열 일부에서 빛의 색상을 혼합할 수 있다. 선택된 램프는 원래 장비에 추가할 수 있으며 대체할 수도 있다.

5) 가구 트리

가구는 마우스의 드래그 앤 드롭을 사용하여 가구트리에서 프로젝트로 이동할 수 있다.

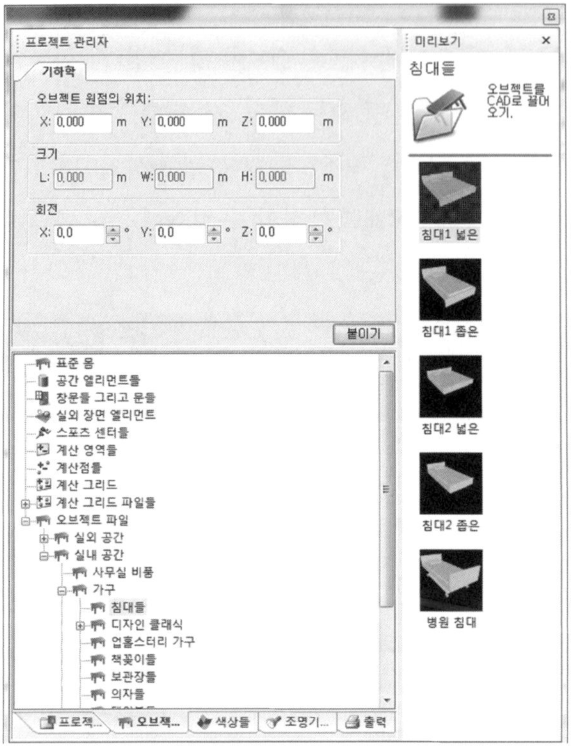

그림 5-13. 가구 트리

가구 트리는 일곱 개의 하위 디렉터리로 나누어져 있다. 가구트리의 미리보기 창을 이동하여 DIALux의 다양한 위치에 고정할 수 있다. 사용자는 폴더 또는 다른 디렉터리로 가구를 옮기거나 복사할 수 있다. 또한 새 폴더를 만들 수 있으며 기존 폴더를 삭제할 수 있다. 이 모든 것은 가구 또는 폴더를 마우스 오른쪽 버튼으로 클릭하여 사용할 수 있다.

DIALux는 .m3d 파일로 가구를 저장하며 미리보기 이미지가 해당 파일에 저장되는 이점이 있다. 이는 훨씬 쉽게 친구 및 동료들과 DIALux 가구를 공유할 수 있게 한다. 물론 .sat 파일 또는 .jpg 파일로 저장할 수 있다.

6) 색상 트리

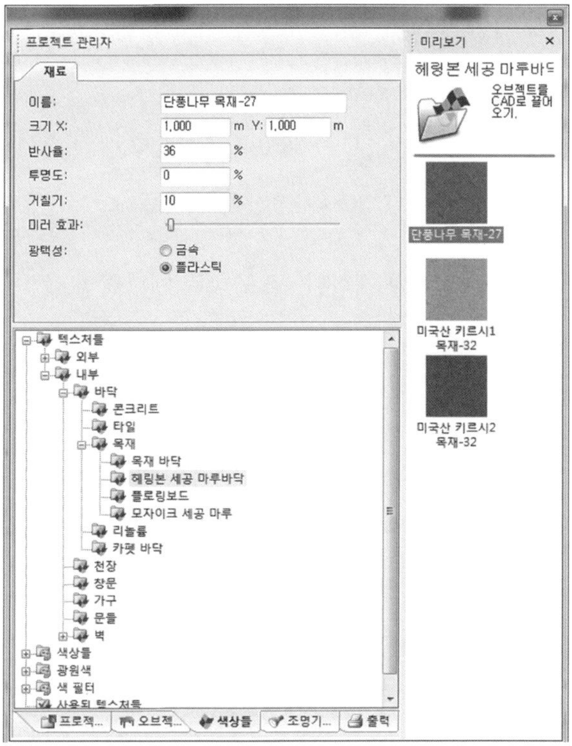

그림 5-14. 색상 트리

객실에 가구를 삽입하는 방법과 유사하게 드래그 앤 드롭을 통해 표면의 속성을 변경하는 색상 트리를 사용할 수 있다. 텍스처 트리에서는 미리 정의된 텍스처(표면 그림), RAL 색상을 찾아 자신의 텍스처를 구성할 수 있다. 폴더 또는 다른 디렉터리에 텍스처를 이동하고 복사할 수 있다. 또한 새 폴더를 만들 수 있으며 기존 폴더를 삭제할 수도 있다. 이 모든 텍스처 또는 폴더를 마우스 오른쪽 버튼을 클릭하여 사용할 수 있다.

텍스처 트리에서 텍스처를 선택하면 속성의 미리보기가 표시된다. 가져오기 후 텍스처의 RGB값에 따라 반사율이 계산된다. 이 값은 나중에 수정할 수 있다. 텍스처의 실제 크기를 지정하는 것이 중요하다. 기본 값은 1m X 1m이다. 예를 들어 건물 정면의 사진을 촬영하고 그것을 텍스처로 가져올 경우, 건물의 실제 크기(길이 및 높이)를 입력해야 한다.

표면에 텍스처를 드래그 한 후 수정(배율, 회전 등)할 수 있다. 텍스처가 표면에 배치되면, 음수를(예를 들어, -0.4M) 입력하여 뒤집거나 대칭할 수 있다. 이는 선택된 표면에만 사용된다.

7) 출력 트리

출력 트리는 출력 선택을 위해 존재한다. 프로젝트 매니저의 출력 탭이나 가이드의 아이콘을 클릭하여 사용할 수 있다.

페이지 아이콘의 강조 표시된 출력은 즉시 사용할 수 있다. 강조표시가 아닌 출력 유형은 계산이 완료된 후에 얻을 수 있다.

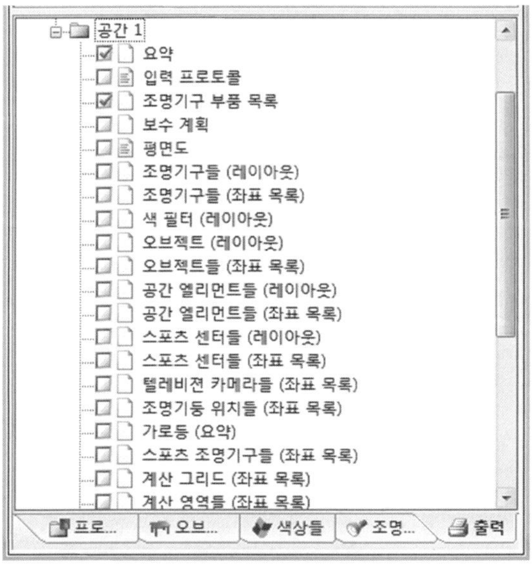

그림 5-15. 출력 트리

화면에 출력을 표시하려면 해당 아이콘을 두 번 클릭한다. 동시에 여러 출력 형식을 보려면 출력 아이콘을 마우스 오른쪽 단추로 클릭하고 새 창에서 열기를 선택한다. 모든 출력 유형을 화면에서 볼 수 있다. 확인란에 만든 체크마크는 출력 형식을 인쇄하거나 파일

▸인쇄 또는 파일▸인쇄 미리보기 명령을 사용하는 인쇄 미리보기로 표시된다.

CAD에서 사용하는 관찰자의 위치는 3D출력 렌더링에 사용된다.

3D 렌더링은 jpg파일로 저장할 수 있다. 원하는 위치에 렌더링을 이동하고 메뉴 파일 ▸ 보내기 ▸ CAD뷰 이미지로 저장을 선택한다. 여기에서 디렉터리를 선택하고 파일 이름을 입력할 수 있다.

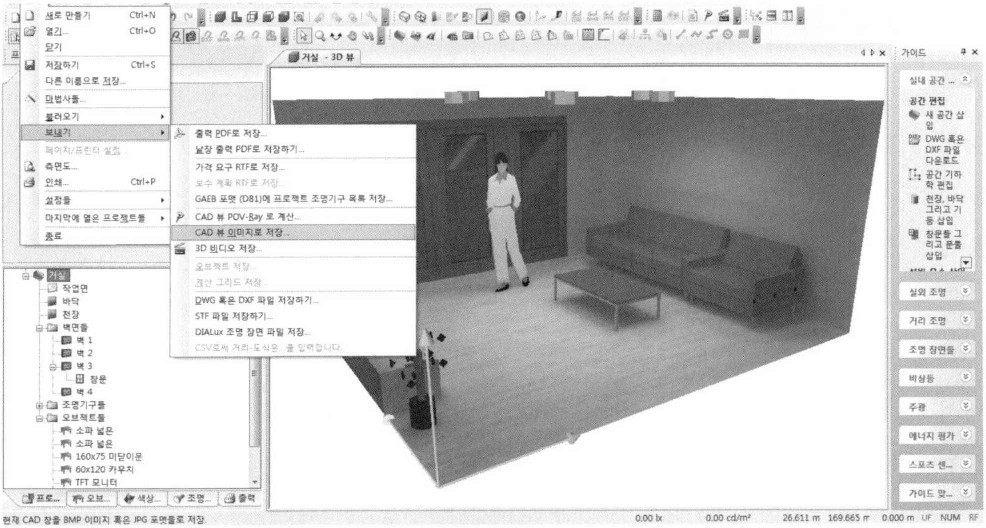

그림 5-16. 3D 묘사 그림을 ***.jpg 파일로 저장

03. 조명기구 데이터 설치하기

1) 플러그인에 대하여

DIALux는 조명기구 데이터가 없는 상태로 시작한다. 제조업체의 조명기구 데이터가 담긴 소위 플러그인Plug In은 당사의 프로젝트 파트너에서 직접 사용할 수 있다. 플러그인은 프로젝트 파트너의 각 홈페이지에서 다운로드 하거나 조명 장비 데이터로 CD를 요청할 수 있다. 사용자는 홈페이지 www.DIAL.de 에서 플러그인을 다운로드할 수 있으며, 프로젝트 파트너의 링크 또는 전화번호를 확인할 수 있다. 또한 설치되지 않은 제조업체의 플러그인은 DIALux의 조명기구 트리에서 선택하여 설치할 수 있다.

플러그인을 다운로드 한후 더블 클릭하여 플러그인을 시작하기 전에 먼저 DIALux를 닫아야 한다. 그런 다음 설치 프로그램을 활성화 시키고 화면의 지시 사항에 따라 설치한다. 설치가 끝나면 DIALux를 다시 시작할 수 있으며, 새로운 플러그인이 조명 기구트리에 표시된다. DIALux에서 마우스를 더블 클릭하여 플러그인을 활성화할 수 있다.

플러그인을 제조업체 CD에서 설치할 때에도 DIALux를 종료한 후에 플러그인을 실행한다. CD를 삽입하면 자동으로 시작화면이 생성되므로 화면의 지시에 따라 플러그인을 설치한다. 만약 시작 창이 열리지 않으면 탐색기를 사용하여 플러그인 실행파일을 찾도록 한다.

2) 조명기구 카탈로그의 온라인 업데이트

DIALux를 위한 조명기구 카탈로그를 제공하는 제조업체 목록은 계속 변한다. DIALux 4.9부터 최신버전의 DIALux를 설치할 필요 없이 온라인으로 플러그인의 목록을 업데이트할 수 있다. 온라인 업데이트는 프로젝트 관리자에서 "조명기구들 선택"을 선택하고 마우스 오른쪽 버튼을 클릭하거나 "DIALux 조명기구 카탈로그" 또는 "설치되지 않은 카탈로그"를 선택한다. 그 후 열기 문맥메뉴에서 "목록 업데이트"를 선택한다. DIALux는 인터넷 연결에 동의 여부를 요청하고 "예"를 선택하여 PC에 데이터를 업데이트한다.

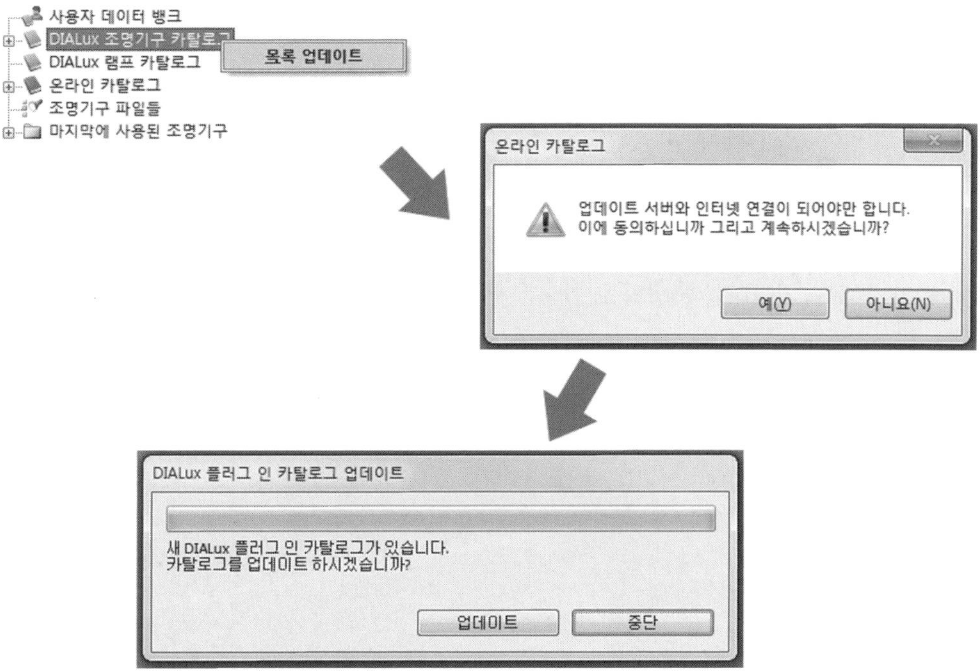

그림5-17. 조명기구 카탈로그 온라인 업데이트

3) 온라인 카탈로그에 대하여

DIALux는 온라인 카탈로그를 사용할 수 있는 환경을 제공한다. 온라인 카탈로그는 PC에 설치하기 어려운 대용량 조명기구 카탈로그 대신에 필요한 조명기구 데이터만 골라서 설치할 수 있는 장점이 있다. 온라인 카탈로그는 5-09장에서 자세히 설명하도록 한다.

4) 램프 플러그인

DIALux는 램프 플러그인 인터페이스를 포함하고 있다. 조명기구 카탈로그에서 조명기구를 선택하면, 조명기구에 적절한 램프를 선택할 수 있다. 조명기구 플러그인은 조명기구에 대한 표준 장비 데이터만을 제공한다. 램프 타입의 다양한 변형으로 인해 설치에 사용되는 램프 유형을 정확하게 선택해야 한다. 일부 조명기구 플러그인은 원하는 조명기구에 대해 램프 플러그인에서 올바른 램프를 선택할 수 있는 가능성을 직접 제공한다. 이 기능이 조명기구 플러그인에 통합되어 있지 않으면 램프 플러그인을 DIALux에서 직접 시작할 수 있다.

램프 플러그인은 사용자가 조명기구 플러그인과 같이 설치해야 한다. DIALux는 램프 및 조명기구 플러그인을 위해 사용자 데이터베이스와 DIALux 데모 램프 데이터베이스에서 몇 가지 데모 데이터를 제공하고 있다.

04. 객실 편집

객실을 생성하기 위해 가이드의 새 공간 삽입 버튼을 클릭한다.

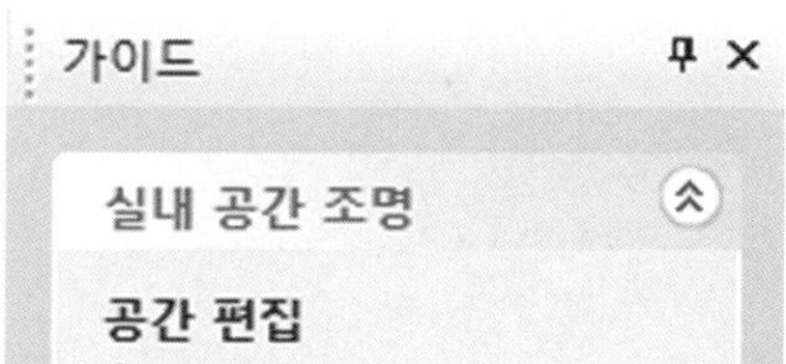

그림 5-18. 공간편집 - 새로운 공간생성

1) 객실 기하 편집

CAD 창의 오른쪽에 평면도가 표시되고 객실 좌표는 인스펙터에 표시된다. 일반적으로 객실의 기준 좌표의 원점은 왼쪽아래(X = 0, Y = 0)이다. 마우스로 개별 점을 이동하여 객실 형상을 변경하거나 마우스 오른쪽 버튼으로 점을 삽입할 수 있다. 또는 인스펙터의 객실 좌표를 편집할 수 있다.

DIALux는 탭 키를 이용하여 테이블에 입력된 값을 전송한다. 객실데이터의 편집을 마친 후 확인 버튼을 눌러 확인한다.

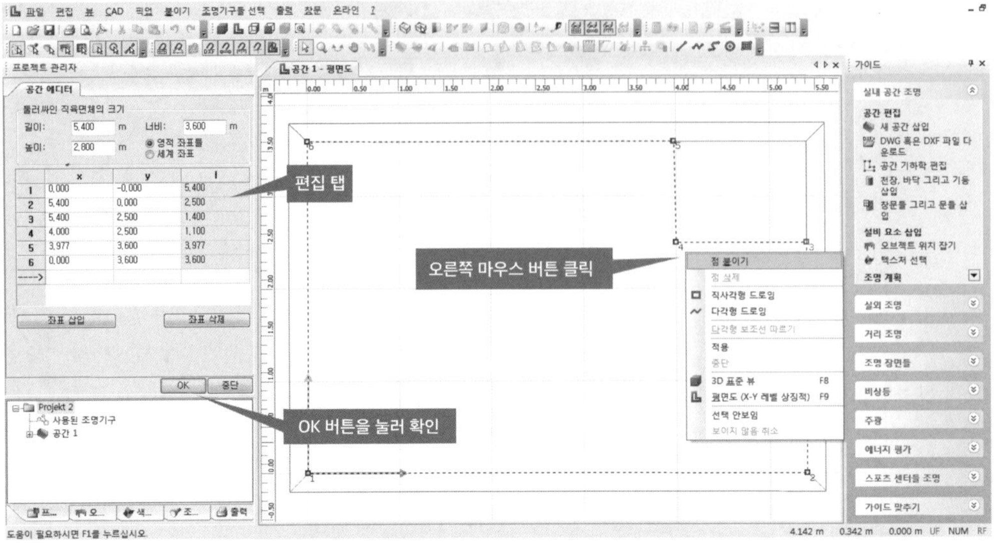

그림 5-19. 공간 편집 – 공간좌표 삽입

수동으로 항목을 만드는 대신 직사각형 또는 다각형 드로잉으로 객실 형상을 그릴 수 있는 옵션이 있다.

객실 공간이 모두 표시되지 않는 경우, 전체 객실을 보기 위해(장면 전체보기) 돋보기(loupe) 버튼을 사용하여 축소보기할 수 있다.

그림 5-20. 공간편집 – 장면의 전체보기로 확대

3D보기를 확인하기 위해 마우스 오른쪽 버튼을 사용하거나 큐브 기호(3D 표준보기)를 클릭 하면 된다. 3D보기의 회전을 위해 이중 화살표를 사용할 수 있다. 버튼 조작은 돋보기 확대, 손의 움직임과 발걸음 장면을 로밍할 수 있으며 휠 마우스를 사용하는 경우에 이러한 기능을 사용할 수 있다.

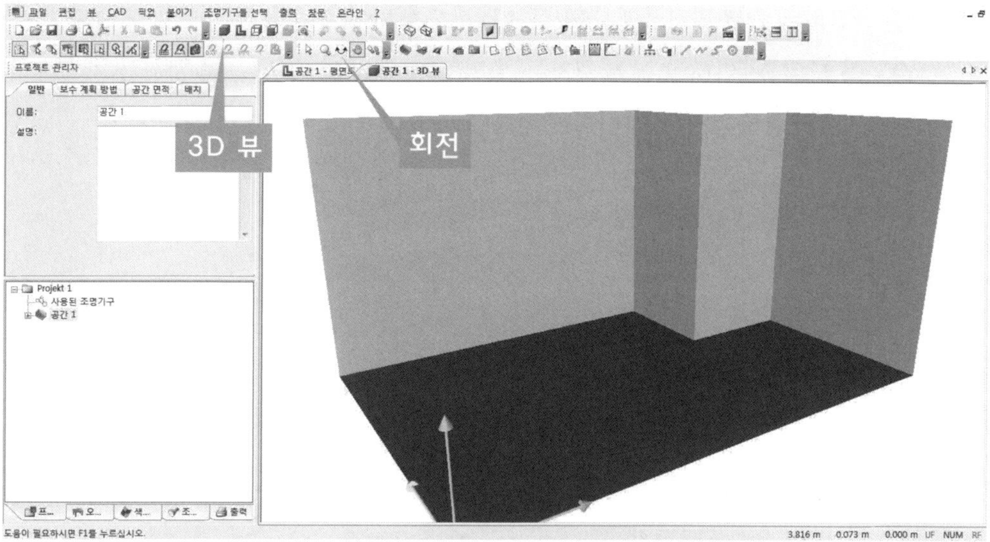

그림 5-21. 공간 편집 - 3D 전망

2) 객실 데이터 편집

프로젝트 매니저에서 객실을 선택하는 경우, 인스펙터를 통해 다른 속성을 지정할 수 있다. 일반(General) 탭에서 공간의 이름과 설명 텍스트를 정의할 수 있다.

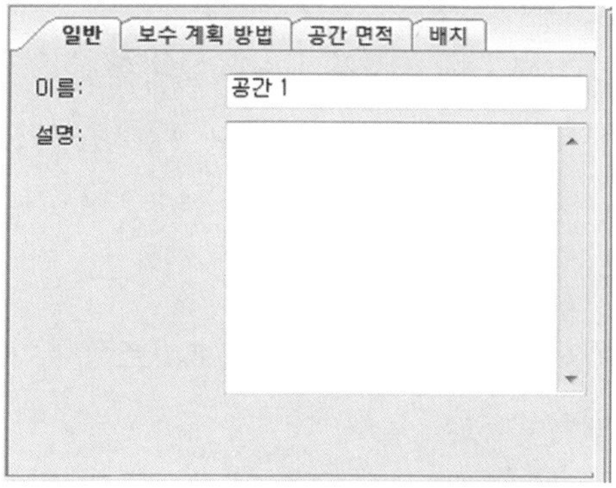

그림 5-22. 공간 데이터 편집 - 일반

DIALux 4의 새로운 기능은 유지보수 계획 방식 탭이다. 여기서는 EN 12464-1 및 CIE 97에 따라 유지보수 요소를 결정하고 유지보수 계획의 매개 변수를 설정할 수 있다. 조명기구 배열에 삽입된 유지보수 매개변수는 목표 유지관리 요소에 맞게 최적화할 수 있으며 사용자가 객실 공간의 모든 조명기구에 대해 일관된 값으로 유지 보수율을 사용할 수 있다.

EN12464이 도입 된 이래 조명 설계자는 조명 설계에 대한 유지 관리 계획을 제공해야 한다. DIALux 4를 통해 조명 디자인 워크 플로우에 통합되어 자동으로 제공된다.

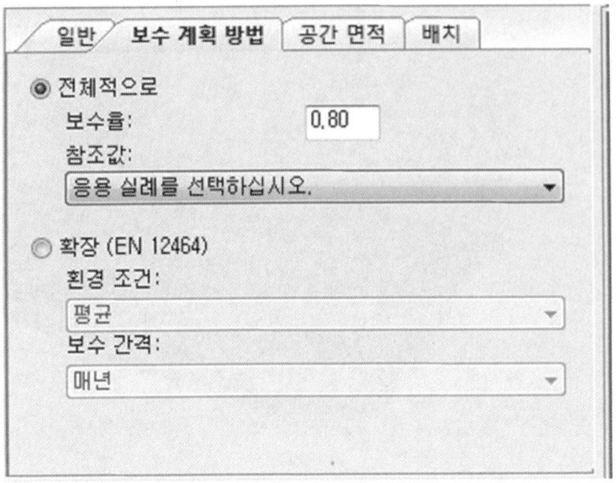

그림 5-23. 공간 데이터 편집 - 보수 계획 방법

3) 보수율 확정의 쉬운 방법

DIALux에서 사용자는 객실의 전체공간에 대한 세계적인, 포괄적인 유지 보수율을 갖기를 원하거나, 모든 조명기구 또는 조명기구 배열에 대한 각각의 유지 보수율을 결정할 것인지 여부를 선택할 수 있다. 가장 쉬운 방법은 초기 DIALux 버전에서의 고전적인 방법을 사용하는 것이다.

객실 또는 외부장면이 프로젝트에 추가된 후, 사용자는 속성페이지에서 유지 관리를 선택할 수 있다.

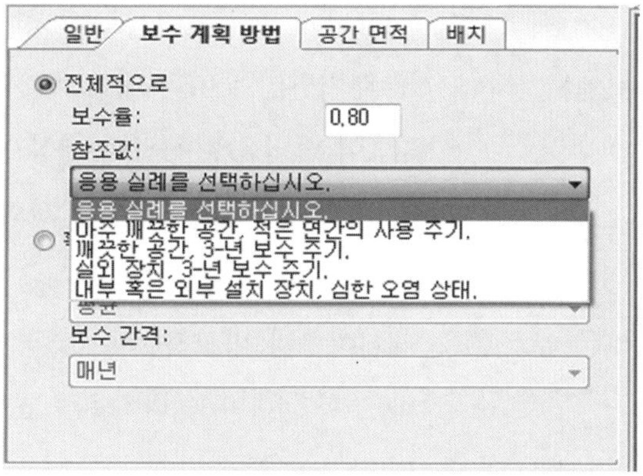

그림 5-24. 공간 편집 데이터

고전적인 방법의 경우 참조 예는 Stockmar씨 논문에 있는 〈유지보수율 - 이론과 실제 표 1 Licht6-2003〉 이다. 물론 사용자는 유지 보수율 필드에 다른 유지 보수율의 값을 입력할 수 있다.

조명기구를 선택 한 후 사용자는 임의의 배열로 배치할 수 있다. 또한 조명기구의 기술적인 세부 사항에 접근할 수 있다.

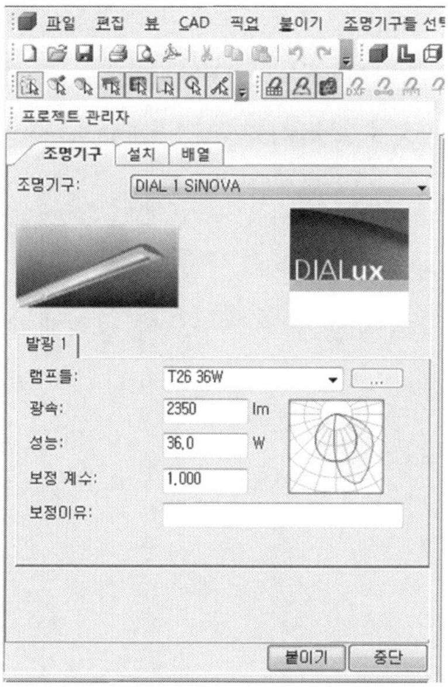

그림 5-25. 배치된 조명기구의 기술데이터

광속(luminous flux)과 보정계수(correction factor)는 필요한 조명기구의 개수에 영향을 주기 때문에 여기에서 편집할 수 있다.

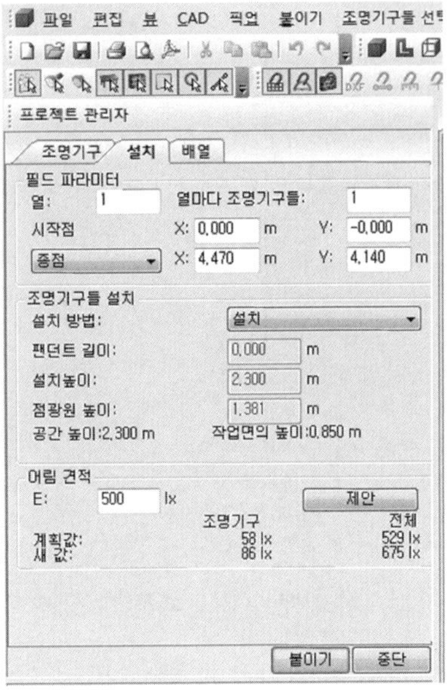

그림 5-26. 조명기구 수의 결정

DIALux에서 조명기구 설치방법은 먼저 각 조명기구 배치방법에 따라 대략적인 조명기구 수를 결정한다. 이 방법을 사용하여 예상 조도와 유지보수 조도가 표시된다. 또한, 객실 전체의 초기 및 유지보수 값도 마찬가지로 표시된다. 사용자는 조명기구의 전체 레이아웃과 비교하여 이 조명기구 배열의 기여도를 바로 확인할 수 있다. 다른 조명이 객실에 존재하는 경우 값이 달라진다.

출력에서 유지 보수 계수는 서로 다른 출력 페이지에서 이전과 같이 표시되는데 예를 들면, 페이지의 "유지보수 계획"과 같다.

4) 개별 벽체의 속성 수정

수정하고자 하는 벽이 빨간색으로 표시되도록, 3D 뷰에서 벽을 선택한다. 또는 프로젝트 매니저에서 해당 벽을 선택하여 마찬가지로 빨간색으로 표시되게 한다. 객체를 선택하면 선택한 벽의 속성이 인스펙터에 나타난다.

여기에서 사용자는 벽의 이름을 변경할 수 있으며 출력 결과를 표시할 수 있다. 3D 렌더링의 계산 후 그림자를 표시하고 싶으면 사용자는 출력에서 계산 그리드를 정의해야 한다. 점의 수를 늘림으로써 계산 격자가 작아져서 더 나은 결과를 얻을 수 있다. 당연히 작은 계산 그리드의 결과는 컴퓨터의 계산시간을 길게 만든다.

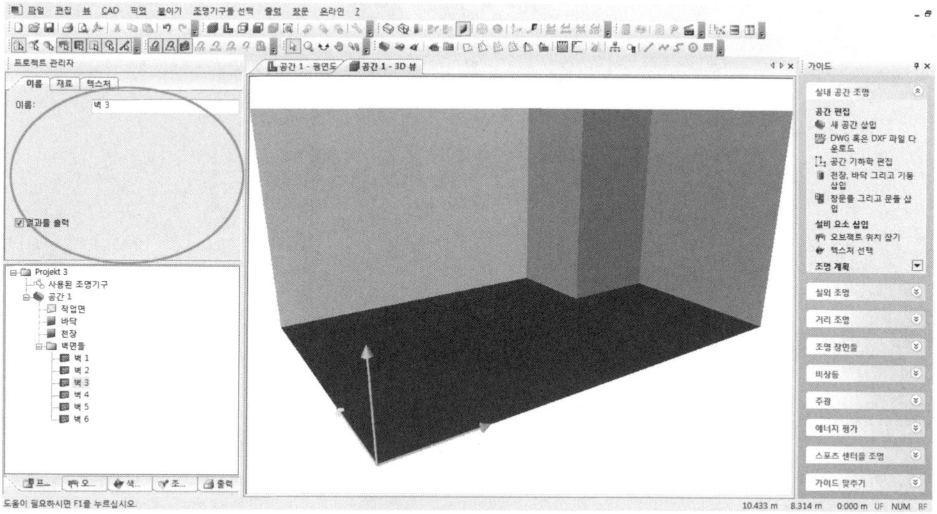

그림 5-27. 벽의 성질 - 이름

재료(Material) 탭에서 사용자는 벽의 재료 특성을 조정할 수 있다. 새로운 소재의 선택에 대한 응답으로 반사율 값이 변경된다. 사용자가 직접 반사율 상자에서 다른 반사율을 지정할 수도 있다.

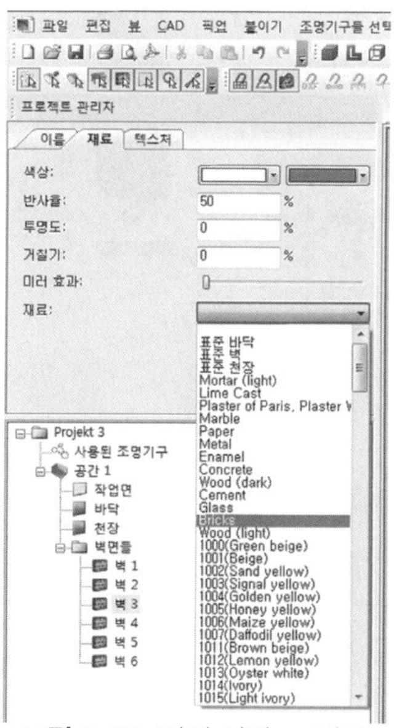

그림 5-28. 벽의 성질 - 재료

텍스처Texture 탭에서 사용자는 벽에 텍스처를 선택하여 텍스처 속성을 적용할 수 있다.

05. 객실 요소 삽입

1) 객실요소와 객실의 수정

DIALux를 사용하면 객실요소로 객실을 수정할 수 있다. 화면 하단에 있는 프로젝트 관리자의 개체 탭(Object Tab)을 클릭하면 프로젝트에 도입할 수 있는 폴더에 포함된 요소 및 개체 트리를 보여준다. 예를 들어 마우스 왼쪽 버튼으로 표준요소(standard elements)를 선택하면 사용 가능한 요소의 미리보기 창이 표시된다. 미리보기 창에서 요소를 클릭하면 속성의 기하학적 매개변수를 보여준다. 사용자가 필요로 하는 속성 값에서 이러한 매개 변수를 편집하거나 나중에 요소를 프로젝트에 넣은 후 크기와 스케일을 변경할 수 있다.

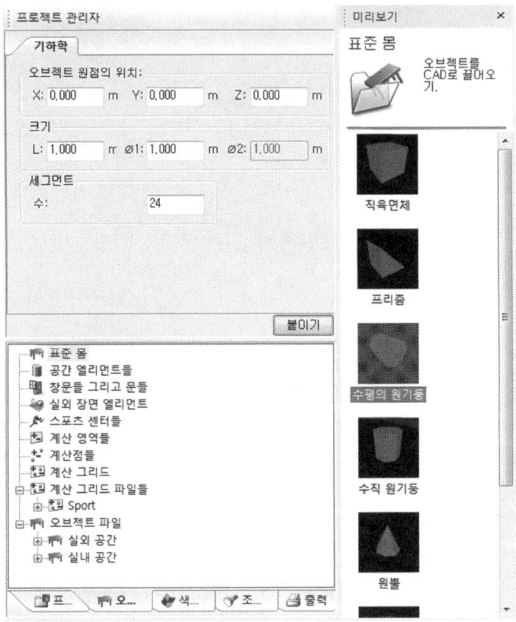

그림 5-29. 표준요소 삽입

원뿔의 경우 0이 아닌 Φ1의 크기를 입력하여 원뿔을 절단할 수 있다. 원뿔은 규칙적인 다각형을 기본으로 하여 구성되며 세그먼트 수는 다각형 면의 수이다. 붙이기를 클릭하면 원점에 있는 CAD 창의 프로젝트에 요소가 추가된다. 또는 미리보기에서 요소를 마우스 왼쪽 클릭한 상태에서 드래그 앤 드롭 하여 3D뷰 또는 평면도로 요소를 배치할 수 있다.

CAD 창에서 요소를 마우스 오른쪽 버튼을 클릭하면 축척 및 회전을 포함하는 문맥메뉴가 표시된다. 배율을 선택하면 요소 주변의 경계 상자를 X 및 Y 방향으로 늘려 배율을 조정할 수 있다. 3D보기 및 입면 보기에서 키보드의 제어키(Ctrl 키)를 누른 상태에서 테두리 상자를 Z 방향으로 늘려 높이를 조정할 수 있다. 문맥메뉴에서 회전을 선택한 경우 선택 요소의 원점으로 연결된 핸들을 회전할 수 있다. 요소에 대한 모든 기하학적 변경사항은 형상 탭(Geometry Tab)의 인스펙터에 표시된다. 장식 개체상자로 사용이 선택되어 있으면, 출력 결과와 관련하여 공간의 빛을 더 이상 방해하지 않는 개체를 위한 계산 옵션 탭이 있다. 그러나 개체는 3D 렌더링에서 '장식 개체'로 나타난다.

또 다른 예는 기존 벽 표면을 잘라서 "천장 2"라는 새 표면을 만들어 경사진 천장을 삽입할 수 있다는 것이다. 객실의 일부가 되는 평평한 천장과 같은 객실의 다른 요소뿐만 아니라 사용자는 같은 시간에 새로운 객실 표면을 만들 수 있다.

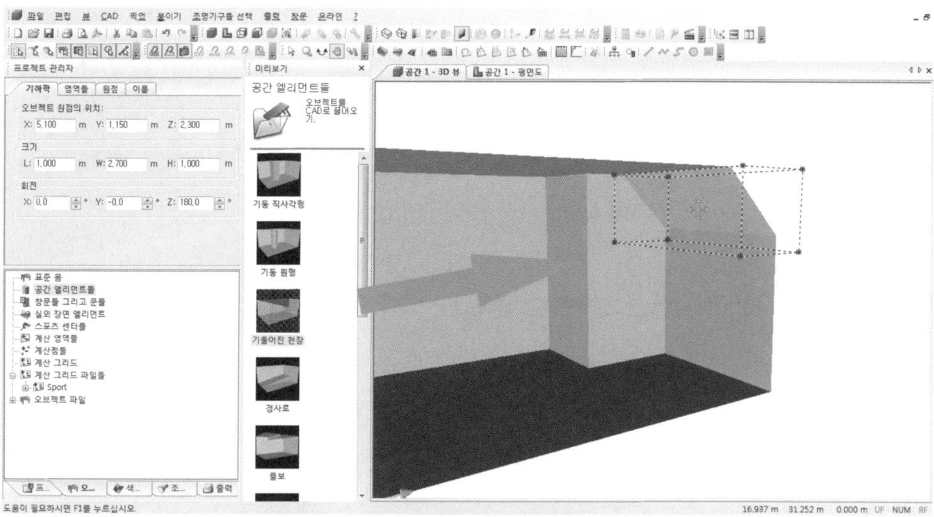

그림 5-30. 공간 편집 - 공간 구성요소 삽입

객실에 객실요소를 삽입하려면 먼저 가구트리를 열어야 한다. 다음으로 객실요소 파일을 선택한다. 모든 객실요소는 창의 중앙에 표시된다. 사용자는 간단히 3D 창 또는 평면 보기에 드래그 앤 드롭 하여 이를 삽입할 수 있다.

마찬가지로 평면보기에서도 객실요소를 만들 수 있다. 특히 객실요소의 배율 옵션은 평면보기에서 더 쉽다. 마우스를 사용하여 객실 요소의 크기를 조절하고 회전할 수 있다.

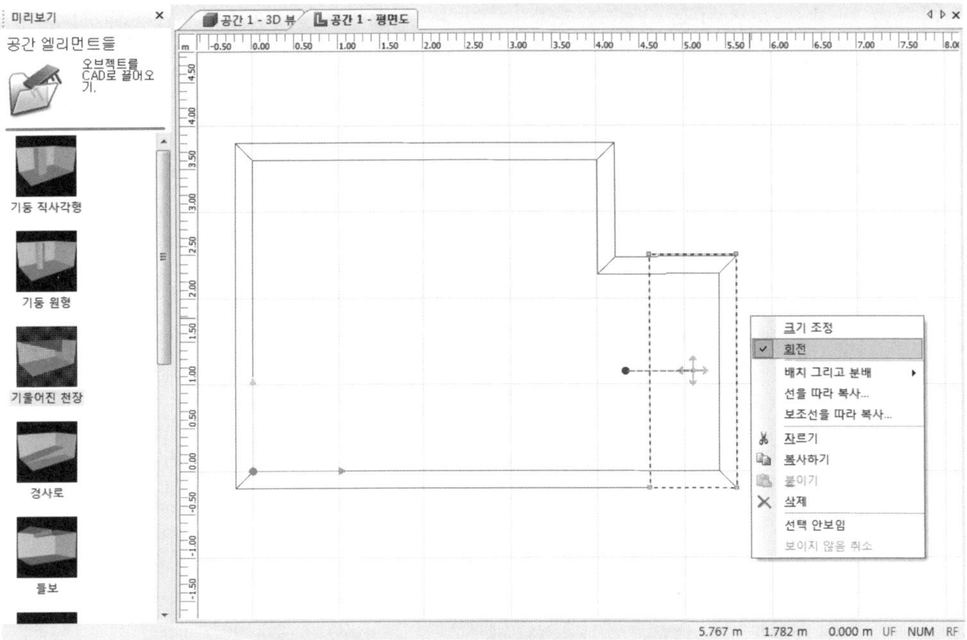

그림 5-31. 공간 편집 - 공간요소 편집

DIALux는 다음과 같은 객실요소를 삽입할 수 있으며 결합할 수도 있다. 객실요소는 다른 요소와 겹치는 경우 보이지 않는 부분이 계산에 고려되지 않는다.

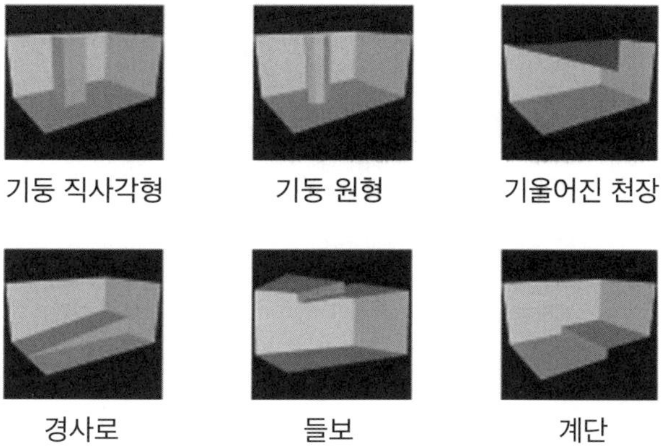

그림 5-32. 공간 편집 - DIALux 객실 요소

둥근 천장(Volt) 객실요소는 DIALux 4에서 새로 추가 되었다. 복잡한 천장 형태의 건설에 대한 가능성이 개선되었다. 또한 둥근 천장을 복사할 수도 있다.

그림 5-33. DIALux 객실 요소 - 둥근 천장

2) 원형과 반원형 천장

DIALux의 사용빈도가 높은 객실요소는 새로운 개체인 돔dome과 하프 돔half dome으로 보완된다. 이러한 객실요소는 다른 객실요소와 마찬가지로 크기를 조정하거나 회전할 수 있다.

원형천장들은 객실에 결합되며 표면이 자동으로 천장으로 인식되어 천장에 설치된 등기구는 자동으로 돔 또는 하프 돔 표면에 고정된다.

돔　　　　　　　　　　　　반원형 지붕

그림 5-34. DIALux 객실 요소 - 돔과 하프돔

3) 속성에서 삽입하기

사용자는 인스펙터에서 가구 속성 페이지에 숫자 좌표를 입력하여 개체를 삽입할 수 있다. 가구트리에서 오브젝트를 선택한 다음 인스펙터에서 원하는 위치를 입력하고 붙이기를 클릭한다.

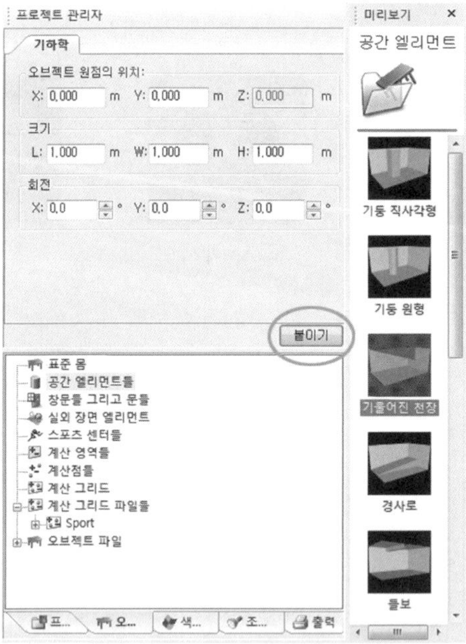

그림 5-35. 공간 편집 - 속성페이지를 통한 공간요소 삽입

06. 가구 삽입

1) 가구 삽입

사용자는 드래그 앤 드롭 또는 속성 페이지를 사용하여 객실요소와 같은 방식으로 프로젝트에 가구를 삽입할 수 있다.

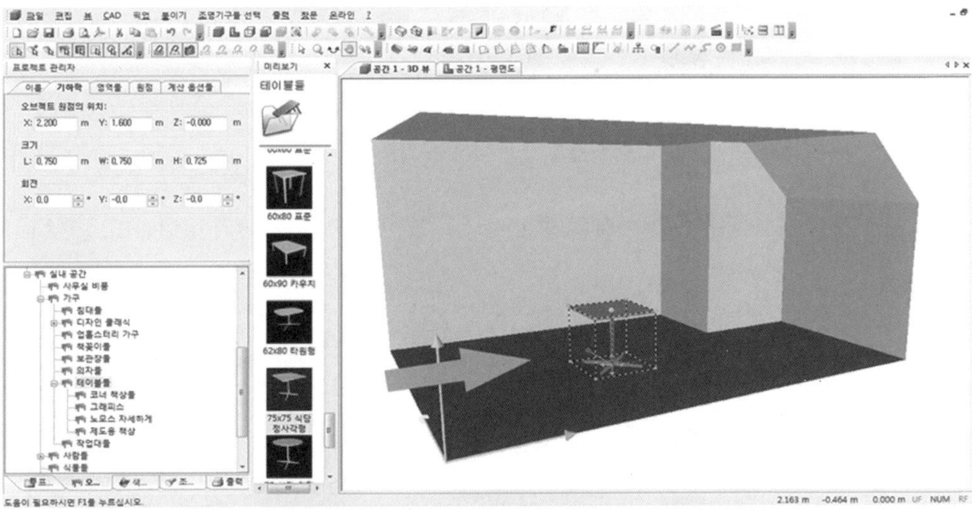

그림 5-36. 가구의 드래그 앤 드롭

2) 속성에서 삽입

사용자는 또한 인스펙터에서 숫자 좌표를 입력하여 개체를 삽입할 수 있다. 가구 트리에서 개체를 선택하고 인스펙터에서 원하는 위치를 입력하고 삽입을 클릭한다.

3) 가구 만들기

사용자는 표준개체(standard bodies)를 결합하여 자신만의 가구를 만들 수 있다. 다음 예는 작은 선반(small shelf)을 만드는 절차를 설명한다.

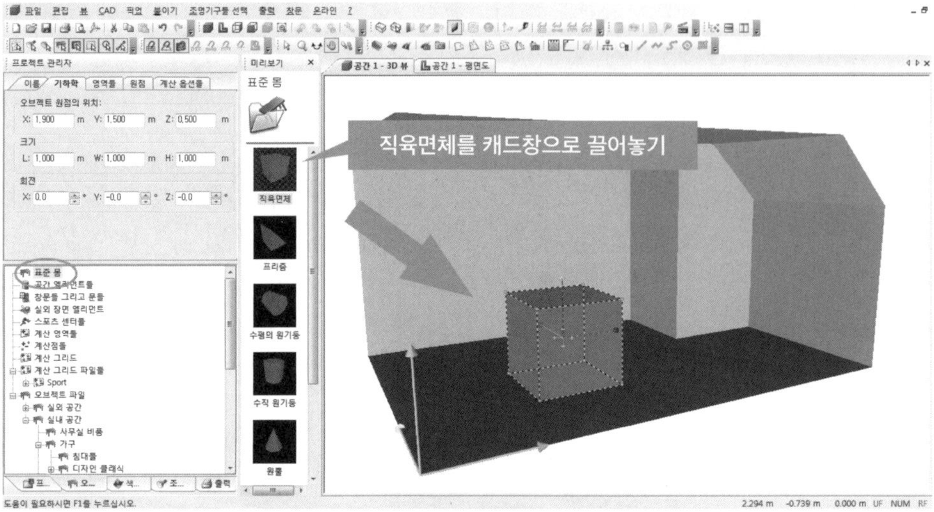

그림 5-37. 가구 생성 - 표준 기구

속성 페이지를 사용하여 선반 바닥의 형상이 되도록 직육면체(cube)의 형상을 수정한다.

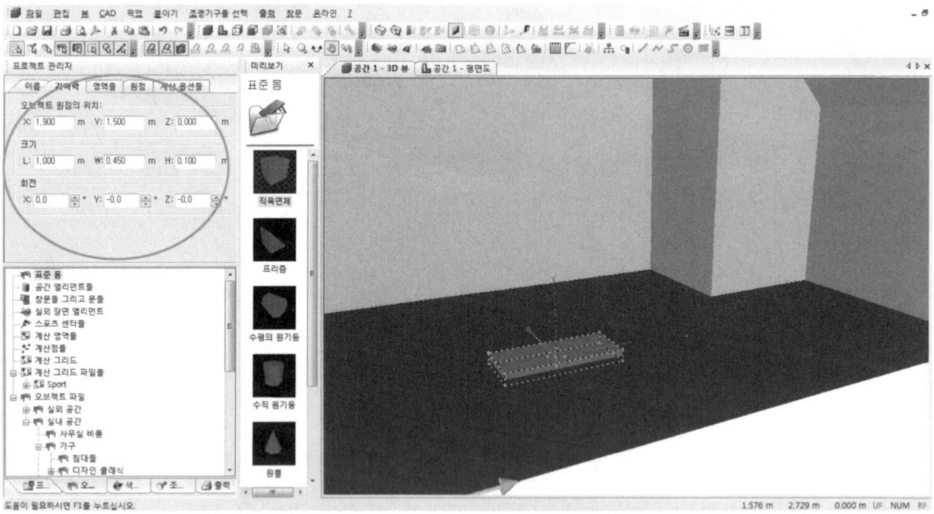

그림 5-38. 가구 생성 - 치수 변경

이어서 하단 선반을 복사하여 원하는 위치로 옮길 수 있다. 높이(Z축)를 수정해야 하는 경우도 있다.

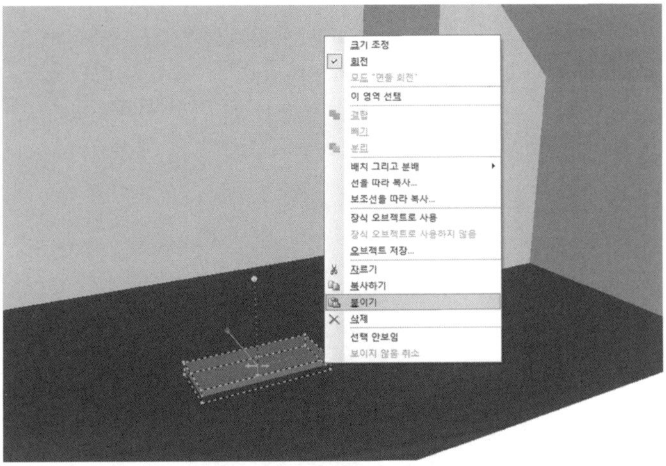

그림 5-39. 가구 생성 - 복사

그 후 측면 패널을 생성하여 올바르게 배치한다. 이후 모든 측면 패널과 선반을 선택하고 마우스 오른쪽 버튼을 클릭하여 결합한다. 결합은 특히 계산에 매우 중요하다. 그렇지 않으면 DIALux는 개체가 겹쳐서 더 이상 보이지 않는 표면조차도 각 표면이 적용되어 계산을 실행한다.

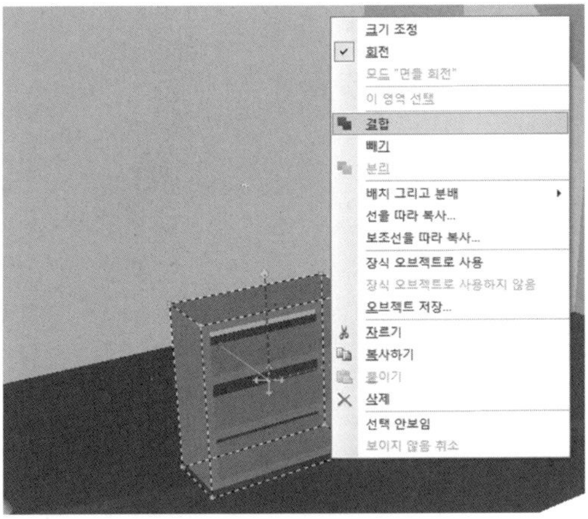

그림 5-40. 가구 생성 - 결합

사용자는 문맥메뉴 파일 ▶ 보내기 ▶ 오브젝트 저장을 사용하여 가구를 저장할 수 있다. 이렇게 하면 다른 프로젝트에서 저장한 가구를 다시 사용할 수 있다.

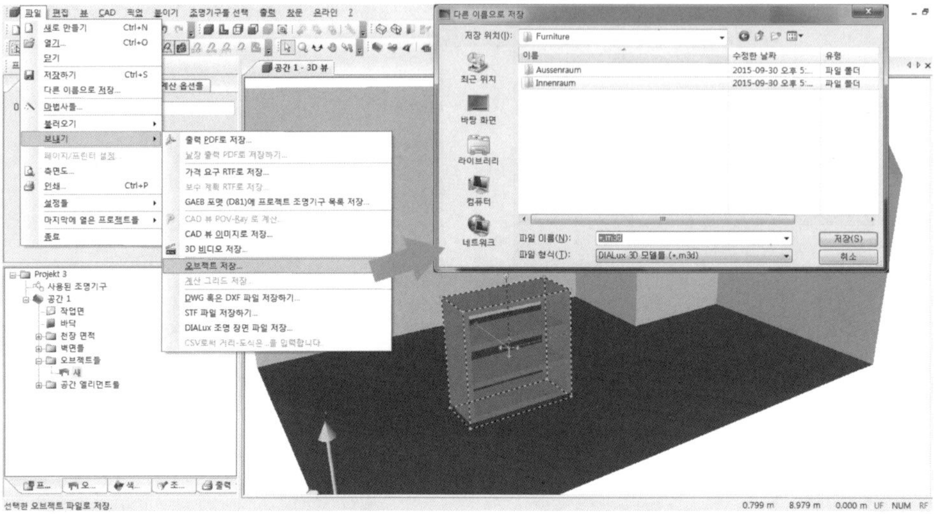

그림 5-41. 가구 생성 - 사용자 가구 저장

이제 사용자는 가구 트리에 저장된 가구를 볼 수 있다(필요한 경우 프로젝트 매니저로 변경한 다음 가구 트리로 다시 한 번 업데이트해야 함). 거기에서 다른 모든 가구와 마찬가지로 CAD창으로 드래그 앤 드롭을 통해 객실 또는 옥외장면으로 이동할 수 있다.

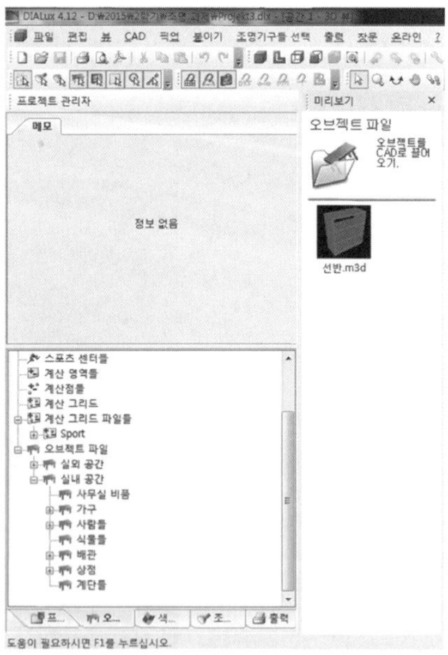

그림 5-42. 가구 생성 - 저장된 가구

4) 파일에서 가구 가져오기

사용자는 AutoCAD와 같은 다른 프로그램에서 저장된 가구파일을 메뉴의 파일 ▶ 불러오기 ▶ 오브젝트 파일을 통하여 가져올 수 있다. DIALux는 SAT와 M3D로 저장된 가구파일을 가져올 수 있다.

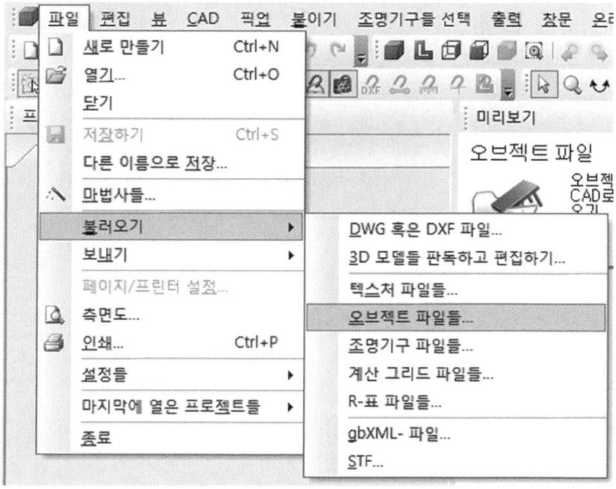

그림 5-43. 가구 파일 불러오기

5) 단일 표면의 선택

매우 많은 표면이 있는 복잡한 개체의 경우 개체의 속성 페이지의 표면 목록에서 원하는 표면을 찾기 위해 많은 시간이 걸릴 수 있다. 본질적으로 이 문제를 단순화하기 위해, 사용자는 그래픽의 단일 표면을 선택할 수 있다. 바로 CAD창에서 원하는 개체의 표면을 오른쪽 버튼으로 클릭하고 문맥 메뉴에서 “이 영영 선택(select this surface)”을 선택한다.

표면 속성 페이지에서 색상, 텍스처, 재질 등을 지정할 수 있다.

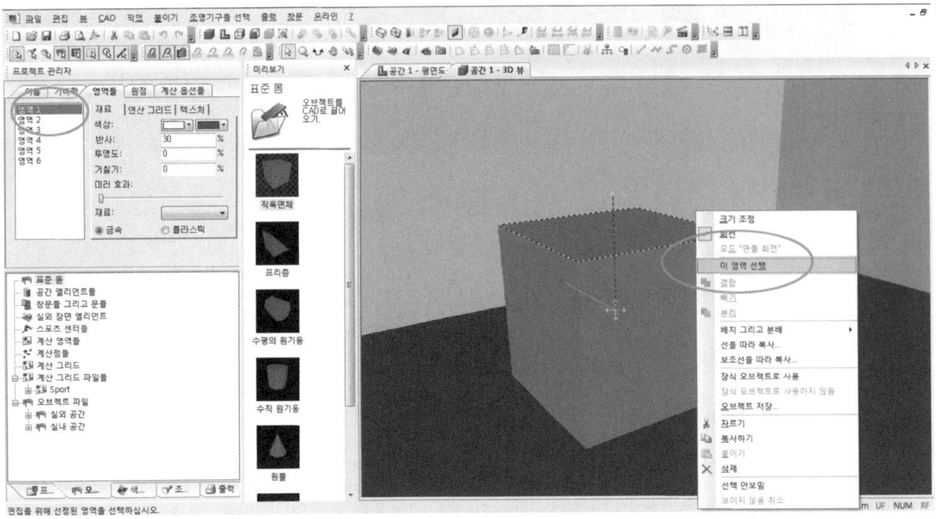

그림 5-44. 개체에서 특정 표면 선택

6) 창과 문

창과 문은 "드래그 앤 드롭"을 통해 레이아웃에 삽입할 수 있다. 창과 문은 벽에만 배치할 수 있다.

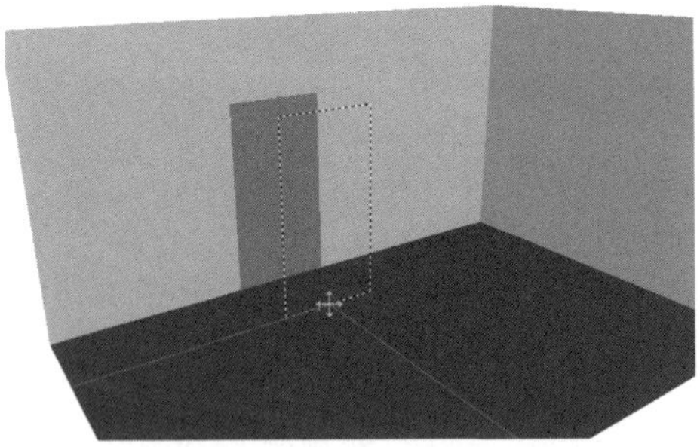

그림 5-45. 창과 문의 드래그 앤 드롭

창과 문은 벽에만 배치할 수 있기 때문에, 이 레이아웃에서 문이 자동으로 가장 가까운 벽에 수직으로 배치된다.

7) 장식 개체

가구 및 모델을 사용하면 시각적 인상을 향상시키는 매력적인 프로젝트를 만들 수 있다. 그러나, 멋지게 디자인 된 가구는 종종 프로젝트의 계산 시간이 증가하도록 하는 많은 표면을 가지고 있다. 이러한 모델이 광도계 결과에 영향을 미치지 않는 순수하게 장식 된 모형 개체라면 추가 계산 시간은 필요하지 않다. 장식 오브젝트는 DIALux의 일반적인 모델과 동일하게 취급되지 않는다. 실제로 장식개체는 빛의 계산에 직접 고려된다. 그러나 간접적인 부분은 강력하게 단순화 결정된다. 장식 개체도 빛을 반사하지 않는다. 장식개체의 좋은 예는 책상 도구, 선반 내용물 또는 식물 등이 있다. 단순화된 계산은 종종 시각적 인상을 주는 데 충분하면서 계산 시간은 분명히 감소한다.

8) 장식 개체의 삽입

장식 오브젝트는 DIALux의 다른 가구와 마찬가지로 삽입된다. 가구를 배치 한 후 속성에서 탭 "계산 옵션"을 선택하고 "장식 오브젝트로 사용" 확인란을 활성화할 수 있다.

또는 하나 또는 여러 개의 모델을 프로젝트 트리에 표시하고 마우스 오른쪽 버튼을 클릭하여 문맥메뉴를 열 수 있다. "장식 오브젝트로 사용" 메뉴를 선택한다.

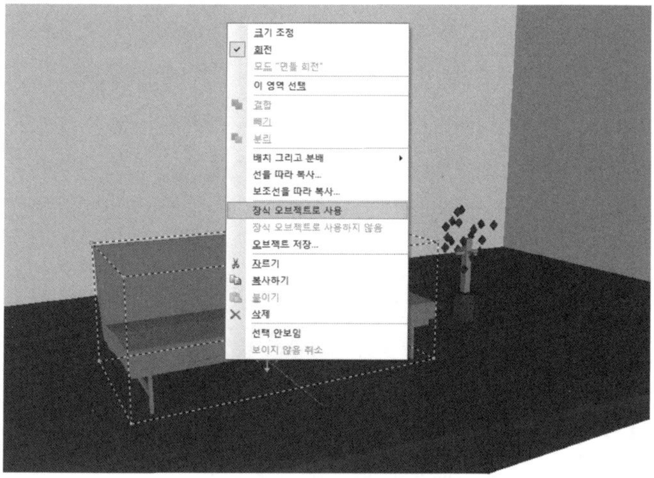

그림 5-46. 문맥메뉴 – 장식 개체

장식 개체는 프로젝트 트리에서 가구와는 다른 기호로 표시된다.

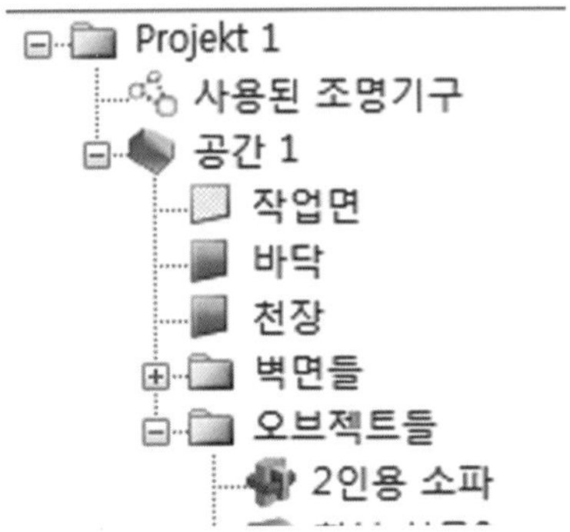

그림 5-47. 프로젝트 트리에서의 장식개체

9) 장식개체를 포함한 계산

사용자는 계산 대화 창에서 장식물을 장식개체로 처리할지 또는 일반 모델로 처리할지 여부를 정의할 수 있다.

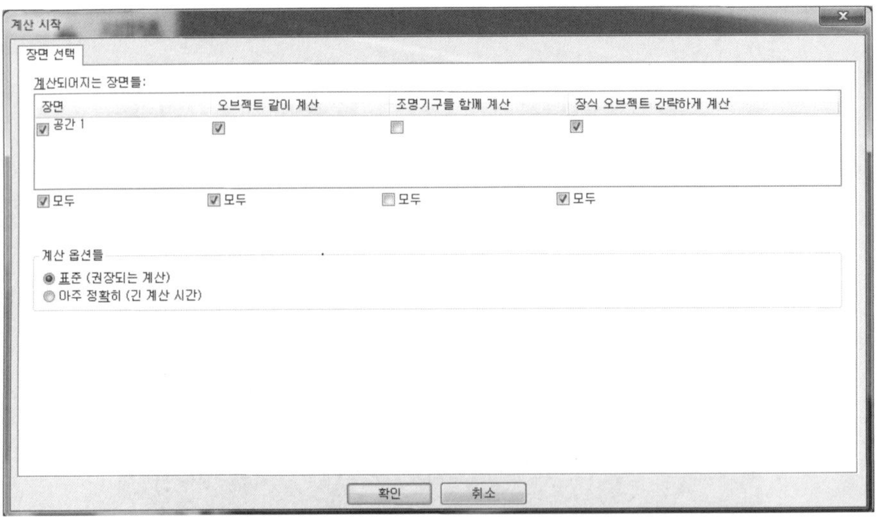

그림 5-48. 계산 대화 상자

07. 표면의 재료 대화상자

재료 대화상자에 접근하려면 직접 표면(개체, 벽 등)을 선택하거나 특정개체, 벽 등을 선택하고 프로젝트 관리자의 "영역들(Surface)" 탭을 클릭하여 색상, 반사율, 투과율 등을 조정할 수 있다.

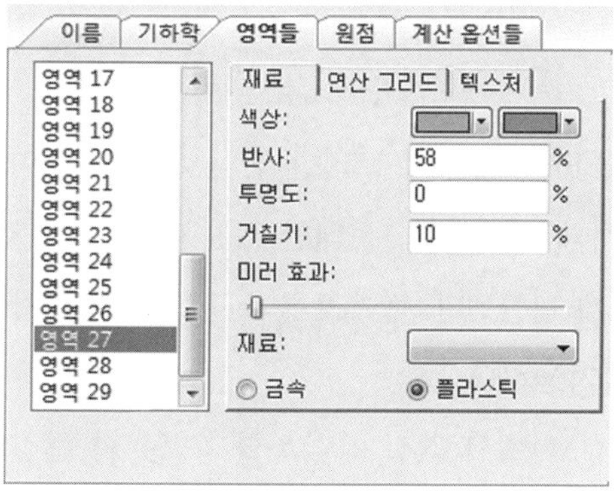

그림 5-49. 표면의 재료 대화상자 열기

1) 색상

"색상"에서 표면의 색상을 정의할 수 있다. 첫 번째 목록에서 선택한 표면의 기본 색상을 찾을 수 있다. 두 번째 목록에서 반사율과 선택한 투명도에 따라 달라지는 결과 색상을 선택할 수 있다.

2) 반사율

반사율은 반사되어 도착하는 빛의 양을 나타낸다. 80% 이상 값은 실제 생활에서 거의 나타나지 않는 것을 염두 해야 한다. 따라서 DIALux는 90%의 값으로 제한한다.

3) 투과율

반사에 반대되는 투과율의 값은 도달하는 빛이 표면을 통해 얼마나 확산되는지 보여준다. Ray tracer 미리보기 및 Pov-Ray Ray tracer에서 그 표면은 투명하게 시각화가 된다. 투명도와 반사율의 합은 100 %를 초과할 수 없다.

4) 투과율 계산

DIALux 4는 투명한 표면을 계산에 고려한다. 물체의 표면이나 재질(예: 벽의 질감)을 0~100% 사이에서 투명하게 선택한다. 선택한 값은 DIALux 계산에 고려된다. 투명성의 직접적인 부분만 올바르게 계산된다. 실제로 불투명한 유리를 사용하는 것과 같은 분산을 시뮬레이션 하는 것은 불가능하다.

이 투명도는 DIALux CAD에서 직접 시각화할 수 없다. 현실적인 시각화를 위해서는 Ray tracer 미리보기 또는 Pov-Ray Ray tracer를 사용한다.

5) 표면 거칠기

거칠기는 표면이 얼마나 많은 질감을 가지는지를 나타낸다.

> 정보: 거칠기는 표면 및 하이라이트를 미러링하는 경우에만 고려된다.

6) 거울 효과

통합 된 슬라이더를 사용하여 반사 방향을 변경할 수 있다. 거울 효과가 높은 거울 표면을 확보해야 한다. 거울 효과는 Ray tracer 미리보기 및 Pov-Ray Ray tracer에서만 볼 수 있다.

> 정보: 거울 효과는 계산 결과에 영향을 미치지 않는다.

7) 재료

재질 목록에서 표준 재료를 선택하면 DIALux에서뿐만 아니라 Ray tracer 미리보기 및 Pov-Ray Ray tracer에서 계산을 위해 곡면의 속성을 정의할 수 있다.

Metal / Plastics: 둘 다 반사와 관련된 특성이 다르다. 따라서 표면에 맞는 설정을 선택한다.

8) 광선 추적 미리보기

DIALux 4.9부터는 Ray tracer 미리보기를 사용하여 다양한 품질 등급으로 실제 렌더링을 미리 볼 수 있다. DIALux로 실제 프로젝트를 계산하고 DIALux 도구모음의 "Ray tracer 미리보기"기호를 클릭한다.

그림 5-50. 레이 트레이스 선택

DIALux 속성은 Ray tracer 미리보기에 대한 두 가지 설정 옵션을 제공한다.

a. 품 질(Quality):

통합 된 슬라이더를 사용하면 가장자리를 부드럽게 가장자리에서 낮추거나 높게 설정할 수 있다. 슬라이더를 위로 움직이면 렌더링이 더 아름답게 된다. 이렇게 되면 근본적으로 계산 시간도 증가한다.

b. 하이라이트(Highlight):

표면의 고휘도, 예를 들면, 조명 장치의 직접적인 빛 때문에 강렬한 광택 효과가 발생할 수 있다. 이 광택 효과가 필요하면 "하이라이트 계산"을 선택한다. 사실 이 경우 근본적으로 계산 시간도 증가할 것이며 일부 장면에서는 변경 사항을 볼 수 없다. 따라서 이 옵션은 신중하게 선택하도록 한다.

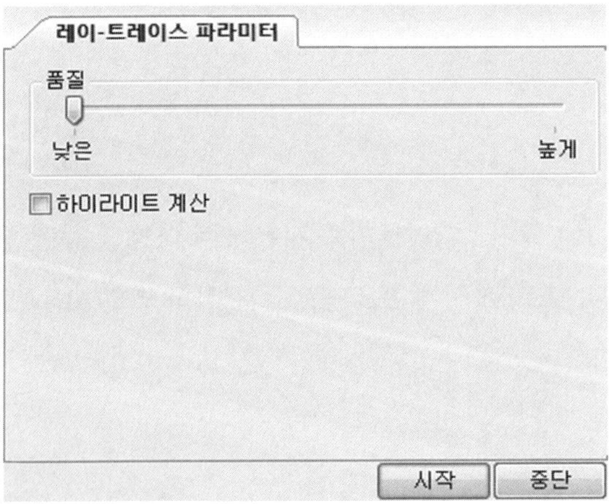

그림 5-51. 레이트레이스 미리보기 매개변수

> 참고: 먼저 낮은 품질로 하이라이트 없이 그림(렌더링)을 생성한다. 선택한 관점이 요구 사항을 충족시키는지 여부와 전체 장면이 잘 강조되는 경우 매우 신속하게 인식할 수 있다. 결과에 만족하면 높은 품질의 두 번째 그림을 렌더링할 수 있다.

그림 5-52. 레이트레이스 미리보기 출력

[08. 텍스처 삽입]

1) 드래그 & 드롭으로 삽입

사용자는 드래그 & 드롭으로 프로젝트에 텍스처를 삽입할 수 있다.

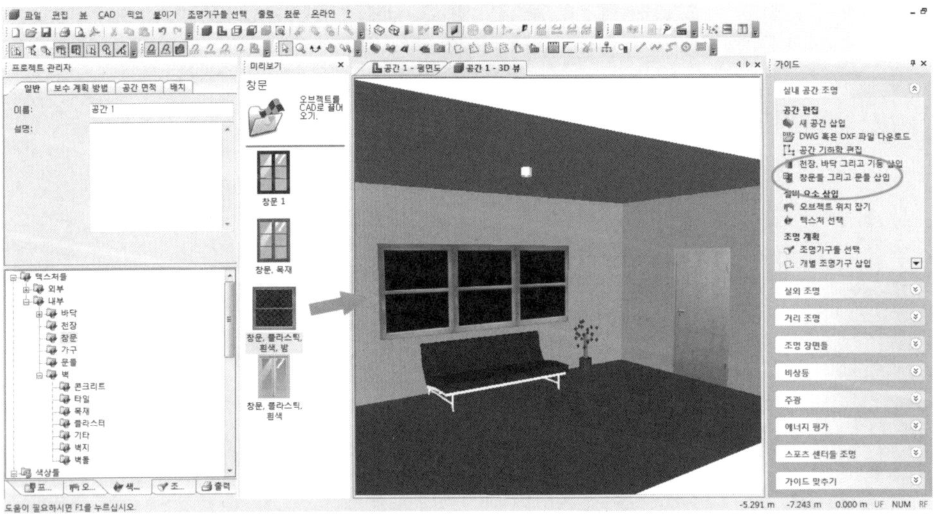

그림 5-53. 드래그 앤 드롭으로 텍스처 삽입

표면에 텍스처를 지정하려면 색상 트리로 이동하여 원하는 텍스처 또는 색상을 선택하고 마우스 왼쪽 버튼을 누른 상태로 CAD로 드래그하여 올바른 표면에 놓는다. 모든 "진짜" 표면(가구, 벽, 창문, 문...)에는 질감과 색상을 배치할 수 있지만 "가상"계산 화면에는 배치할 수 없다. 광색과 컬러 필터는 조명 기구에서만 사용할 수 있다. 물체(실내 또는 가구)의 내부에서 텍스처는 동일한 색상 또는 질감을 가진 모든 표면에 지정된다. 예를 들어,

방의 벽이 같은 색상이고 벽돌 텍스처를 한 벽으로 드래그하면 텍스처가 동시에 다른 모든 벽에 할당된다.

한 표면에만 텍스처를 지정하려면 Shift 키를 누른 상태에서 텍스처를 표면에 놓는다.

Ctrl 키를 누른 상태에서 표면에 텍스처를 놓으면 모든 표면(예: 벽, 천장 및 바닥)이 같은 질감을 갖는다.

2) 텍스처 트리로 텍스처 가져오기

사용자는 자신만의 텍스처나 이미지를 텍스처 트리에 삽입할 수 있다. DIALux는 * .bmp, * .dib, * .jpg 및 * .gif 형식의 파일을 지원한다.

텍스처는 드래그 앤 드롭을 통해 텍스처 트리에 삽입할 수 있다. 새로운 텍스처를 텍스처 트리로 가져오려면, 텍스처 트리를 열고 Windows 탐색기를 시작한다. 이제 이미지 파일을 Windows 탐색기에서 텍스처 트리의 원하는 디렉터리로 드래그할 수 있다. DIALux는 이미지 파일을 필요한 형식으로 자동 변환한다. 반사 계수는 RGB 값을 사용하여 계산되며 크기는 기본적으로 1mx1m 이다. 이 값을 확인하고 필요한 경우 수정하도록 한다.

메뉴의 파일 ▸ 불러오기 ▸ 텍스처 파일들을 사용하면 텍스처 트리의 디렉터리에 텍스처를 복사하는 대화 상자를 사용할 수 있다.

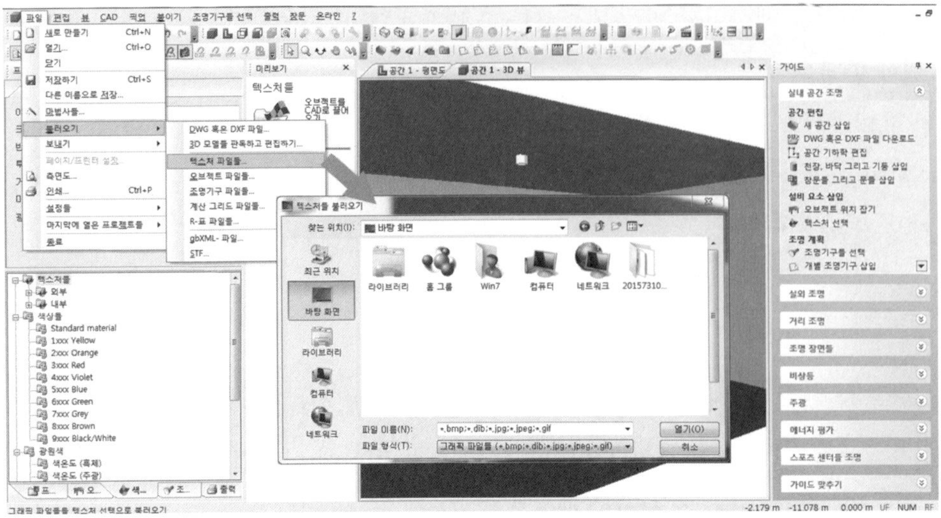

그림 5-54. 텍스처를 DIALux로 가져오기

색상 트리 텍스처는 복사, 삭제 또는 이동할 수 있다. 또한 하위 폴더를 만들거나 삭제할 수 있다. 원하는 개체를 그냥 마우스 오른쪽 버튼으로 클릭한다.

[09. 조명기구와 조명기구 배열의 삽입과 편집]

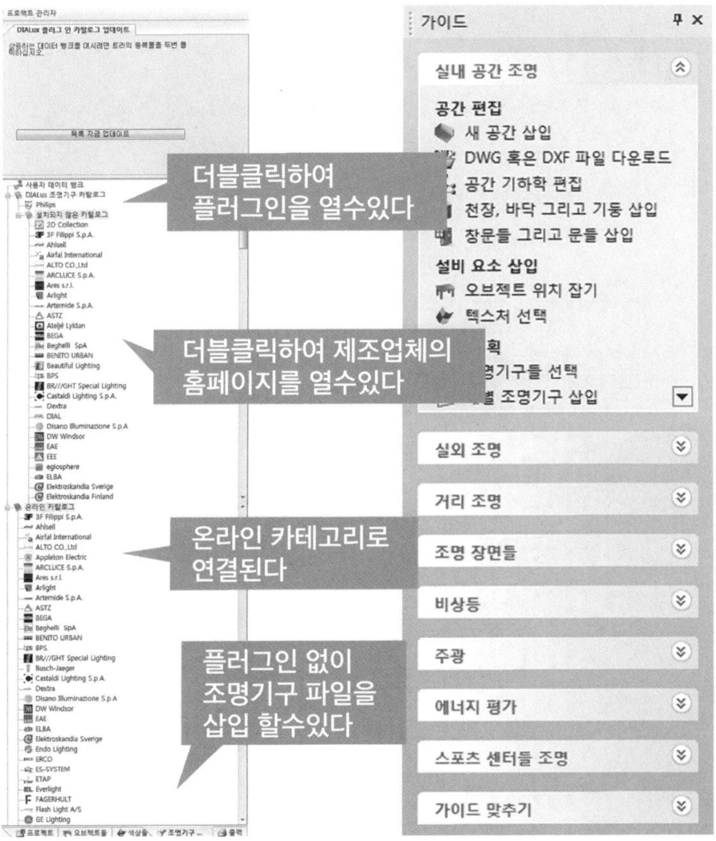

그림 5-55. 조명기구 트리 열기

조명기구 선택 가이드를 클릭하면 조명 기구 트리를 열 수 있다. 조명기구 트리에서 DIALux 카탈로그 아래에 설치된 플러그인을 볼 수 있으며, 제조업체 이름을 두 번 클릭하면 플러그인을 열 수 있다. 설치되지 않은 플러그인에 대해서는 설치되지 않은 DIALux 프로젝트 파트너를 찾아서, 해당 제조업체의 이름을 두 번 클릭하면 인터넷 페이지가 열리고 DIALux 플러그인을 다운로드할 수 있다. 또한 전화 번호와 전자 메일 주소가 표시된다. 목록 제일 아래에는 마지막으로 사용한 조명기구가 항상 표시된다. 이 목록은 서로 다른 최대 20개 조명기구 제조 업체를 표시할 수 있다.

1) 온라인 카탈로그

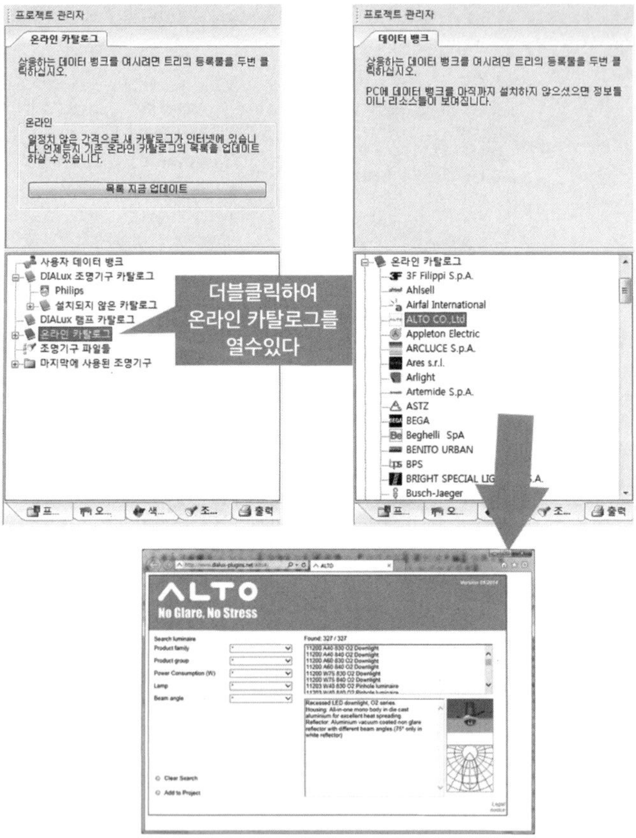

그림 5-56. 온라인 카탈로그 열기

DIALux는 플러그인을 설치하는 것과 유사하게 작동하는 이른바 온라인 카탈로그를 이용하여 조명기구 파일을 삽입할 수 있다.

조명기구 트리에서 해당 심벌을 두 번 클릭하여 온라인 카탈로그를 열 수 있다. 이후 온라인 카탈로그가 열리고 직접 DIALux 프로젝트로 제조업체의 인터넷 페이지에서 조명기구를 삽입할 수 있다. 이 방법은 지속적으로 제조업체의 현재 파일에 액세스할 수 있다.

> 참고: 온라인 카탈로그를 통해 조명기구를 삽입하는 경우 해당 제조업체가 서비스를 제공하는 경우에만 가능하다.

2) 개별 조명기구

개별 조명기구는 드래그 앤 드롭을 통해 프로젝트 또는 조명기구 트리에서 방에 삽입할 수 있다. 조명기구트리에서 방으로 조명기구를 당겨온다. 등기구는 마우스 버튼을 놓은 위치(X 및 Y 좌표)의 방에 삽입된다. 삽입되는 방식은 배열 유형에 영향을 주며 드래그 앤 드롭을 통해 실내에서만 등기구를 배치할 수 있다.

가까운 미래에 조명기구 제조업체는 드래그 앤 드롭을 통해 조명기구도 배치할 수 있는 플러그인을 제공할 예정이다.

그림 5-57. 개별 조명기구 삽입

가이드에서 개별 조명기구 삽입(insert single luminaire)을 클릭하면 해당 속성 페이지가 인스펙터에서 열린다. CAD창에서 배열은 설치 라인이 강조되며, 속성 페이지에는 초기 값이 표시되고, 속성 페이지 하단에는 삽입과 취소 버튼이 위치한다.

현재 활성화된 탭에 따라 사용자는 배열의 위치, 회전뿐만 아니라 설치높이를 조정할 수 있다. 조명기구 속성 페이지에서는 배치할 조명기구를 선택할 수 있다.

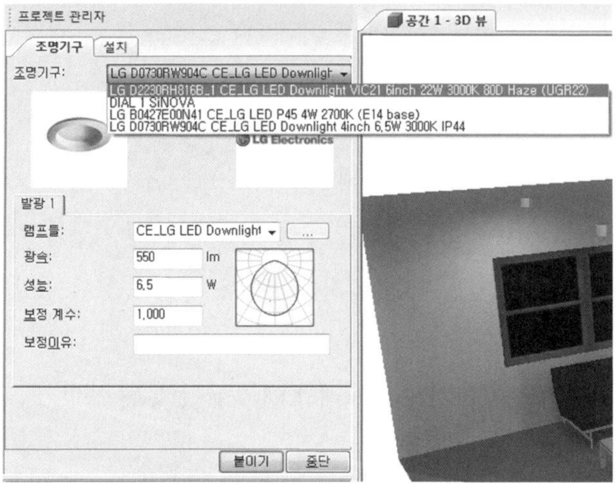

그림 5-58. 드롭다운 목록에서 조명기구 선택

그림에 표시된 목록에서, 사용자가 프로젝트에 삽입 한 조명뿐만 아니라, 사용했던 마지막 등기구를 찾을 수 있다. 설치(Mounting) 탭에 따라 설치에 대한 다양한 설정을 할 수 있다.

추가 정보는 객실 전체에 미치는 초기 조도와 조명기구의 보수율을 표시한다.

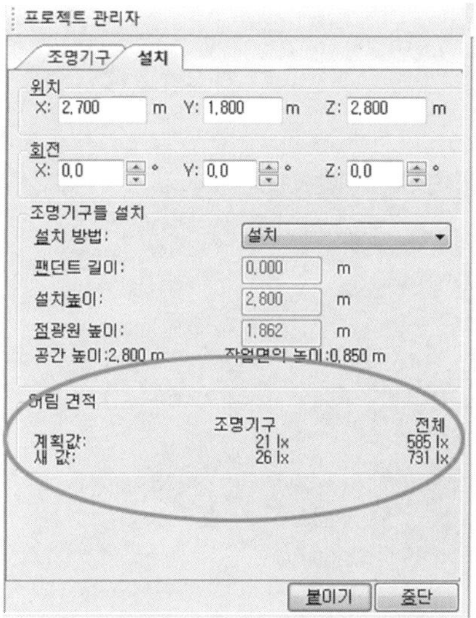

그림 5-59. 장착 탭

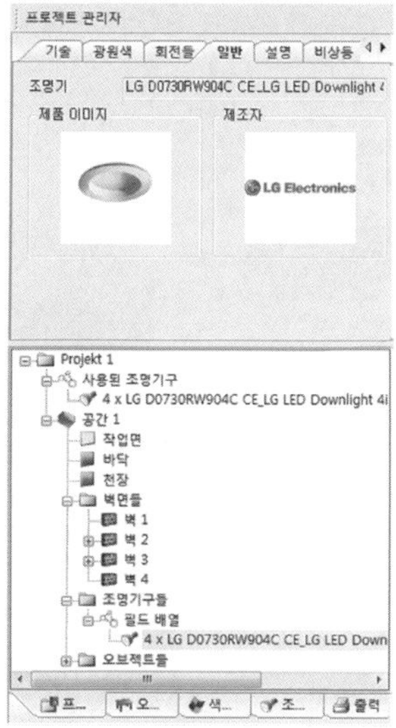

그림 5-60. 조명기구 기술데이터 수정

조명기구의 기술적 데이터를 수정하려면 해당 조명기구를 객실에 삽입해야 한다. 프로젝트 관리자에서 배열에 포함된 조명기구는 각각의 배치유형(이 경우 개별조명기구 배치) 아래에 나열한다. 이러한 조명기구 중 하나를 선택하면 기술적 데이터를 수정할 수 있다. 또한 CAD창에서 여러 조명기구를 선택하면 선택한 모든 조명기구의 값을 수정할 수 있다.

3) 조명기구 정렬

DIALux에서는 뷰 메뉴의 조명기구의 보조 빔들을 전환할 수 있다.

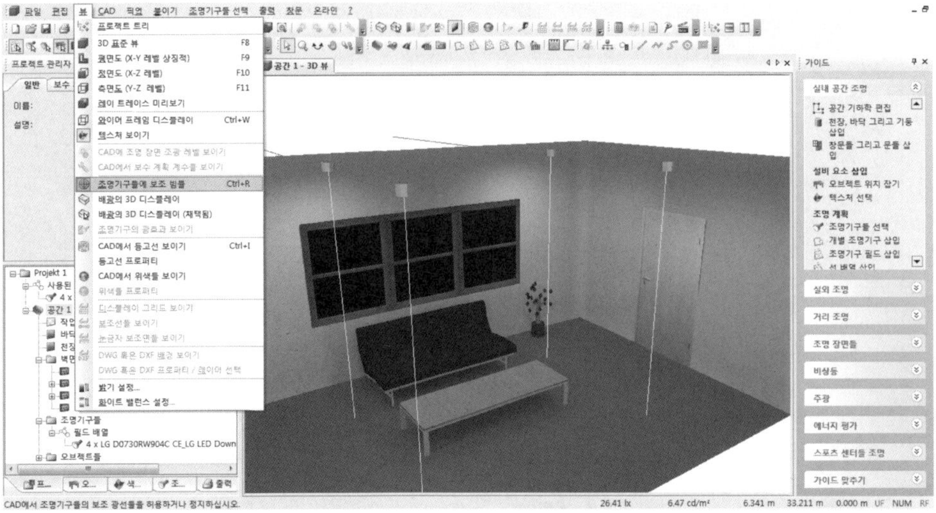

그림 5-61. 조명기구 정렬 보조선

보조 빔들을 클릭하면 삽입된 조명기구의 C0 화살표(적색선-평면방향)과 조광 각도가 0° 인 노란선이 나타난다. 조명기구가 회전되지 않은 경우 C0화살표는 항상 X축으로 표시된다. DIALux는 3D 배광 곡선(LDC, light distribution curve)을 사용할 수 있다. 이 기능은 비대칭 배광 조명기구의 정확한 위치를 확인하는데 유용하다.

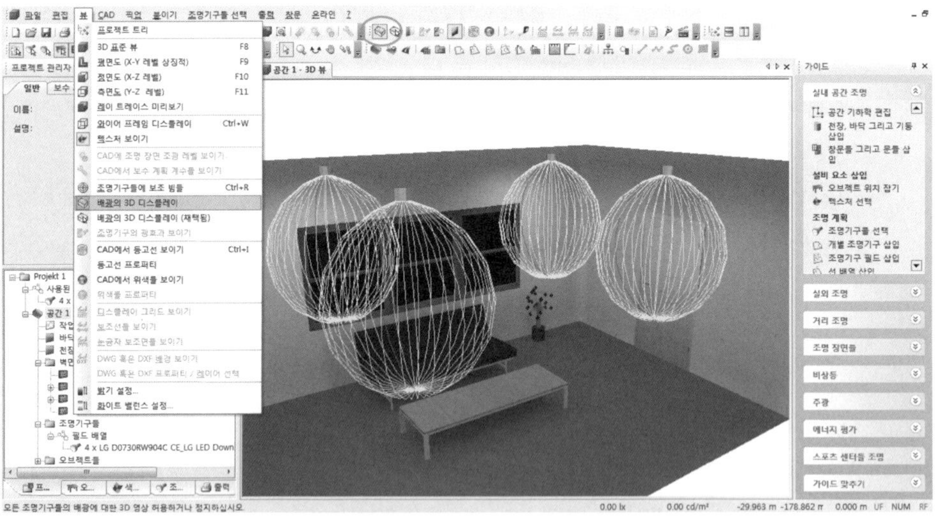

그림 5-62. 조명기구의 3D 배광 곡선

LDC를 표시하려면 위 그림에 표시된 아이콘을 클릭하거나 뷰 메뉴에서 배광의 3D 디스플레이를 선택한다.

DIALux에서는 황색광선(감마=0)을 조명지점 설정 기능을 사용하여 선택한 면적의 임의의 점에 정렬할 수 있다. 또한 조명기구의 정렬이 더욱 단순해졌다. 발광체를 C0, Gamma0 및 C90으로 정렬하는 기능 외에도 감마 0은 조명점을 최대 광도(Imax.)에 선택적으로 정렬할 수 있다.

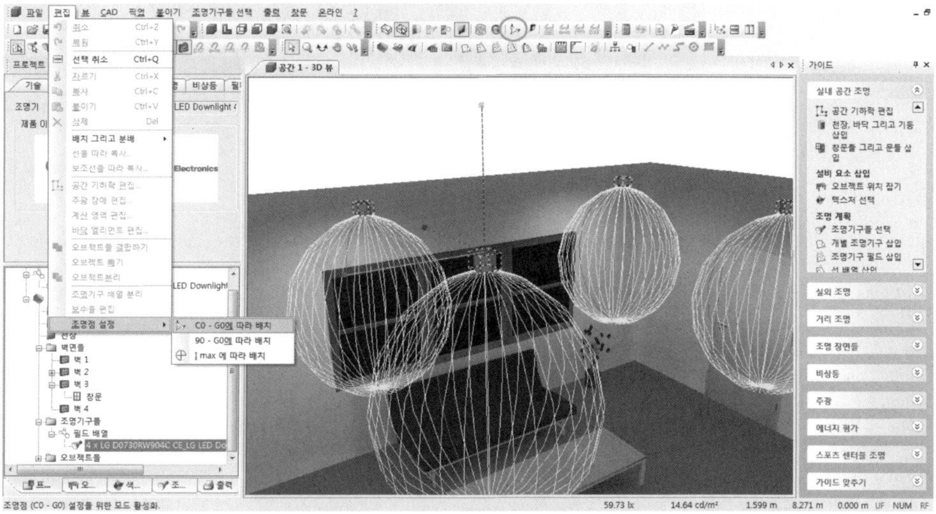

그림 5-63. 조명지점 설정 마우스 모드

조명지점을 설정하려면 먼저 하나의 조명기구를 선택해야 한다. 사용자는 조명기구 배열의 조명기구 내부에서 하나의 조명을 선택하여 활성화 한다.

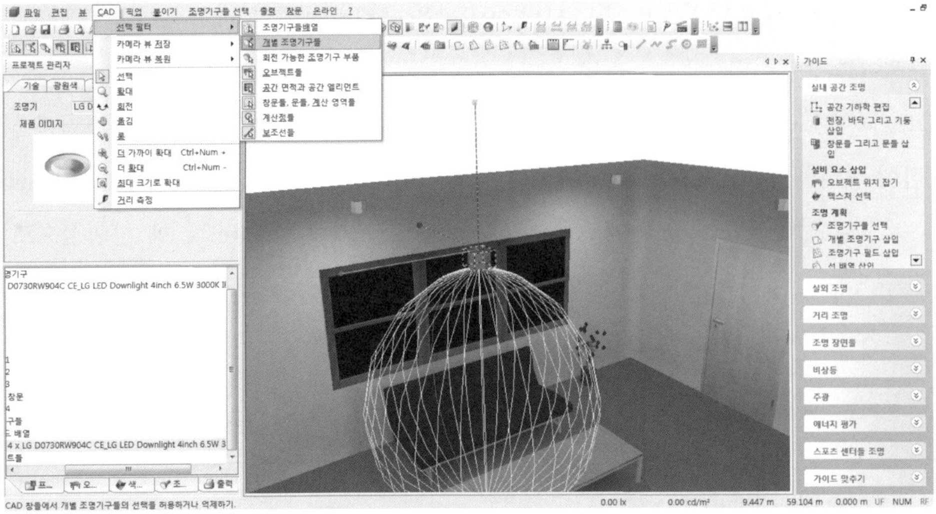

그림 5-64. 개별 조명기구 선택

개별 조명기구를 선택하면 조명점 설정(set illumination point)을할 수 있으며, 조명을 원하는 표면이나 개체를 선택하여 조명기구를 정렬할 수 있다.

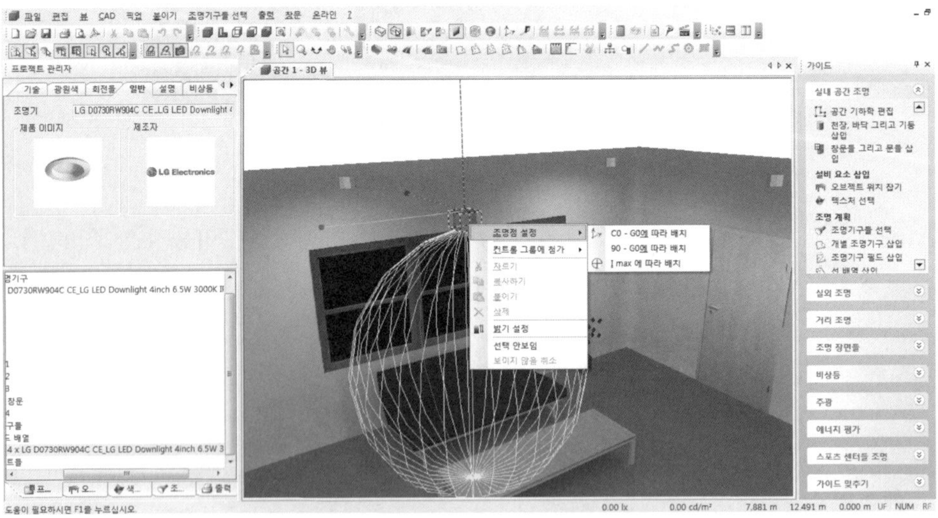

그림 5-65. 사진에 스포트라이트 정렬

4) 조명기구 필드 삽입

조명기구 삽입 지역은 가이드에서 조명기구 필드 삽입 옵션을 선택하거나 조명기구 마법사 ▸ 필드 배열 옵션을 선택하여 배치할 수 있다. 객실을 선택한 다음 마우스 오른쪽 버튼 클릭하면, 객실에 대한 문맥메뉴가 열린다. 여기에서 조명기구들 삽입 ▸ 필드 배열 옵션을 선택할 수 있다. 마법사는 입력해야 하는 중요한 매개 변수를 모두 순차적으로 요구한다.

수동으로 입력한 조명 지역이 인스펙터에 표시되고 조명기구 지역을 추가하려면 붙이기 및 중단 버튼을 사용하면 된다.

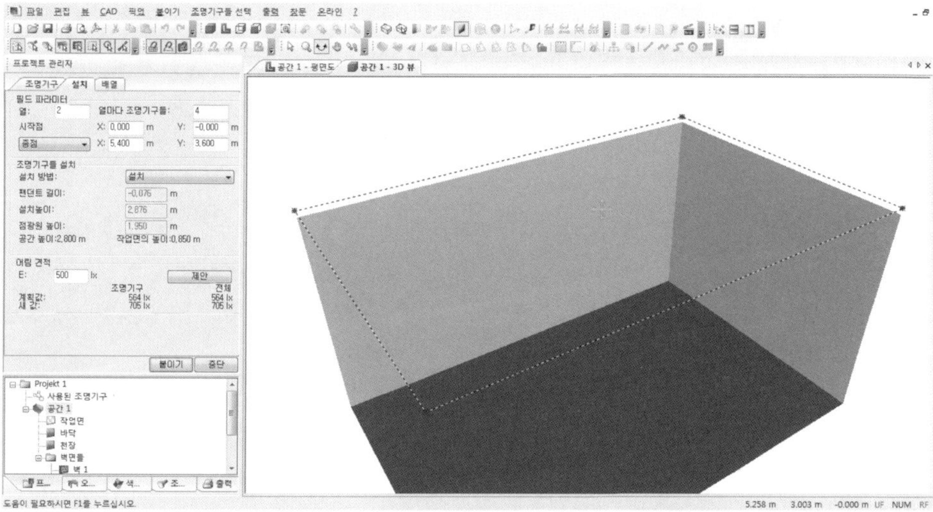

그림 5-66. 마법사 없이 조명기구 필드 삽입

붙이기(paste)를 클릭 하면, 필드 배열을 나타내는 밴드가 표시된다. 사용자는 필드를 삽입 이전이나 삽입 후에 속성 페이지에서 모든 매개 변수를 수정할 수 있다.

조명기구 삽입 지역을 편집하려면 트리 또는 CAD창에서 지역을 선택한다. 이 지역의 조명기구를 클릭하면 필드의 모든 조명기구는 기본적으로 선택된다. 개별 조명기구를 편집할 경우, 먼저 선택 필터를 변경해야 한다.

다음의 필터를 선택(왼쪽부터)할 수 있다.

- 조명기구 배열의 선택을 제한 또는 허용
- 배열 내에서 개별 등기구의 선택을 제한 또는 허용
- 조명기구 부품의 회전 선택을 제한 또는 허용
- 가구의 선택을 제한 또는 허용
- 곡면 선택을 제한 또는 허용
- 창, 문, 계산 표면의 선택을 제한 또는 허용
- 계산 지점의 선택을 제한 또는 허용

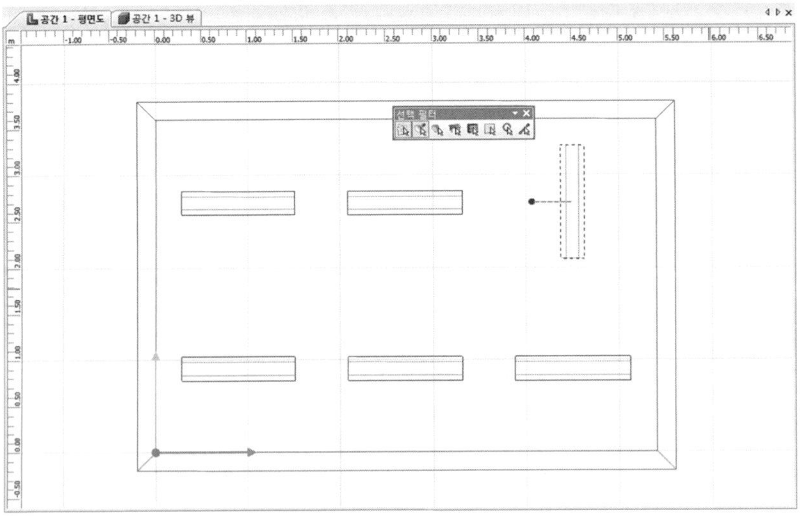

그림 5-67. 배열내의 조명기구 조작

위의 그림은 필드 배열 내의 개별 조명기구를 수정하는 방법을 보여준다. 선택 필터를 사용하여 개별 조명기구를 선택할 수 있으며 조명기구의 위치는 변경되지 않는다. 예를 들어, 이 옵션은 조명기구 배열의 개별 스포트라이트를 가구 조각으로 향하게 할 때 유용할 수 있다.

인스펙터에서 조명기구 특성을 변경할 수 있다. 여기서는 조명기구 필드의 배열 유형과 치수 유형을 선택할 수 있다.

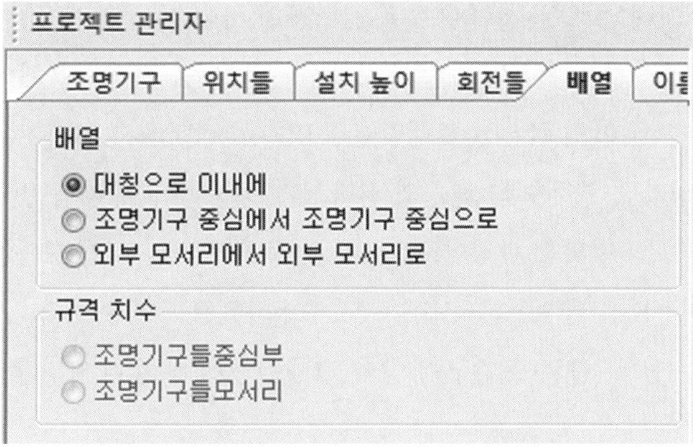

그림 5-68. 조명기구 필드의 배치 유형 선택

배열 유형뿐만 아니라 치수 유형의 선택은 필드 속성에 영향을 미친다.

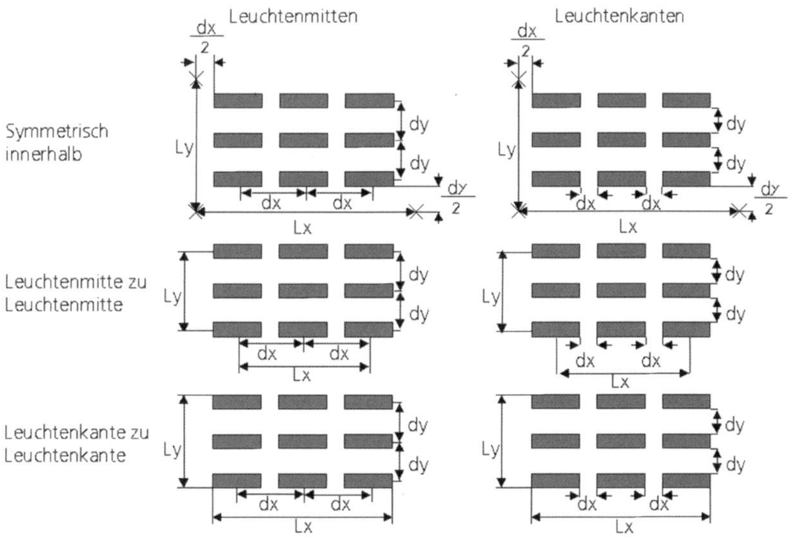

그림 69. 조명 기구 치수와 배열 형식이 조명기구 필드 계산에 미치는 영향

조명기구 삽입 지역이 CAD창을 통해 편집 될 때에도 배열 형식은 계산에 반영되고 있다.

CAD 평면도에는 조명기구 필드에 대한 가능한 세 가지 편집 또는 삽입 프레임이 표시된다. '배열 유형 내에서 대칭' 정렬 유형을 선택하면 바깥 쪽 파란색 파선이 나타난다. '가장자리에서 가장자리'를 선택하면 중앙의 프레임은 바깥 쪽 가장자리에서 바깥 쪽 가장자리까지 그리고 가운데 안의 굵은선 프레임이 조명기구 센터에서 조명기구 센터 선택과 함께 나타난다. 조명기구의 치수 및 필드의 시작점과 종점이 그에 따라 변경된다. 마우스를 통해 조명기구 필드의 범위를 변경할 수 있다. 이렇게 하려면 트리 또는 CAD에서 필드를 마우스 오른쪽 버튼으로 클릭한다. 선이나 모서리 좌표를 당김으로써 가구와 마찬가지로 범위를 변경할 수 있다. 물론 등기구의 양과 크기는 동일하게 유지된다는 점에 유의하도록 한다.

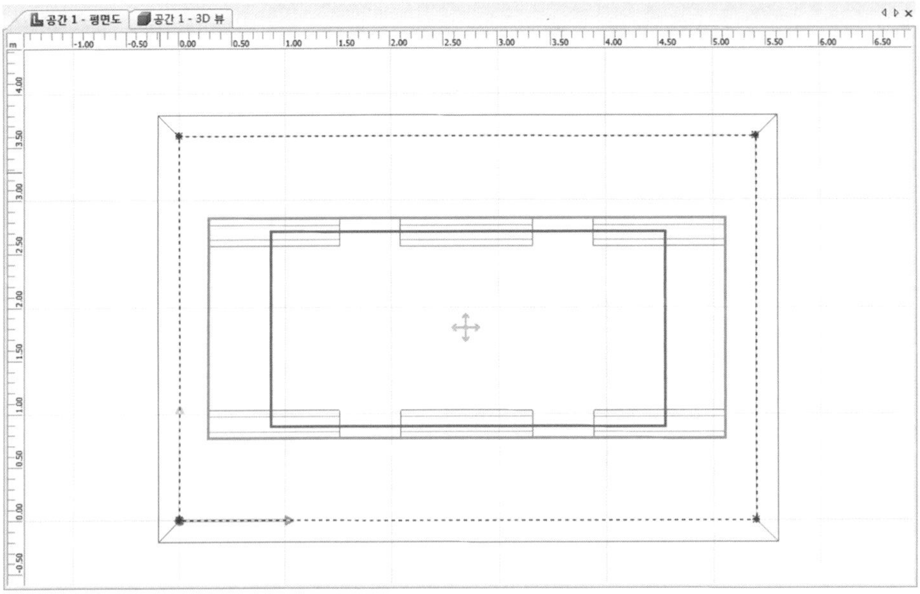

그림 5-70. 정렬형태에 따른 조명기구 필드 삽입

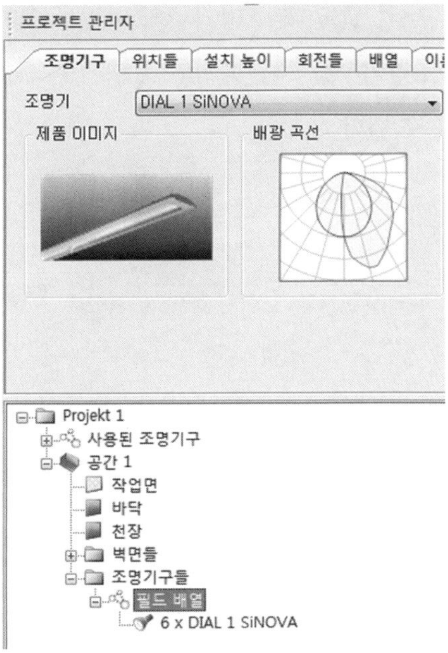

그림 5-71. 사용된 조명기구

조명기구 배열에 있는 조명기구 역시 조작할 수 있다. 그림에서 볼 수 있듯이, 필드에 사용되는 조명기구 및 램프를 삭제하지 않고 변경할 수 있다.

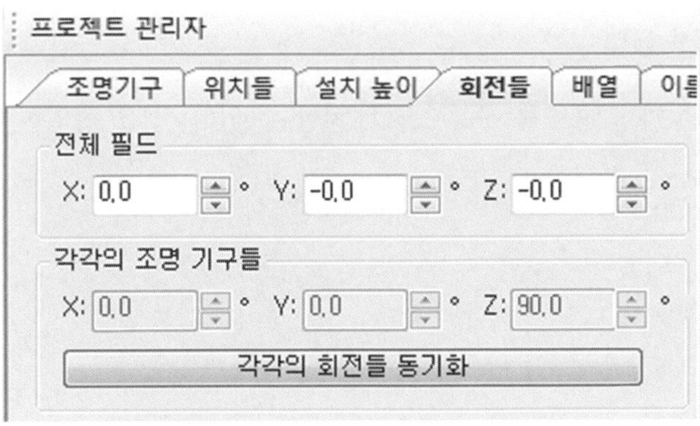

그림 5-72. 조명기구의 정렬과 회전

전체 필드의 회전뿐만 아니라 필드 내 조명기구의 회전을 숫자 또는 그래픽으로 수정할 수 있다. 필드 내의 단일 조명기구를 회전하려면 조명기구를 개별적으로 선택해야 하며 각각의 회전을 동기화할 수도 있다.

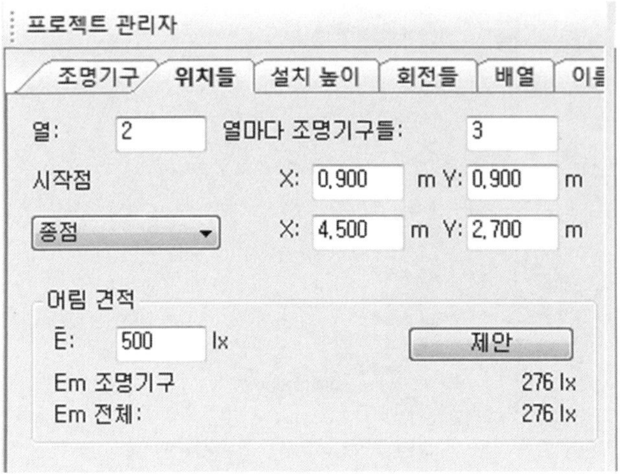

그림 5-73. 조명기구 위치

조명기구 지역의 위치 역시 숫자 또는 그래픽으로 수정할 수 있다.

5) 조명기구 라인 삽입

조명기구 라인은 마법사 또는 수동으로 배치할 수 있다. 선을 삽입한 후, 길이, 위치 또는 각도를 그래픽으로 수정할 수 있다.

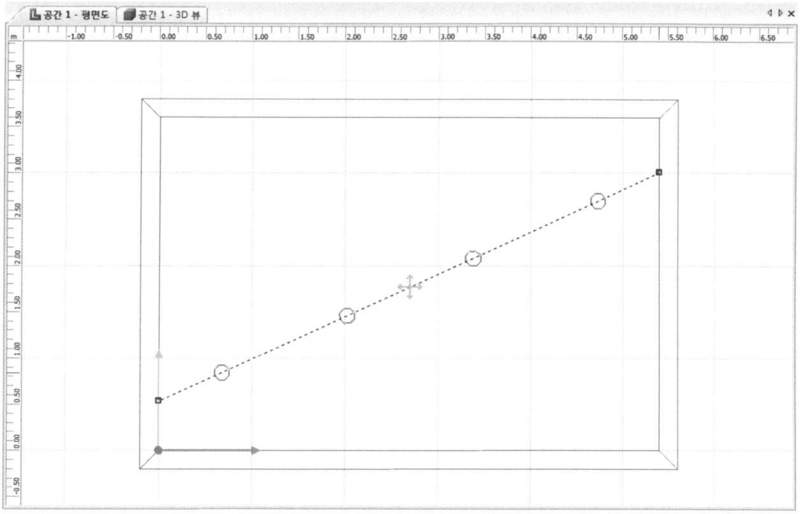

그림 5-74. 조명 라인 크기 조절

마우스로 선의 중간에 십자 모양을 당기면 위치가 바뀐다. 선의 각도와 길이는 일정하게 유지되며 파란색 끝점을 사용하여 길이와 각도를 동시에 수정할 수 있다. 스케일 모드와 회전 모드를 전환할 필요는 없다.

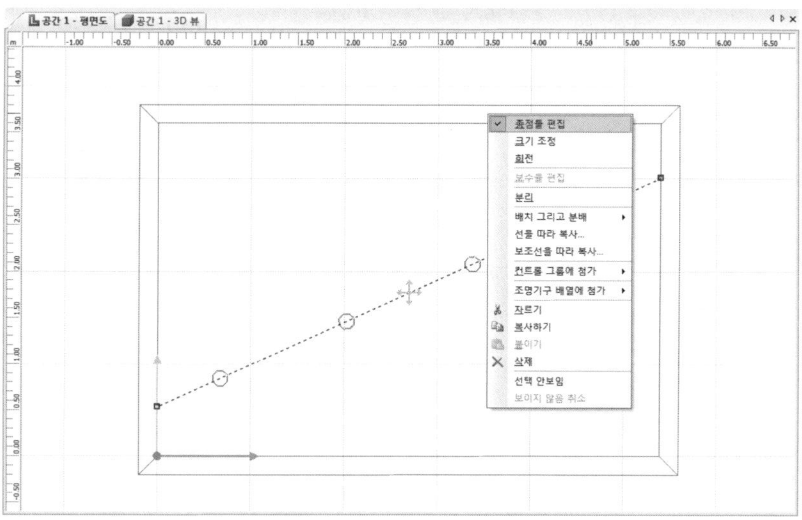

그림 5-75. 조명 라인 편집

배치 내의 조명기구가 회전하지 않았다면, 등기구의 C0는(시작점에서 종점 방향으로) 행 축을 향한다.

6) 조명 정렬

CAD창에서 배열의 개별 조명기구를 선택하면, 배열 내에서 개별 조명기구의 회전을 수정할 수 있다. 조명기구의 위치는 일정하게 유지된다. 또한 조명 포인트(illumination point) 기능 설정을 사용할 수도 있다.

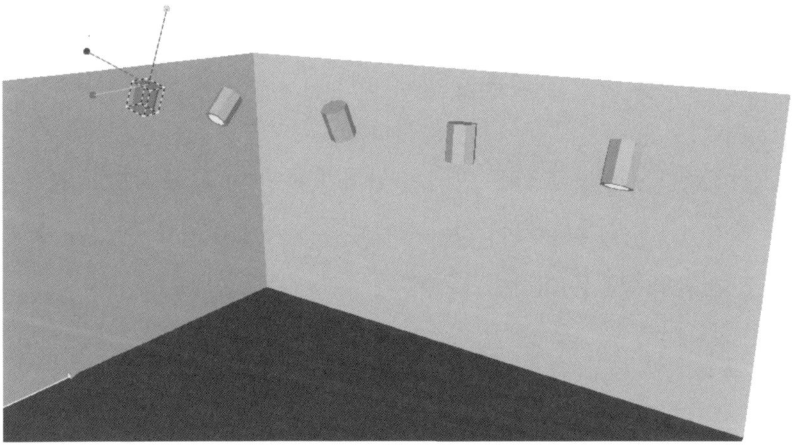

그림 5-76. 배열 내에서의 개별 조명기구 정렬

선택 필터를 적절하게 설정하면 배열 내의 개별 조명기구를 선택할 수 있다.

그림 5-77. CAD 선택을 위한 필터

왼쪽에서 두 번째 아이콘은 배열 내의 개별 조명기구를 선택할 수 있다.

7) 조명기구 서클 삽입

현재 조명기구 서클 배치를 위한 마법사는 없다. 옵션은 이미 설명한 것과 매우 유사하며 start angle 및 end angle 옵션을 확인한다.

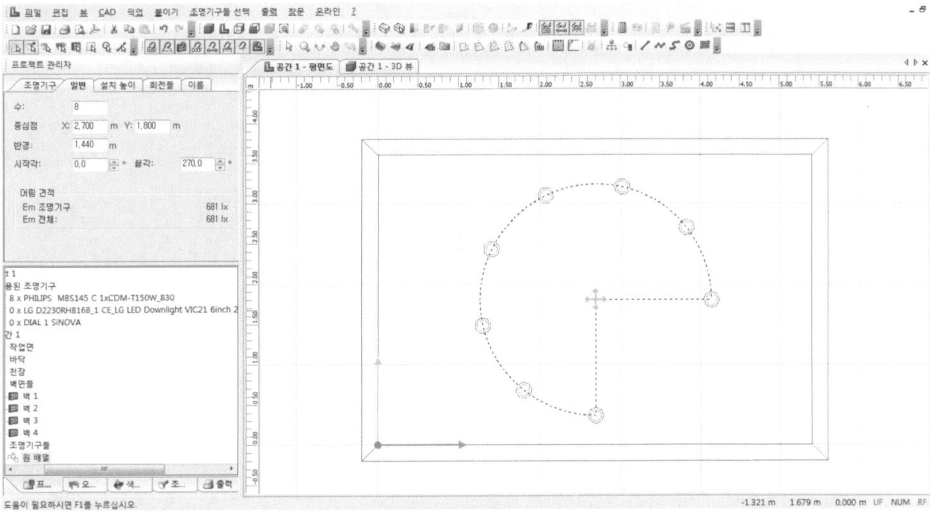

그림 5-78. 원형조명기구의 시작과 끝 각도

시작각이 0 ° 인 경우, 첫 번째 등기구는 X 축에 평행 한 직선상의 거리 r에서 중간점의 오른쪽에 위치한다. 양의 각도 (>0°)는 시계 반대 방향으로 생성된다.

8) 조명기구 배열 분리

삽입된 조명기구의 배열은 정렬을 마우스 오른쪽 버튼으로 클릭하고 분리를 선택하여 각각의 조명기구로 분리할 수 있다. 이후 개별 조명기구의 위치를 변경할 수 있다. 메뉴의 편집(edit) ▶ 조명기구 배열분리를 통해 선택한 배열을 개별 조명기구로 분리할 수 있다.

9) 투광조명

투광조명을 위한 DIALux의 새로운 기능은 경기장과 같은 넓은 영역의 균일 한 조명에 매우 적합하다. 투광조명은 하나 이상의 조명기구를 하나의 극 또는 선상에 개별적으로 배치한 배열로 구성된다. DIALux에서는 수직, 수평 또는 두 가지 조합을 통해 추가로 미러링하여 전체 영역을 균일하게 조명할 수 있다.

10) 투광조명 삽입

DIALux에서 투광조명 장치를 삽입하려면 메뉴에서 붙이기 ▸ 조명기구 배열 ▸ 투광조명배열을 선택한다. 장면의 원래 위치에서 조명은 왼쪽 하단 모서리에 배치된다. 기본 설정은 투광조명이 지상 조명의 원점에 정렬되며 사용자는 투광조명 배열로 사용되는 조명기구의 속성(수량, 장착 방법 및 미러링 특성)을 미리 선택할 수 있다.

> 주의 사항: 투광조명에 추가되는 조명기구는 이미 프로젝트창에 있어야 한다. 여러 개의 조명기구를 프로젝트에서 사용할 수 있는 경우, 사용자는 프로젝트 관리자에서 이를 선택할 수 있다. 조명을 선택하고 붙이기(Paste)를 확인하면 투광조명이 경기장으로 삽입된다.

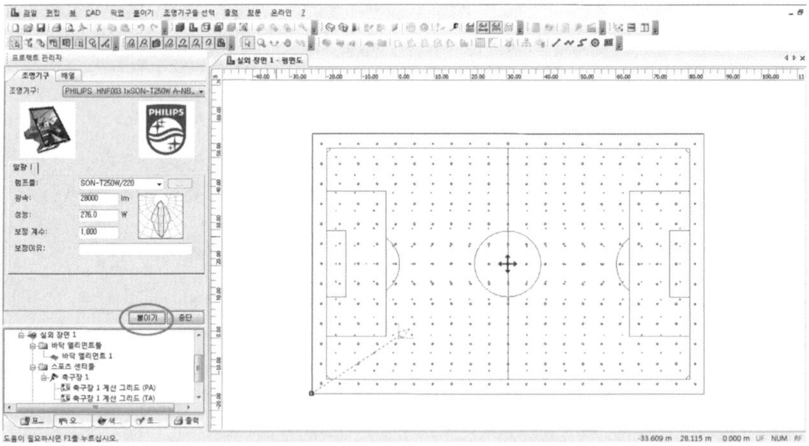

그림 5-79. 스포츠단지에 투광조명 설치

사용자는 투광조명의 인스펙터에서 조명기구, 설치높이, 배열, 조명점, 회전상태 등의 설정 옵션을 찾을 수 있다.

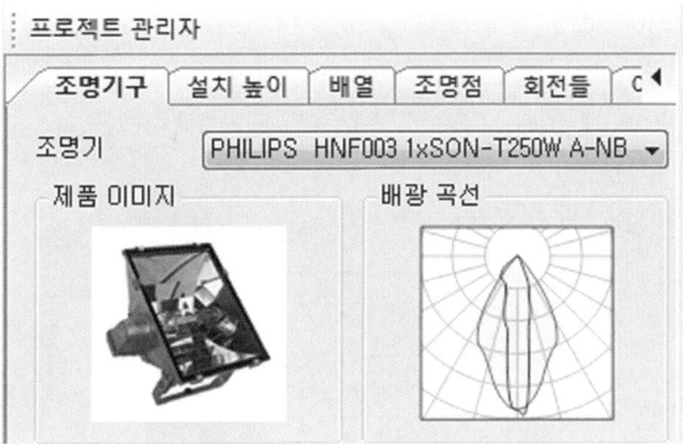

그림 5-80. 프로젝트 관리자의 설정옵션

11) 투광조명 정렬

투광조명 미러링 선택이 가능하다. 이 기능은 수평과 수직 또는 두 가지의 조합으로할 수 있다. 후자의 경우는 장면의 조명 균일성을 향상시킨다.

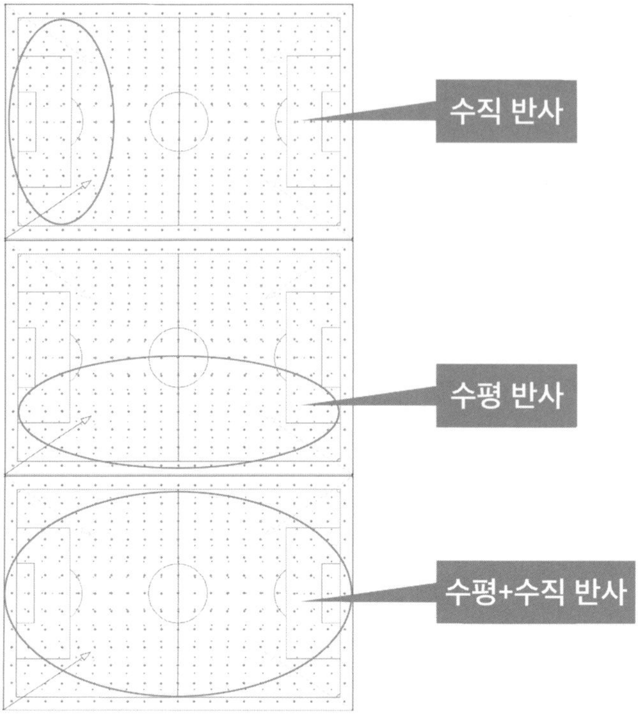

그림 5-81. 투광조명용 미러링 옵션

배열 탭에서 역시 조명기구의 개수를 확인할 수 있다. 이 수량은 투광조명 배열의 조명점(illumination points)탭에서 조명 포인트의 수와 동일하다.

12) 초점 맞추기

조명기구의 개수를 증가시키는 조명 포인트 추가는 조명점 탭에서 가능하다.

DIALux 기준에 따라 조명기구의 조명 포인트는 경기장 원점의 위치에 정렬되며, 좌표(X, Y 및 Z)를 구성하며, 개별 조명기구의 좌표들은 각각의 각도를 이용하여 수동으로 변경될 수 있다.

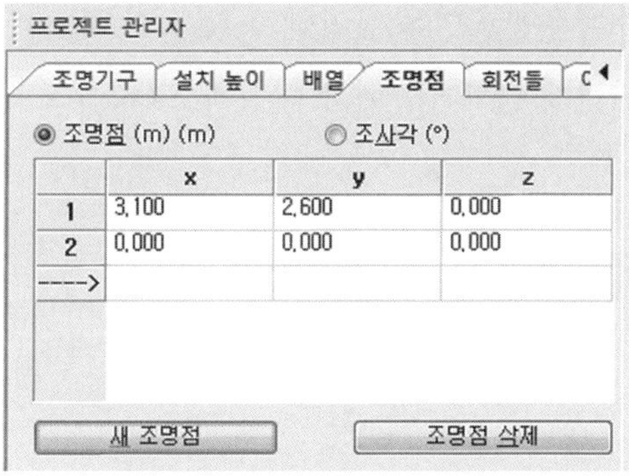

그림 5-82. 조명지점 변경옵션

조명 포인트를 변경하기 위한 쉬운 방법은 조명 포인트를 다른 위치로 이동하는 것이다. 마우스 왼쪽 버튼으로 조명 포인트를 클릭하고 원하는 위치로 옮겨서 이동한다.

조명 포인트를 위한 각 조명기구의 정렬은 파란색 화살표로 CAD 창에 표시된다. 빨간색 화살표들은 프로젝트에 미러링된 원래 조명기구에 표시된다.

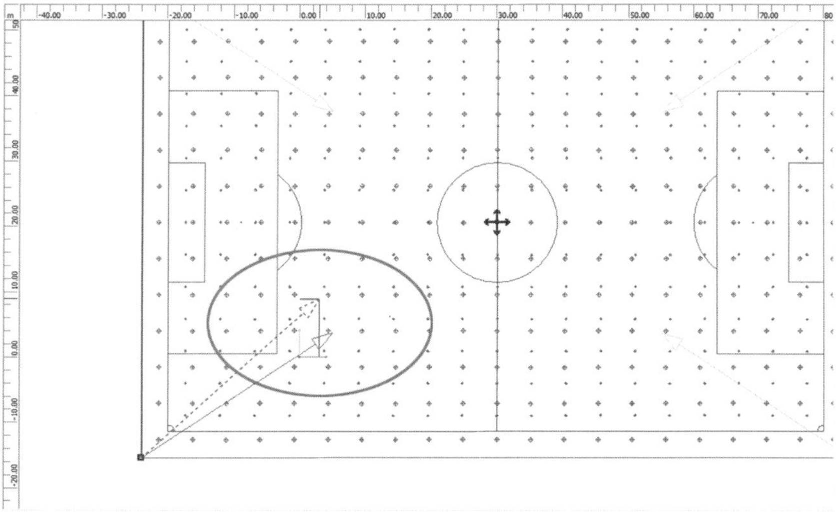

그림 5-83. 수동으로 조명 점 이동

대칭 미러링은 조명기구를 배치 할 때 시간을 절약하는 데 도움이 된다. 특정 위치에서, 다른 조명기구나 더 많은 조명기구 또는 다른 조명 포인트를 필요로 하는 경우에, 사용자는 기존 조명기구에 더하여 투광조명을 삽입할 수 있으며 취소할 수도 있다. 취소는 마우스 오른쪽 버튼으로 간단하게 문맥메뉴에서 대칭취소(cancel symmetry) 항목을 선택하면 된다.

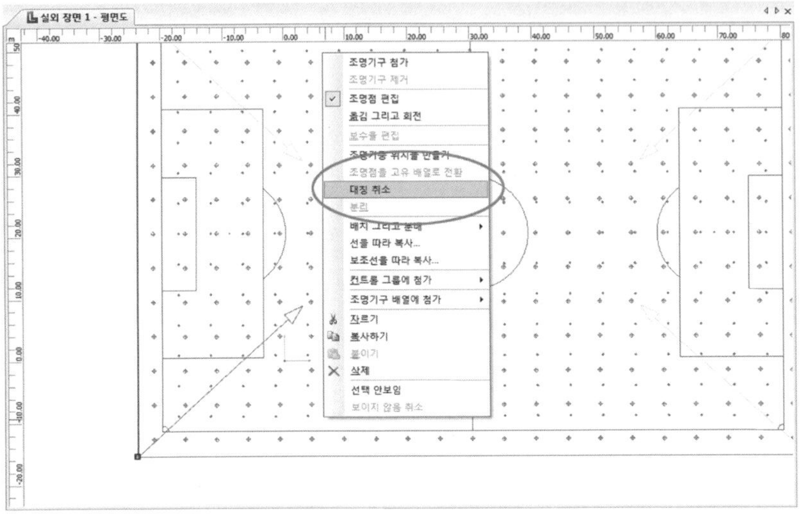

그림 5-84. 투광조명 대칭성 취소

개별적으로 조절 가능한 조명기구 위치의 배열은 미러 배열의 현재 결과이다.

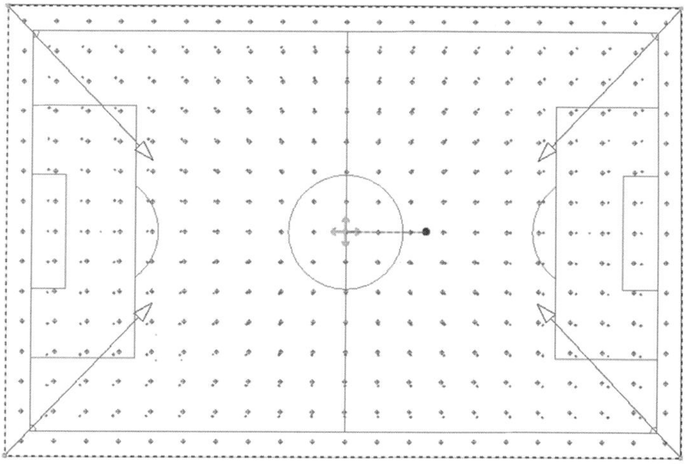

그림 5-85. 대칭성 제거 후 개별적 조정이 가능한 조명기구 위치

하나의 특정 조명기구의 위치를 변경하지 않으려면, 조명기구 배열에서 이 조명기구는 제거하는 것이 좋다. 각각의 조명기구를 마우스 오른쪽 버튼으로 클릭한 다음 문맥메뉴에서 조명점을 고유배열로 전환(change illumination point into an individual arrangement)을 선택하여 이 작업을 수행할 수 있다. 이 작업을 수행할 때, 조명기구 배열의 대칭은 변함이 없다.

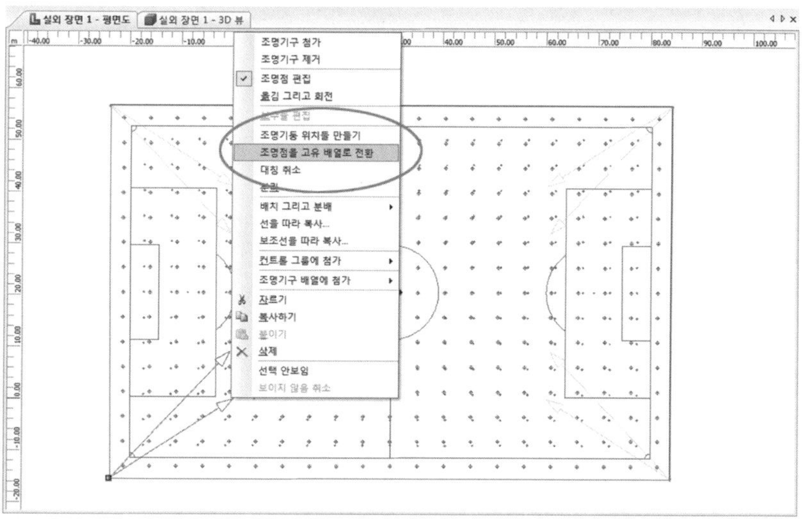

그림5-86. 단일 조명기구를 개별 배치로 변형

13) 조명기구 위치 수정

프로젝트 관리자의 조명기구를 선택하여 조명기구의 위치를 수정할 수 있으며 좌표 필드(coordinate fields) 속성 페이지를 사용할 수 있다.

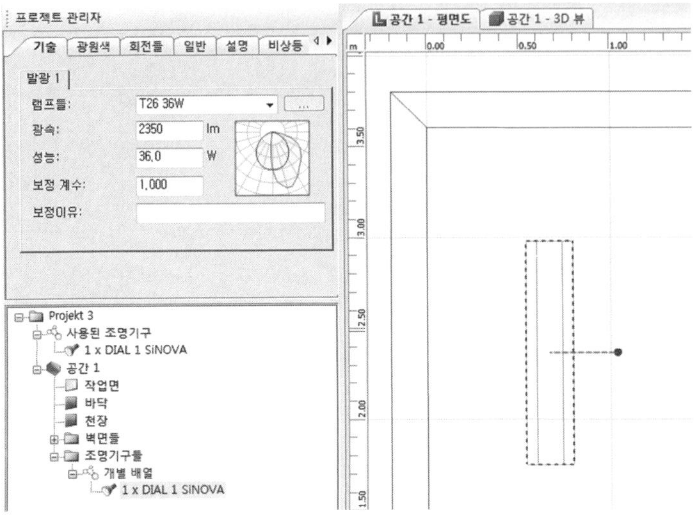

그림 5-87. 조명기구 데이터 변경 - 수정

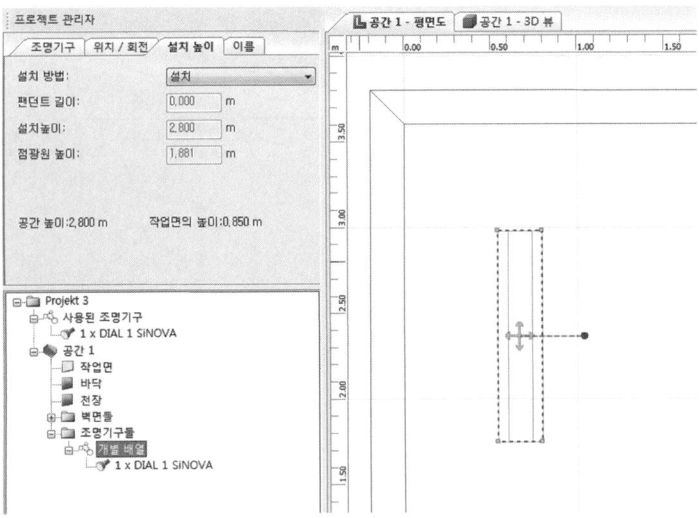

그림 5-88. 조명기구 데이터 변경 - 설치 높이

14) 관절 조명기구

DIALux는 조명기구의 기계적 특성을 사용하도록 컴퓨터 지원 조명디자인이 가능하다. 3D 조명기구 모델은 실제 생활에서와 같이 관절을 고정시키고 관절을 조정(점 조명, 완전히 매달린 시스템, 투광조명, 거리 조명)할 수 있다. 제조업체는 관절과 관절의 최대회전각도, 관절의 증분 각도를 정의한다. 사용자는 단순히 조명기구를 클릭하고 빛이 전달될 위치로 돌린다. 숫자나 그래픽으로 이 작업을 수행할 수 있다.

그림 5-89. 회전 가능한 조명기구 선택

왼쪽에서 세 번째 아이콘은 조명기구 부품의 회전을 선택할 수 있다. 이 아이콘을 활성화한 경우, 조명의 관절 조인트를 원하는 위치로 설정하거나 해당 속성 페이지에서 회전을 지정할 수 있다.

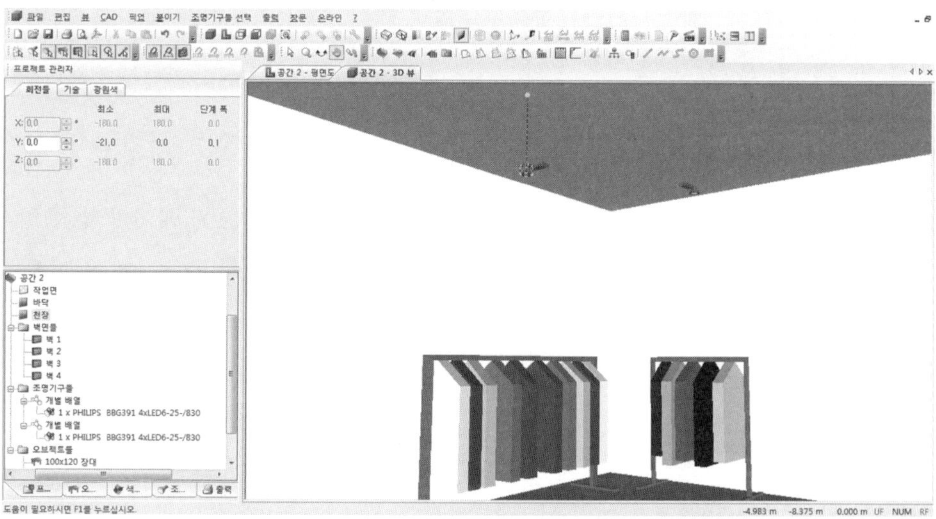

그림 5-90. 마우스포인터로 회전 가능한 조명기구 회전

사용자는 또한 조명기구의 관절을 C0-G0, C90-G0 또는 최대로 정렬할 수 있다.

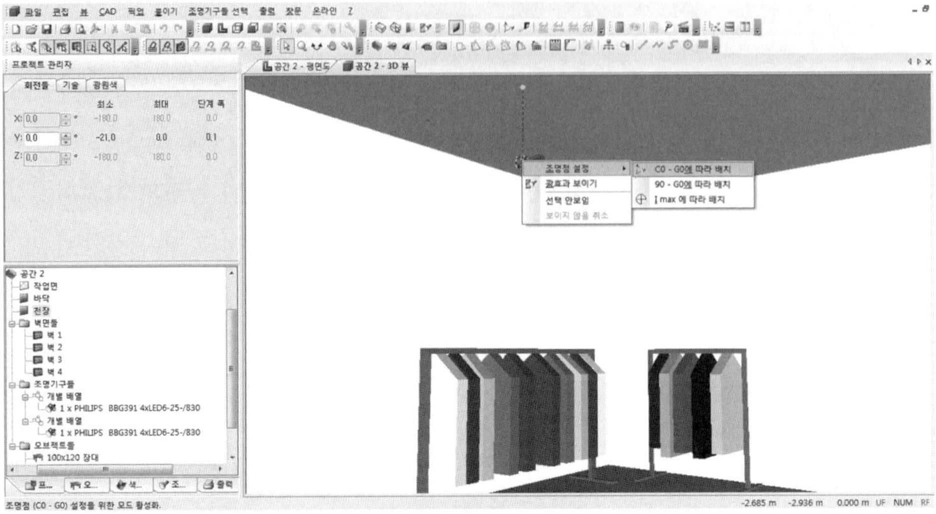

그림 5-91. 회전 가능한 조명기구 정렬

15) 다중 관절 조명기구

DIALux에서 조명기구는 다수의 회전 요소를 가질 수 있다. 따라서 하나 이상의 부속을 가진 조명기구는 프로젝트 트리에 자신의 심벌을 별도로 표시한다.

16) 제한 되지 않은 조명배열

DIALux를 사용하면 조명기구를 개별적으로 원형이나 라인, 필드에 배치할 수 있다. 그런 다음 그룹으로 구성하여 기하학적으로 또는 전체 단위로 처리할 수 있다. 선택한 조명기구 배열의 문맥메뉴를 통해 원하는 조명기구 배열을 새로운 조명기구 배열에 추가할 수 있다.

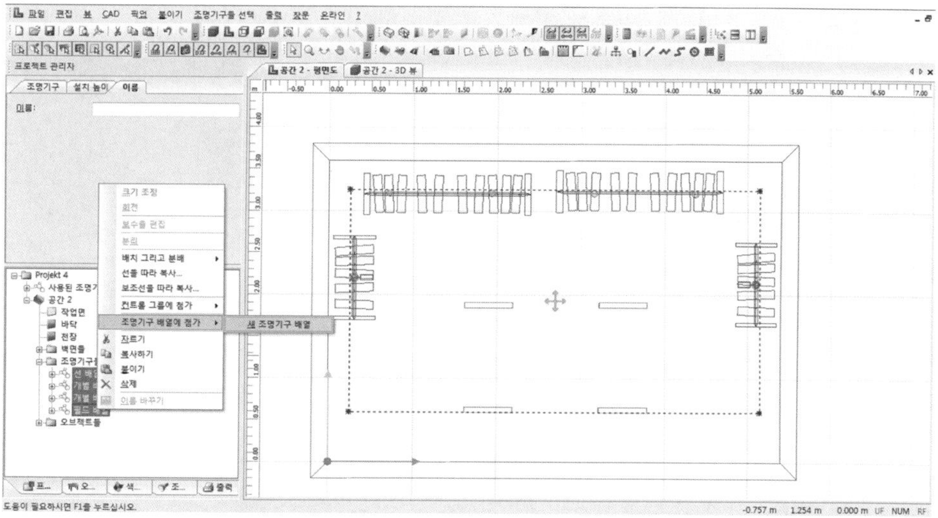

그림 5-92. 제한되지 않은 조명 기구의 문맥메뉴

사용자는 이름을 변경하거나 위치, 회전, 원점 등을 다양하게 수정할 수 있다.

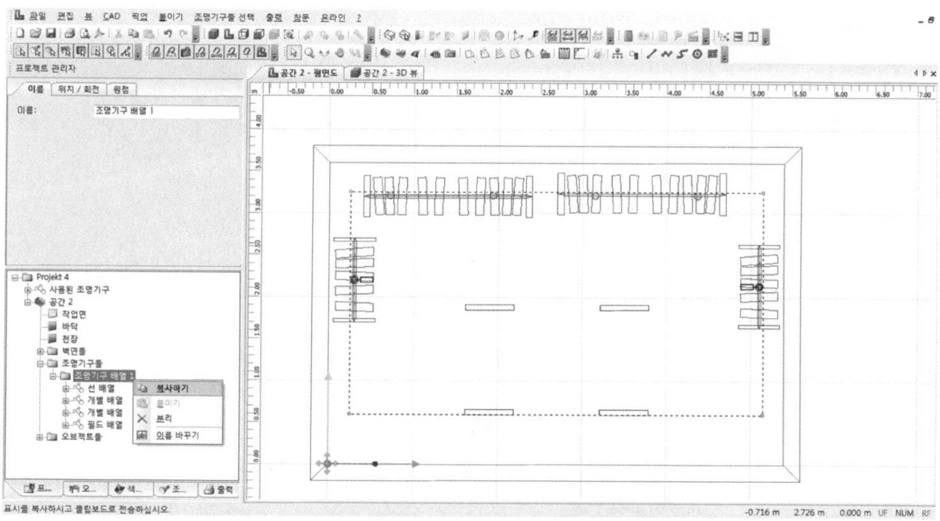

그림 5-93. 새로운 조명기구 배열 변경

사용자는 문맥메뉴에서 전체 조명기구의 배열을 복사, 붙이기 및 분리를할 수 있다. 새로운 조명기구 그룹에서 개별 조명기구를 꺼내려는 경우는 해당 조명기구를 오른쪽 클릭

하여 문맥메뉴에서 조명기구 그룹에서 제거를 클릭한다.

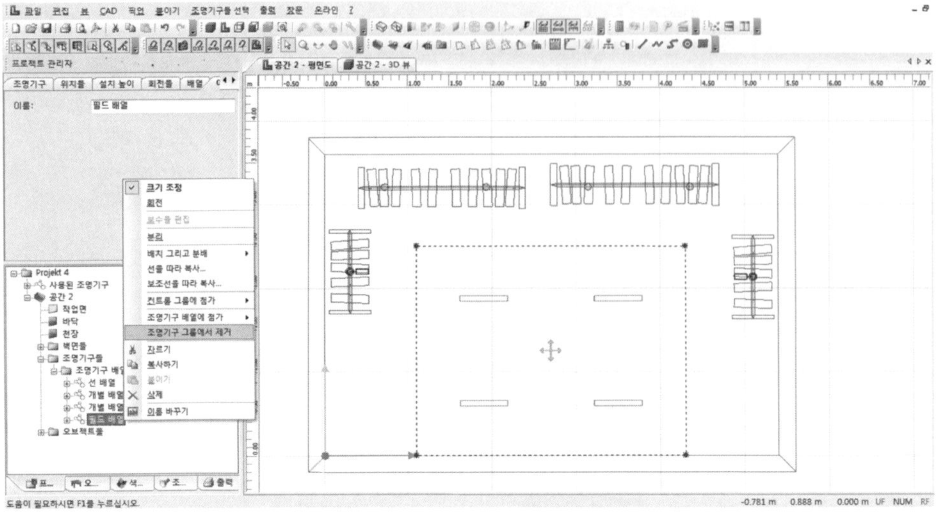

그림 5-94. 조명기구 그룹에서 제거

17) 조명기구 배열의 정렬

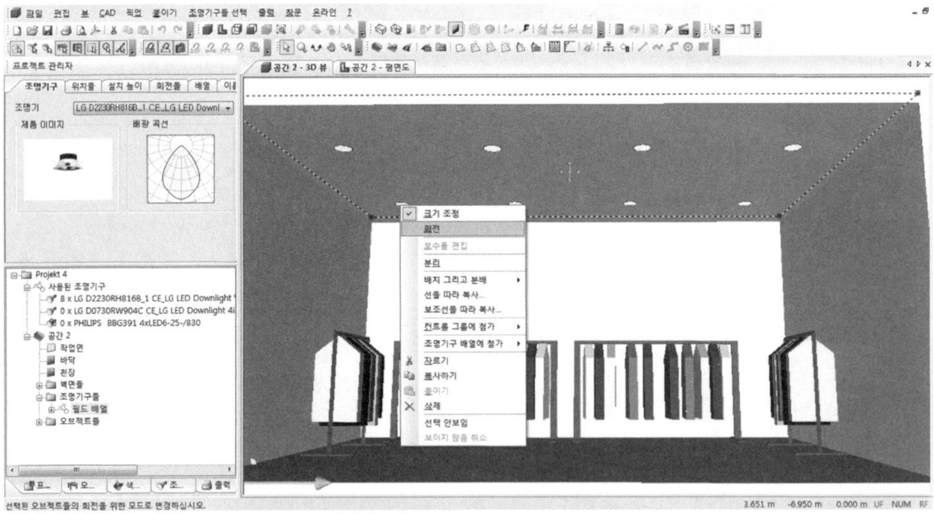

그림 5-95. 조명기구 정렬 - 문맥메뉴

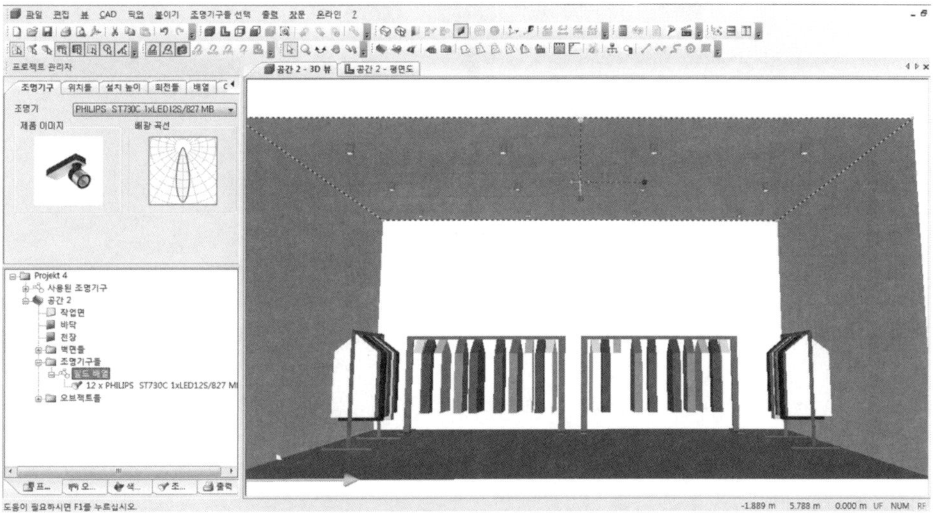

그림 5-96. 조명 점 설정 - 조명기구 배열 영역

사용자는 각각의 조명기구뿐만 아니라 완성된 조명기구 배열을 C90-G0 또는 C0-G0, I max로 정렬할 수 있다.

이 작업을 수행하려면 삽입 된 조명기구의 배열(조명기구 지역, 선 또는 원형 배열, 불구속 조명기구의 배열)을 선택하고 문맥메뉴에서 회전을 선택한다. 조명 포인트(C0-G0, C90-G0 또는 Imax) 설정 기능이 활성화되어 조명기구 배열을 정렬할 수 있다(조명기구 정렬 참조).

18) 조명기구 형상을 포함한 계산

사용자는 조명기구 형상을 계산에 포함할 수 있다. 이는 정상적인 표면 장착형 또는 오목한 조명기구에는 필요하지 않으며 직접 또는 간접적으로 빛을 방출하는 확장 펜던트 조명기구는 자신의 그림자에 매달려 있으므로 조명기구의 형상을 고려해야 한다.

10. 광색(光色)

1) 배경설명

예전의 DIALux는 "백색" 조명만 계산했었다. 조명기구에 의해 분배되는 "광 에너지"의 양은 램프들의 광속(luminous flux)과 조명의 광 출력 비율(light output ratio)에 의해 정의 되었다. 분광 분포, 분포된 방사선의 파장은 고려되지 않았다. 실내 및 실외 조명 디자인은 주로 "백색"의 광원으로 이루어져 있기 때문에 이 방법이 일반적이다. 직사광만 고려하면(반사하지 않고) 계산 값의 경우는 정확하지만 반사광이라는 경우의 수가 생기면 계산에 오류가 발생할 수 있다. 이는 광원의 분광 분포와 재료의 분광 반사에 따라 달라진다.

조명기구의 기술 데이터는 주로 빛의 분포를 설명한다. 잘 알려진 예로는 DIALux 내부 ULD형식, CIBSE TM14, EULUMDAT, IES 등이 있다. 데이터는 조명기구의 광원 중심으로부터 정의된 방향으로 빛의 강도를 설명한다. 주어진 광원으로부터의 빛의 분광 분포에 대한 정보는 없다. 일반적으로 문자정보는 어떤 램프가 사용되는지를 알려 준다. 예를 들면 T5 / 49W 830 램프. 전문가는 이것이 상관된 색온도가 3000K이고 연색지수가 80 이상인 삼파장 형광등(triphosphor fluorescent lamp)인 것을 알고 있다. 빛의 색은 대체적으로 자세히 설명되었지만 정확한 계산은 아니다. 빛이 색상 정보를 포함하여 정확히 계산되려면, 분광 분포(spectral distribution)를 아는 것이 필요하다.

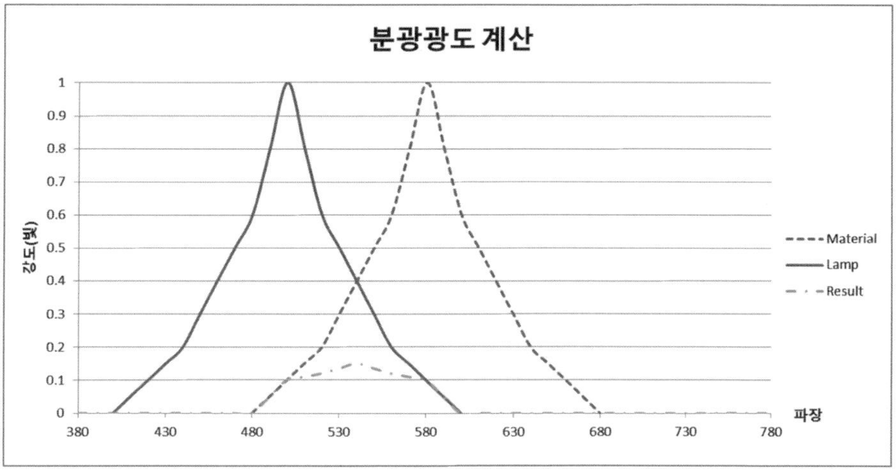

그림 5-97. 분광광도 계산

이 다이어그램에서는 광원의 분광 분포(녹색)와 가시 분광의 재료(적색)의 분광 반사계수를 볼 수 있다. 이 표면에서 반사된 빛은 주황색 선으로 표시된 것과 같은 분광 분포를 갖는다. 지금까지 이 효과는 계산에 고려되지 않았다. 광원의 경우, 가시 분광에 대해 방사선이 일정했으며 총량은 광속에 의해 정의된다. 물질에 의한 반사 계수도 가시 분광에 대해 일정하게 취해졌다.

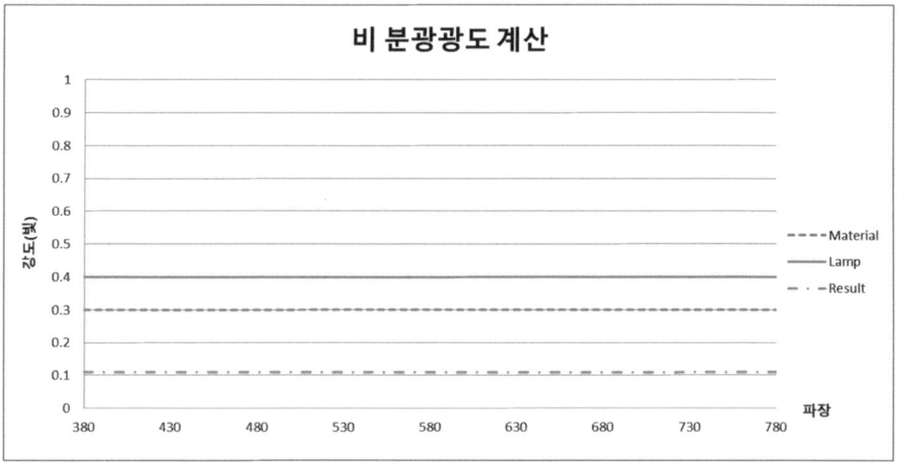

그림 5-98. 비 분광광도 계산

이 효과는 색상조명이나 유색물질을 계산하는데 큰 오차가 발생할 수 있었는데 현재 DIALux는 광원의 분광, 색 필터와 재료를 고려하여 계산에 포함할 수 있다. 램프의 광속은 분광 분포에 주어진 데이터에 따라 개별 파장으로 분배된다. 덕분에 결과는 더 정확해졌고 시각화가 향상되었다. 이제 모든 색상 효과는 렌더링에 표시할 수 있다.

2) 램프 분광 및 광색

램프는 조명기구 플러그인이나 램프 플러그인에 이미 정의된 스펙트럼을 가질 수 있다. 이 경우 가벼운 계산에서는 색상을 고려하기 위해 사용자가 추가 스펙트럼 선택을 수행할 필요가 없다. 일부 조명기구 제조업체는 필터 및 램프 스펙트럼과 함께 자체 조명 카탈로그를 제공한다.

DIALux의 색상 트리에서 텍스처, 색상, 광색(light colours) 및 색상 필터의 하위 폴더를 볼 수 있다. 질감과 색상은 물체(실내 표면, 가구 등)에만 사용되는 반면 광색과 색상 필터는 조명기구와 함께 사용된다. 광색과 색상 필터의 차이는 매우 중요하다.

광색은 램프의 광속 스펙트럼 분포의 결과이다. 광색(light colour) 폴더에는 블랙 방열체(black-body radiator)의 표준 스펙트럼 및 일반 램프에 대한 특정 스펙트럼 분포가 있는 세 개의 하위 폴더가 있다. 공통 램프는 다시 백열 램프, 형광 램프 및 고압 방전 램프로 분류된다.

그림 5-99. 색상 트리의 조명 색상

이 스펙트럼들은 조명 계산에 사용할 수 있으며 쉽게 조명기구에 씌울 수 있다. 스펙트럼이 선택된 경우, 인스펙터는 상관 색온도, 분광 분포와 컬러 묘사 지수에 대한 정보를 보여준다.

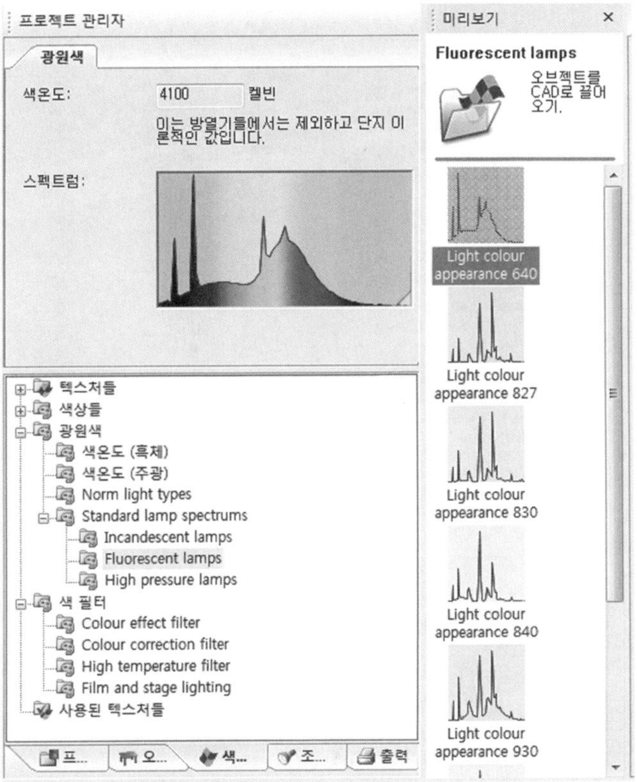

그림 5-100. 선택한 스펙트럼의 색상 정보

색상 트리에서 스펙트럼을 선택하면 인스펙터는 분광 분포의 그래픽 미리보기와 상관된 색온도 값을 보여준다. 이 값은 방사에 대해서는 정확하다. 이 스펙트럼의 색상 모양은 스펙트럼 자체의 배경색으로 오른쪽에 표시된다.

인스펙터에서 다이어그램의 오른쪽 아래 모서리를 클릭하면 광원의 분광 방사로 조명된 CIE 시험 색상 샘플의 미리보기가 표시된다. 각각의 색상 샘플을 위해 연색지수가 제공되고 Ra도 계산된다.

디스플레이는 광원의 색상 렌더링 및 색상 매칭 특성을 지정하는 것이다.

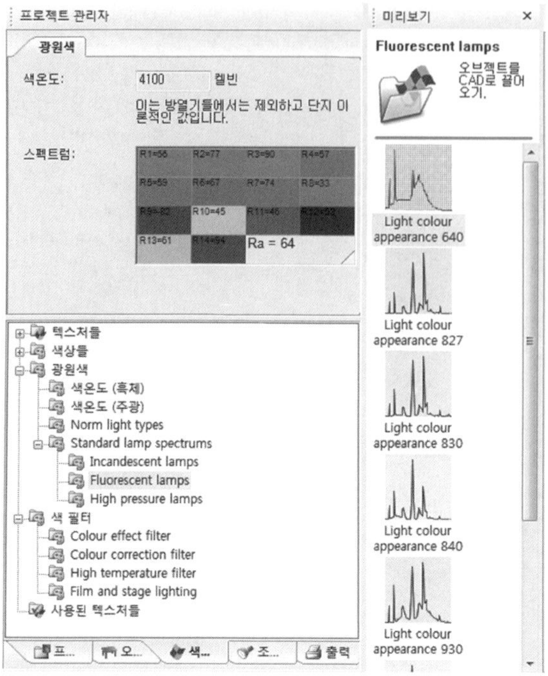

그림 5-101. CIE 테스트 색상의 색상 렌더링 색인(CIE 13.3)

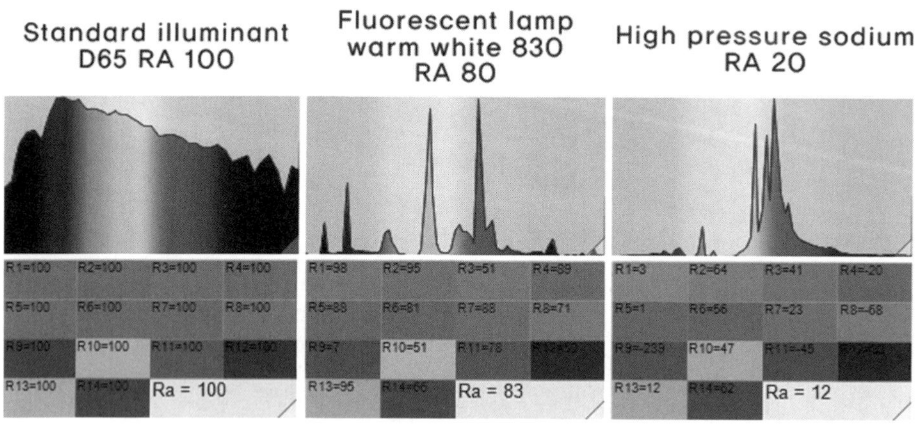

그림 5-102. 다양한 광원의 스펙트럼 및 연색성 특성

연색지수(CRI, color rendition index)라고도 하는 CRI는 소스에서 점등되는 다양한 오브젝트의 색상을 재현하는 광원의 기능을 측정한 것이다. 국제 조명 위원회(CIE)에서 고안

한 방법이다. 최소값 CRI 0부터 최대값 CRI 100 사이에 지정된다. CRI는 시험 광원의 연색성(조명이 물체의 색감에 영향을 미치는 현상)이 5000K이상의 색온도를 가진 광원을 제외하고 일반적으로 흑체 복사인 "완벽한" 광원의 연색성과 비교하여 측정되며, 이 경우 시뮬레이션 된 일광(예: D65)이 사용된다. 조명기구에 스펙트럼을 추가하려면 스펙트럼을 조명기구 위에 드래그 하면 된다.

배열 내의 모든 조명기구(필드, 선, 원 또는 단일)는 해당 스펙트럼을 얻는다. 단순하게 배열 내의 단일 조명에 스펙트럼을 추가하려면, Shift 키를 누르면서 마우스로 드래그 하면 된다. 짧은 시간 동안 깜박여서 필터 교체를 나타낸 뒤 발광 표면이 광원의 색상으로 나타난다(사용 가능한 경우 컬러 필터 포함). 실내 또는 외부 장면의 모든 조명기구에 스펙트럼을 넣으려면 Ctrl 키를 누른 채로 조명기구에 드래그 앤 드롭 한다.

원 배열 조명기구는 각 발광 객체에 대해 개별적으로 스펙트럼 및 필터를 얻을 수 있다.

조정 가능한 요소가 있는 조명기구에 필터를 드래그하면 동일한 배열과 모든 조명 출력의 조명기구가 스펙트럼 / 필터를 갖게 된다.

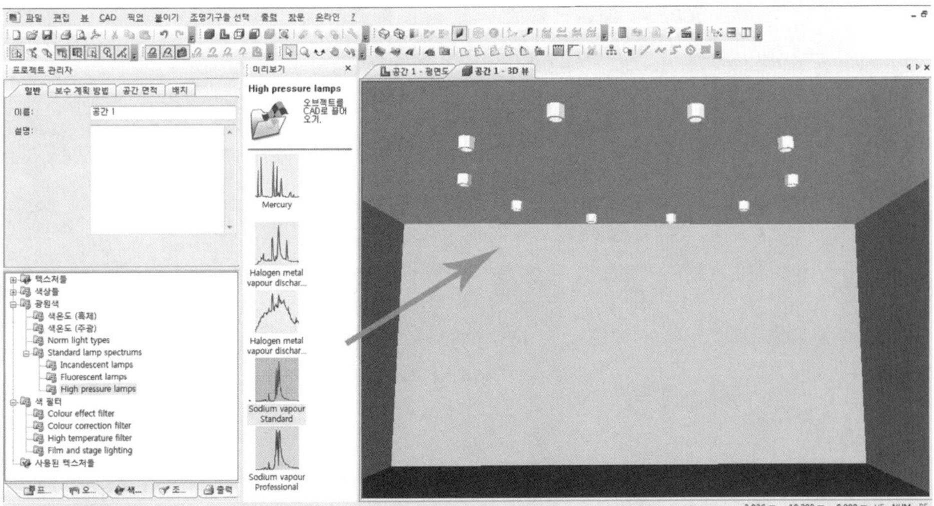

그림 5-103. 원배열 조명기구에 스펙트럼 드래그 앤 드롭

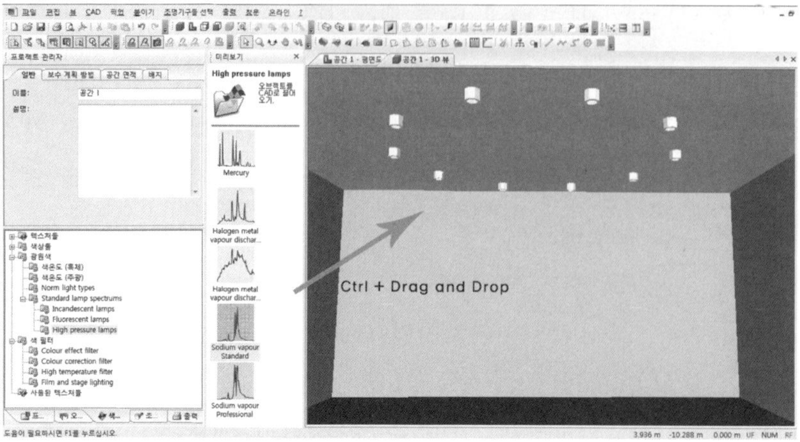

그림 5-104. 컨트롤을 누른 상태에서 필터 / 스펙트럼 드래그 앤 드롭

이 필터는 단독 조명기구 배열(중앙에) 또는 다른 종류의 조명기구에 있는 동일한 유형의 조명기구에는 사용되지 않는다.

Ctrl 키를 누른 상태에서 필터/ 스펙트럼을 드래그 앤 드롭 하면, 모든 조명기구와 모든 발광 요소의 스펙트럼을 얻는다. 이는 다른 유형과 다른 배열을 포함한다.

> 중요: Shift 키를 누르고 있으면 마우스로 선택한 해당 발광 소재만 필터를 가져온다.

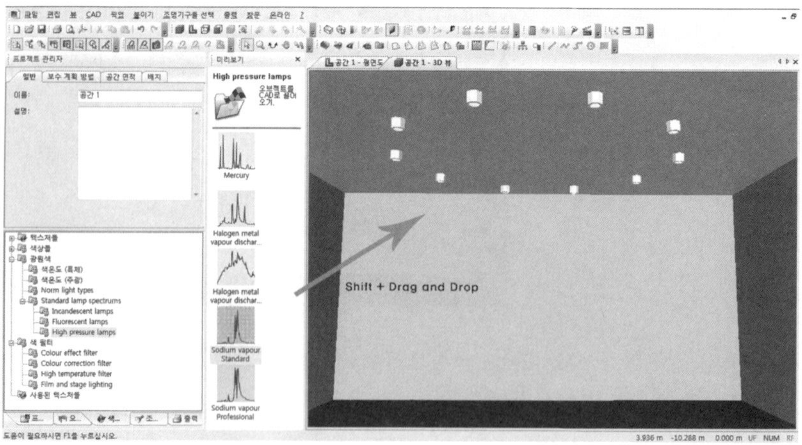

그림 5-105. Shift 키를 누른 상태에서 원배열 조명기구에 스펙트럼 / 필터를 드래그 앤 드롭

스펙트럼을 조명기구에 추가하면 속성 페이지의 “광원색” 탭은 램프 스펙트럼을 표시하고, 필터 스펙트럼과 결과 색상 데이터의 결과를 표시한다. “광원색(lamp colour)”라인에는 램프 스펙트럼의 이름이 표시된다.

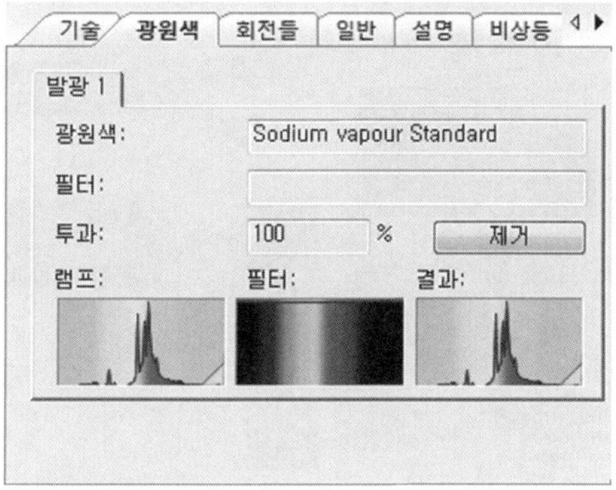

그림 5-106. 램프, 필터 부착 발광의 스펙트럼.

오른쪽 하단에 있는 삼각형을 클릭하여 Ra 값을 얻을 수 있다.

3) 색 필터

광학 필터는 빛을 선택적으로 투과시키는 장치이며(종종 빛의 색 범위를 나타내는 특정 범위의 파장 범위) 나머지는 차단한다. 필터는 원하지 않는 파장의 범위만을 차단할 수 있다. 사용자가 사용하기 원하는 색은 광원의 분광 복사의 일부여야 한다. 예를 들어, 백열전구의 스펙트럼 분포에는 청색광의 양이 적다. 파란빛의 채도를 높이려면 다른 광원을 사용하는 것이 좋다.

DIALux에는 수백 가지 컬러 필터가 있다. 이것들은 DIAL의 측광 실험실에서 분광 복사를 측정한 명확한 필터이며 필터의 사용법에 따라 DIALux 색상 트리의 하위 폴더에 저장된다. 일련의 번호들은 사용 가능한 제품의 번호 매기기에 따른 것이다. 미리보기에서 표준 광원 D65를 함께 사용하면 색상 외관과 투과율을 볼 수 있다.

장면의 단독 조명에 광색을 추가하려면 Shift 키를 누른 상태에서 드래그하며 장면의 모든 조명에 광색을 추가하려면 Ctrl 키를 누른 상태에서 드래그 한다.

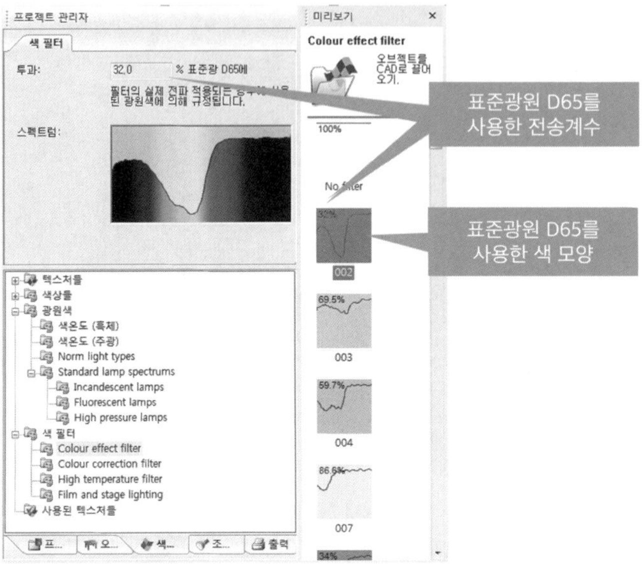

그림 5-107. 색 필터의 기술 데이터

4) 색 필터와 광원의 분광 분포와 상호작용

대부분의 조명 계산 소프트웨어는 광원마다 하나의 스펙트럼 또는 RGB 값만을 가지고 있다. 그러나 이것은 전문 조명 디자이너에게는 충분하지 않으며 결과물의 컬러는 광원의 스펙트럼과 필터의 투과 스펙트럼에 의해 정의된다.

조명에 동일한 색상 필터를 사용했어도 광원이 달라지면 결과 스펙트럼이 달라진다. 하나는 고압 나트륨 램프이고 다른 하나는 메탈할라이드(할로겐화물) 램프인 경우를 예로 들 수 있다.

필터를 제거하려면 색상 속성 페이지에서 "제거"버튼을 클릭하거나 조명기구에 "필터 없음" 필터를 드래그하여 놓는다. "필터 없음" 필터는 항상 필터 하위 폴더의 상단에 있다.

5) 광선 추적의 광색

사용된 광색 및 색 필터는 자동으로 POV RAY에 전달된다. 광선 추적 시각화에서 색상을 사용할 필요가 없다.

6) 화이트 밸런스

화이트 밸런스는 모니터에 묘사하는 장면에서 조명의 색온도를 조정하는 데 사용된다. 비디오 및 사진의 디지털 또는 아날로그 기록은 올바른 사진을 위해 화이트 밸런스를 사용하는 옵션을 제공한다. 이것은 색채 적응을 위한 인간의 눈의 능력을 모방했다.

보기(view) 메뉴에서 사용자는 "화이트 밸런스 설정"을 선택할 수 있다. 이 기능을 선택하면, 화이트 밸런스 사용에 대한 다른 설정을 선택할 수 있다. 모니터에는 화이트 밸런스나 색온도 설정이 있는데 이러한 설정은 소프트웨어 설정을 방해할 수 있다.

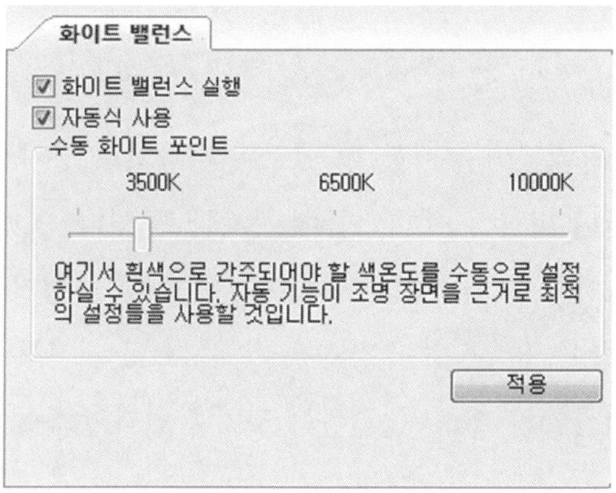

그림 5-108. 화이트 밸런스 조정

"화이트 밸런스 실행" 체크 박스를 선택 해제하면 비현실적인 렌더링의 표시 및 색상 캐스트를 제공할 수 있으므로 자동 모드를 사용하는 것이 좋다. 수동 보정이 필요한 경우, 자동 모드를 전환하고 렌더링에서 색온도 슬라이더를 조정한다.

11. 조명 장면과 제어 그룹

1) 정의

DIALux는 DALI 기반의 동적 조명 제어 계획을 지원한다. 여기에는 조명기구 그룹, 스위치와 디밍 레벨을 정의하고 조명 장면을 계산하고, 쉽게 구현할 수 있도록 계획 결과를 시각화하고 처리할 수 있다. 조명 장면은 예로 들면 디밍 레벨, 조명 색상, 조명기구와 LDC의 상하좌우 이동과 같이 포함된 컨트롤 그룹의 변경 가능한 특성을 정의한다. 조명 장면에서 조명기구 배열의 그룹은 "제어 그룹"이라고 한다.

2) 요구 사항

모든 조명기구는 제어 그룹에 추가할 수 있으며 각각의 조명기구는 배치 내에 포함할 수 있다. 조명기구는 하나 이상의 제어 그룹에 존재할 수 있다. 조명 장면은 하나 또는 여러 개의 제어 그룹을 포함할 수 있다. 컨트롤 그룹은 동일한 조명기구를 포함하는 밝은 장면에서는 동시에 존재할 수 없다. 조명 장면을 전체적으로 계산하거나 조명 장면에 필요한 모든 제어 그룹을 계산할 수 있으며, 결과는 조명 장면의 변화에 의해 쌍방향으로 변경할 수 있다.

3) 제어 그룹과 조명 장면의 프로젝트 생성

새로운 객실을 삽입하고 첨부된 속성 페이지의 모든 설정을 적용한다(객실 데이터 편집 참조). 그 다음으로 프로젝트에 사용할 조명기구를 삽입할 수 있다. 제어 그룹에 할당할 조명기구들을 선택한다. 조명기구 필드를 삽입 한 경우 단일 조명기구를 선택할 가능성이 있으므로 "개별 조명기구들의 선택" 기능을 활성화해야 한다. DIALux는 하나 또는 여러 개의 제어 그룹에 조명기구 배열을 추가할 수 있는 옵션을 제공한다.

메뉴의 붙이기 ▶ 컨트롤 그룹에서뿐만 아니라 CAD창의 문맥 메뉴에서 또는 프로젝트 관리자에서 새 조명 그룹이나 기존 제어 그룹에 선택한 조명기구를 추가할 수 있다.

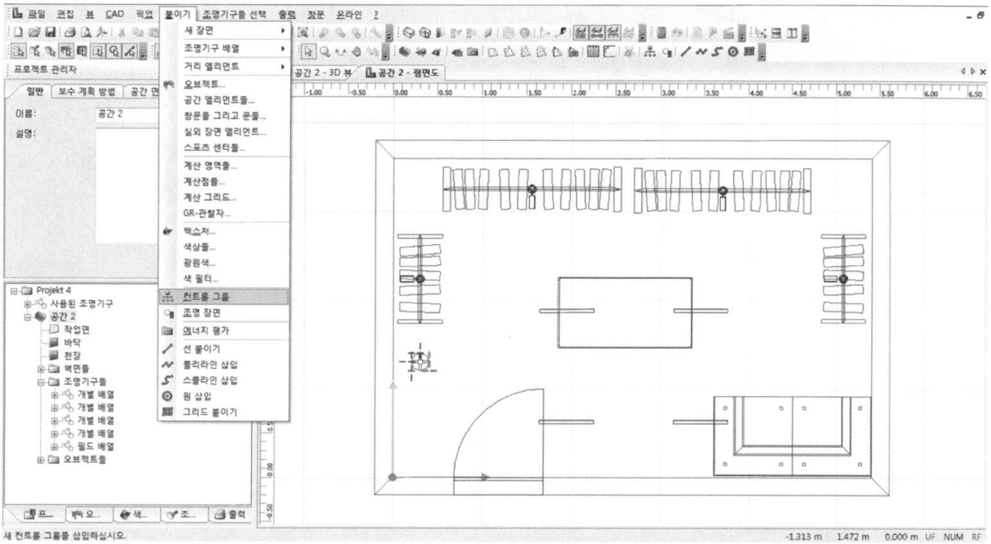

그림 5-109. 메뉴를 통한 컨트롤 그룹 붙여 넣기

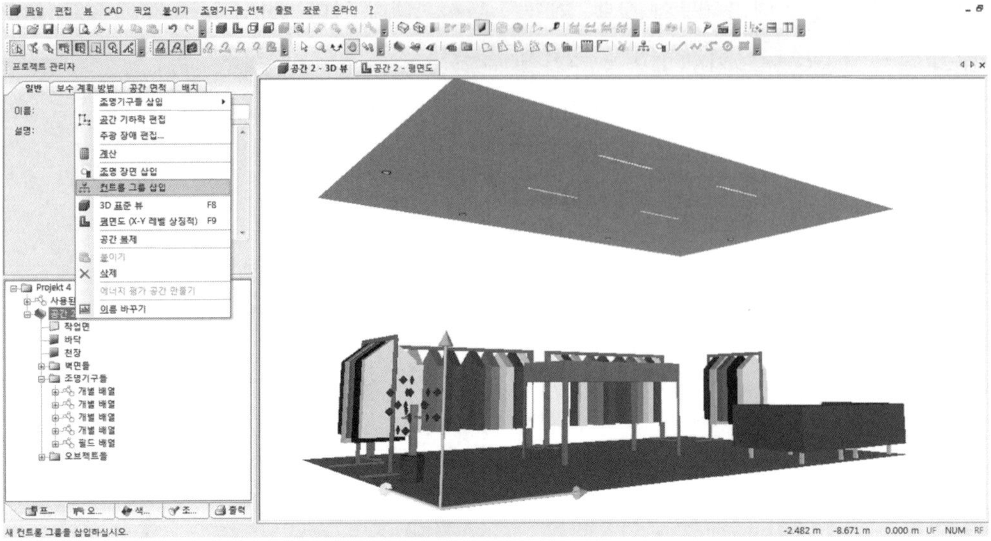

그림 5-110. 컨트롤 그룹 붙여 넣기 - 객실의 상황에 맞는 메뉴

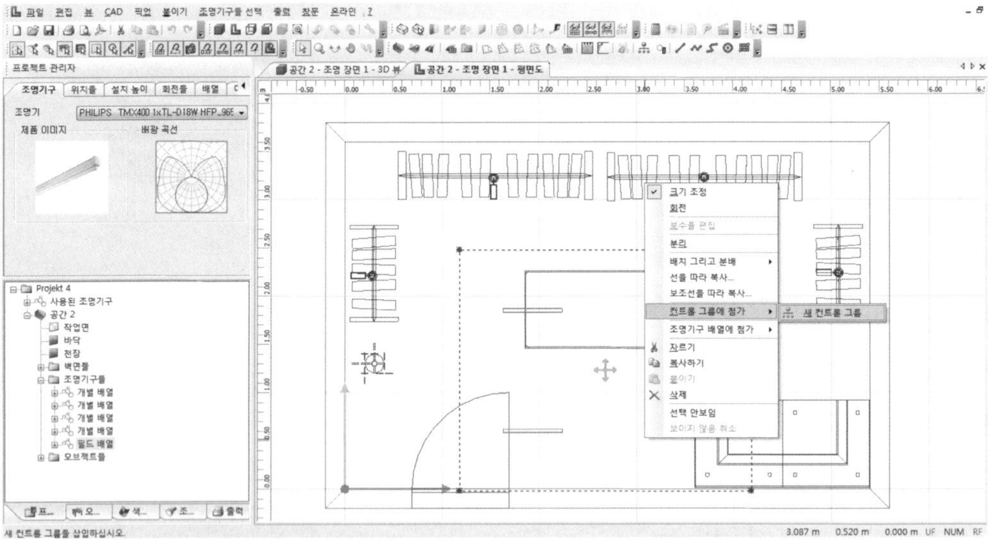

그림 5-111. 컨트롤 그룹 붙여 넣기 - CAD보기의 문맥메뉴

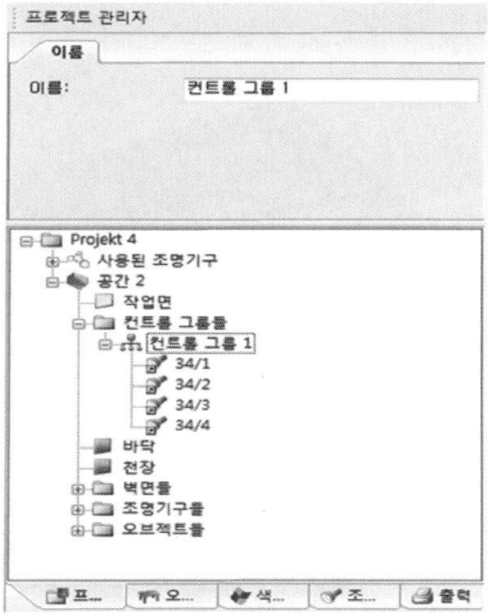

그림 5-112. 컨트롤 그룹의 속성 페이지

조명기구를 삭제하는 경우에는 해당 제어 그룹에 속해 있으면 해당 제어 그룹에서 같이 지워진다.

붙이기 메뉴에서 프로젝트에 조명 장면을 삽입할 수 있다.

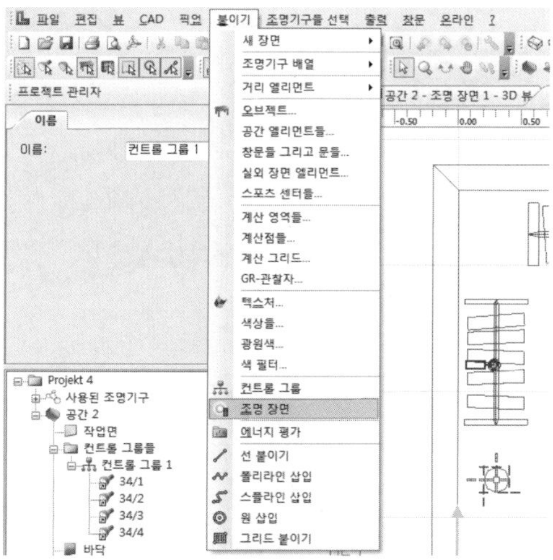

그림 5-113. 메뉴를 통한 조명 장면 삽입

또는 객실의 문맥 메뉴에서 조명 장면을 삽입하는 옵션도 있다.

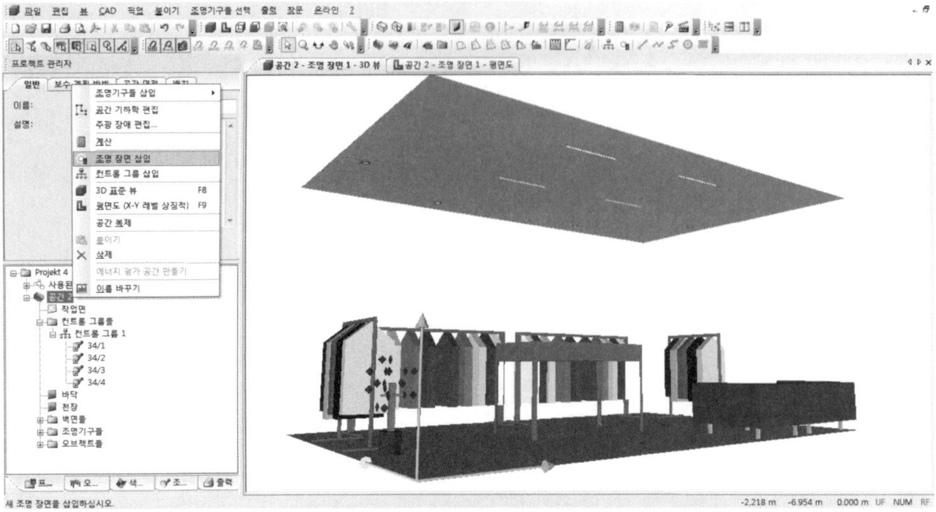

그림 5-114. 방의 상황에 맞는 메뉴 - 조명 장면 삽입

제어 그룹이 이미 삽입 된 경우 각 제어 그룹의 문맥 메뉴를 마우스 오른쪽 단추로 클릭한 후 새로운 조명 장면을 추가할 수 있다.

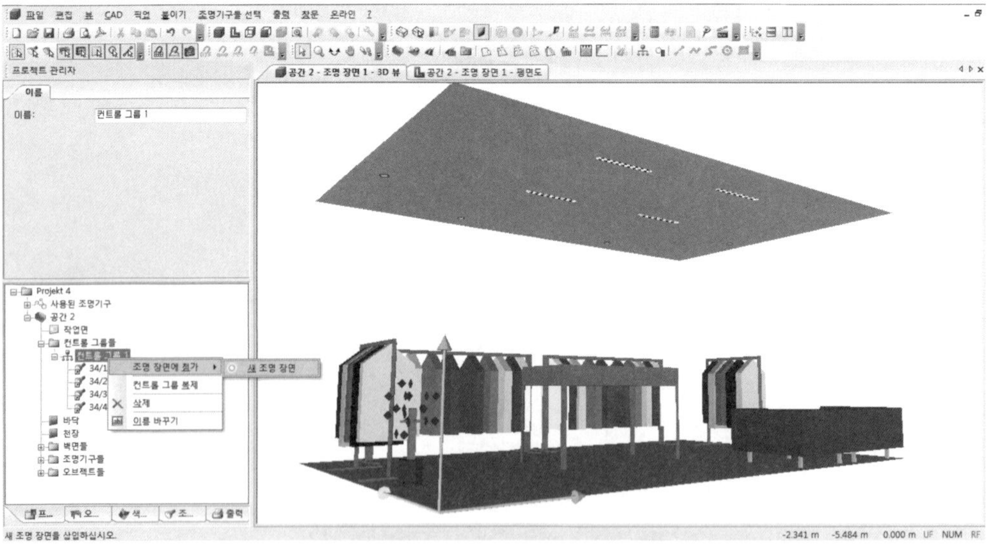

그림 5-115. 컨트롤 그룹의 문맥메뉴 - 조명 장면에 첨가

프로젝트 관리자에서 조명 장면을 선택하면 함께 제공되는 속성 페이지가 열린다. 조명 장면의 제어 그룹도 마찬가지이다. 조명 장면의 속성 페이지에서는 사용자가 정의할 수 있는 조명 장면의 이름이 들어있다. DIALux는 조명 장면을 비상조명 장면으로 정의하고 계산에서 천장에 첫 번째 반사를 포함시키는 옵션이 있다. 조명 장면 속성 페이지의 체크 박스에서 이러한 조정을할 수 있다.

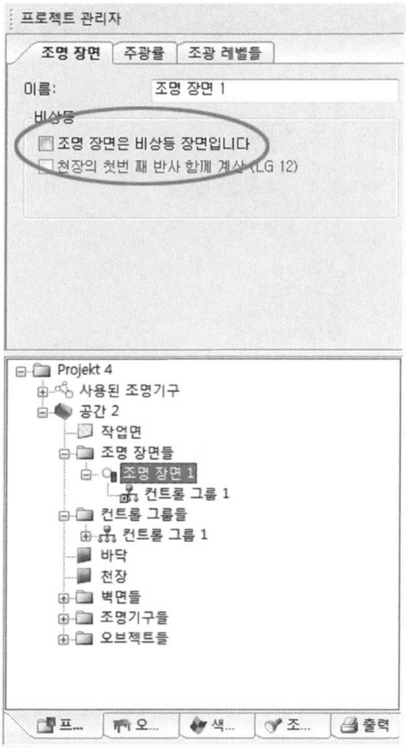

그림 5-116. 조명 장면의 속성 페이지 - 조명 장면

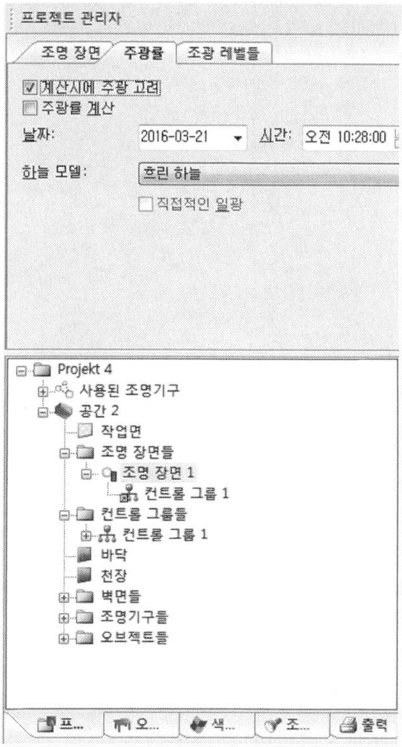

그림 5-117. 조명 장면의 속성 페이지 - 주광률

주광률(daylight factors) 탭은 일광 계산을 위한 태양의 위치를 결정할 수 있다. 일광과 관련하여 프로젝트 관리자에서 다양한 설정을할 수 있다. 계산하는 동안 일광을 포함하는 확인란을 활성화해야 일광을 고려해서 계산한다. 확인란이 비활성화 되어있는 경우, 객실은 일광 없이 계산된다.

객실의 개별 또는 모든 조명 장면은 동시에 계산할 수 있다.

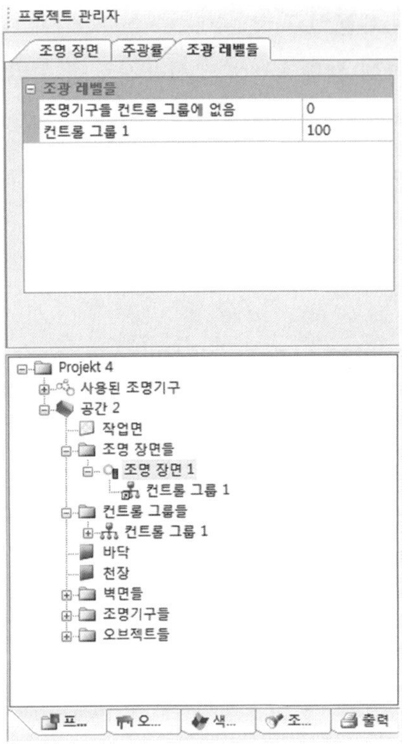

그림 5-118. 조명 장면의 속성 페이지 - 디밍

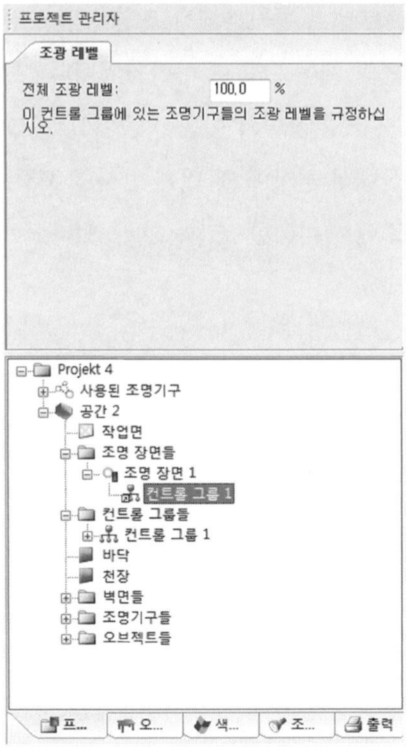

그림 5-119. 컨트롤 그룹의 속성 페이지 - 밝기 조절 값

속성 페이지 디밍 값에서 디밍 레벨이 있는 컨트롤 그룹이 편집 가능한 목록에 설정된다.

사용자는 CAD창에 표시되는 사용 조명기구의 디밍 설정 수준을 확인하고 해당 속성 페이지에서 편집할 수 있다. 메뉴 표시 줄에 있는 아이콘을 통해 디밍 수준을 켜고 끌 수 있다. 또한 여러 개의 조명 장면이 존재할 경우 개별 조명 장면 사이에 변경할 수 있는 화살표 옵션이 있다.

그림 5-120. CAD에서 디밍 값 및 조명 장면을 표시하기 위한 아이콘

하나 이상의 광 출력을 가진 조명을 사용하는 경우, 각 발광 개체에 대한 디밍값을 개별적으로 조정할 수 있다. 조명 장면의 제어 그룹 속성 페이지에서 각 조명의 디밍값을 정의할 수 있다. 이 디밍값은 제어 그룹의 디밍값을 곱한 것이다.

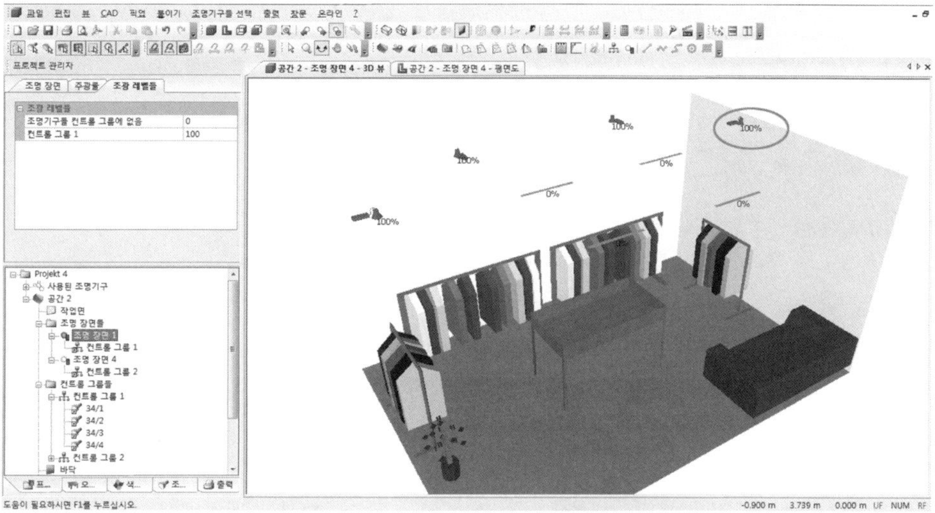

그림 5-121. CAD에서 볼 수 있는 디밍 값

예를 들면 대조군은 100% 희미해 지게 된다. 제어 그룹에서 직접 및 간접 광출력을 가진 독립적인 조명기구가 있다. 직접 조명은 끄고 간접 조명을 완전 점등한다.

> 설정: ▸ 대조군의 조광 값: 100 %
>
> 직접 광 출력: 0 % ▸총: 100 % X 0 % = 0 %
>
> 간접 광 출력: 100 % ▸총: 100 % X 100 % = 100 %

간접광을 50 %로 희미하게 해야 하는 경우, 제어 그룹 또는 개별조명 중에 하나를 어둡게할 수 있다.

> 어느 한쪽 ▸ 총: 50 % X 100 % = 50 % 또는 ▸ 총: 100 % X 50 % = 50 %

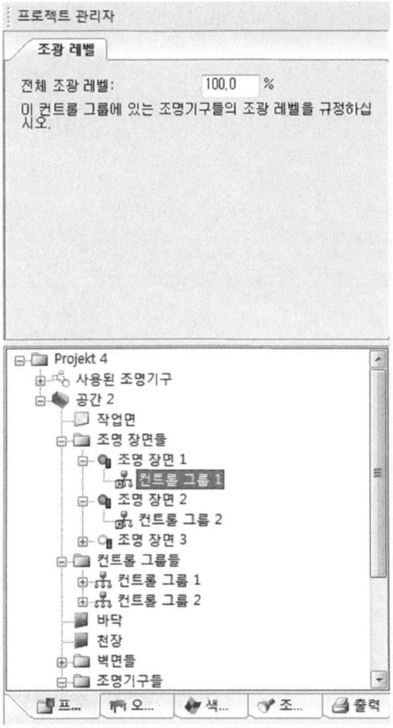

그림 5-122. 개별 조명 출력을 개별적으로 디밍

객실에 조명 장면이 들어있지 않은 경우에는 디밍레벨이 계산되지 않는다.

4) 제어 그룹과 조명 장면 수정

사용자는 조명 장면 뿐만 아니라 제어 그룹을 복제할 수 있다. 다른 디밍 수준을 가진 동일한 조명을 사용할 경우에는 이 작업 방법으로 쉽게 구성할 수 있다. 조명 장면 또는 제어 그룹의 문맥 메뉴에서 이 기능을 찾을 수 있다.

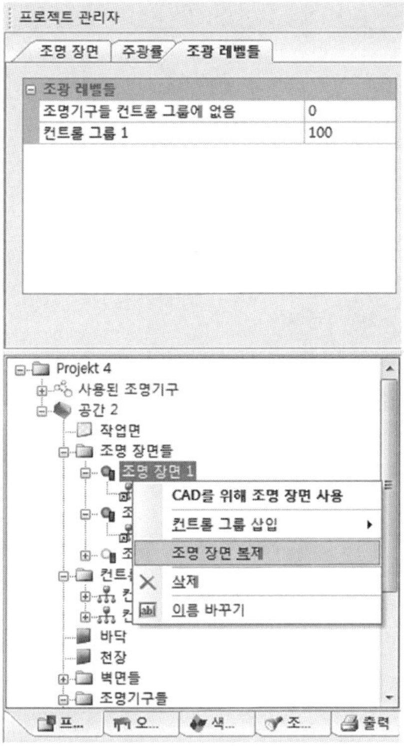

그림 5-123. 조명 장면 또는 컨트롤 그룹의 복사

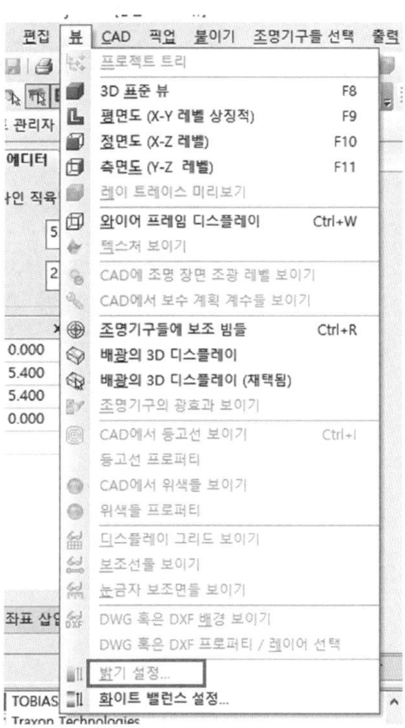

그림 5-124. 메뉴를 통해 밝기 조정

계산되는 객실의 밝기 분포의 기능은 메뉴 뷰 ▸ 밝기 설정에서 접근할 수 있다. 또는 CAD 창에서 문맥 메뉴를 이용한다.

그림 5-127. 밝기 설정 - CAD window

밝기 속성 페이지는 객실의 밝기 분포를 설정할 수 있다. 원하는 위치에 밝기 제어를 이동 한 후, 적용 버튼을 클릭하면, 현재 표시된 창의 3D 렌더링을 갱신한다.

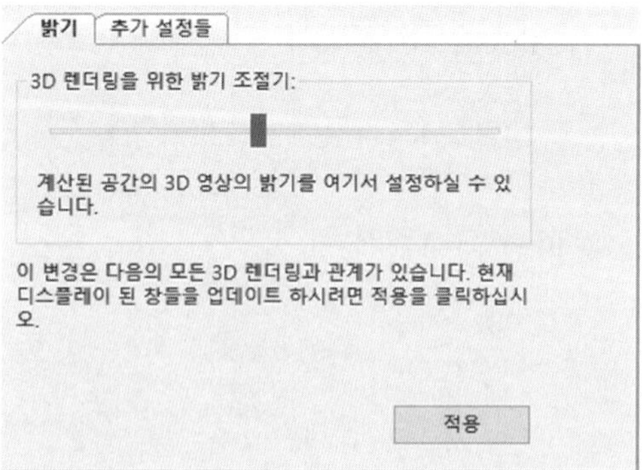

그림 5-125. 3D 렌더링을 위한 밝기 제어

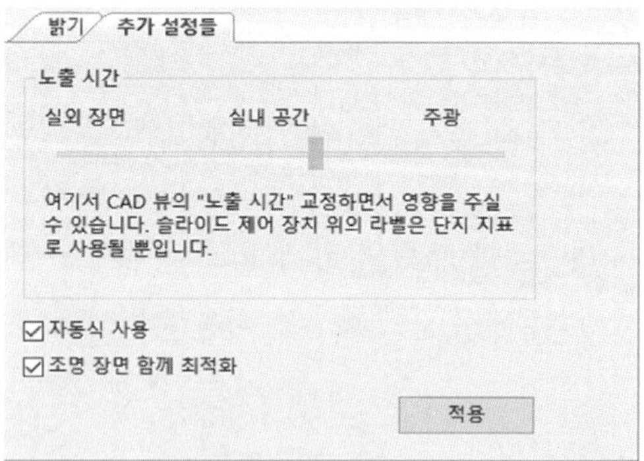

그림 5-126. 추가 설정

추가 설정 탭에서는 CAD의 노출 시간을 수정할 수 있다. 또한 체크 박스를 통해 조명 장면을 최적화할 수 있는 옵션이 있다.

12. 일광 계산

DIALux는 일광 계산의 광범위한 지원에 의해 보완된다. 현재 일광 장면은 내부 및 외부 장면에서 주광의 영향을 간단히 계산할 수 있다. 직사광선뿐만 아니라 다른 하늘 모델(맑은 날씨, 흐린 날씨, 부분적으로 흐린 날씨)은 계산에 영향을 미친다. 물론 일광 차단뿐만 아니라 위치, 시간 및 정렬이 계산과 함께 고려된다.

1) 기본

버전 4의 도입 이후 DIALux는 일광을 계산할 수 있다. 특별한 모드가 필요하지는 않다. 외부 장면에서 일광은 기본적으로 계산할 수 있으며 객실에 창문이나 채광창이 존재 할 때 일광계산이 가능하다. 계산을 위한 기초로 DIN 5024와 CIE 간행물 110이 사용된다. 스카이돔은 일기상태, 위치, 날짜 및 시간에 따라 휘도를 얻는 매개 변수화 된 발광 표면으로 나뉜다. "직사광선 사용" 옵션에 따라 광원으로 태양을 계산한다. 계산은 다음 단계로 수행된다.

1. 모든 표면(천장 안쪽과 바깥 쪽)의 채광창 계산
2. 모든 표면에서 직사광선 계산
3. 조명기구의 직접적인 빛의 계산(사용 가능한 경우)
4. 간접적인 구성 요소의 계산

DIALux는 내부와 외부의 계산을 구분하지 않으며 일광 계산을 수행하려는 경우, 적절한 조명 장면을 삽입해야 한다.

2) 일기상태

DIALux의 일기상태는 CIE 110-1994 "일광의 공간적 분포 - 다양한 일기에 따른 휘도 분포"와 일치한다. 따라서 하늘의 모든 지점에 휘도가 할당된다. 휘도는 태양 고도, 태양 방위각, 하늘 고도와 하늘 고도의 방위각에 따라 달라진다.

3) 조명 장면

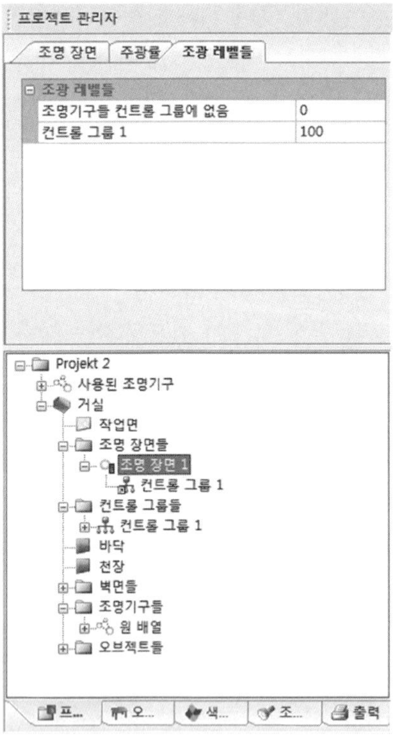

그림 5-127. 컨트롤 그룹의 디밍 값 지정

DIALux는 프로젝트에 조명 장면을 정의할 수 있는 가능성을 제공한다. 이를 위해 객실 또는 외부 장면에서 마우스 오른쪽 버튼을 클릭하거나 삽입 메뉴로 조명 장면을 삽입한다.

조명 장면에서 조명기구는 개별조명 또는 디밍 수준을 가진 컨트롤 그룹으로 제공할 수 있다. 마찬가지로 일광 상태를 정의할 수 있다.

일광 계산을 수행하려면, 조명 장면이 객실에 있어야 한다.

4) 일광계산

프로젝트가 시작되면, 조명설계를 하고자 하는 건물의 위치(global position)를 먼저 정의해야 한다.

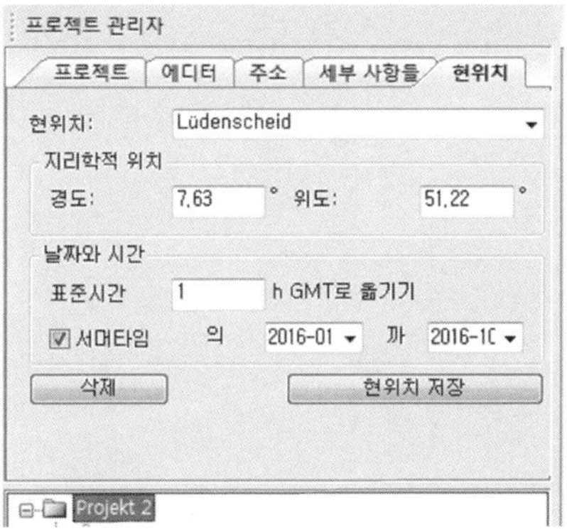

그림 5-128. 위치 설정

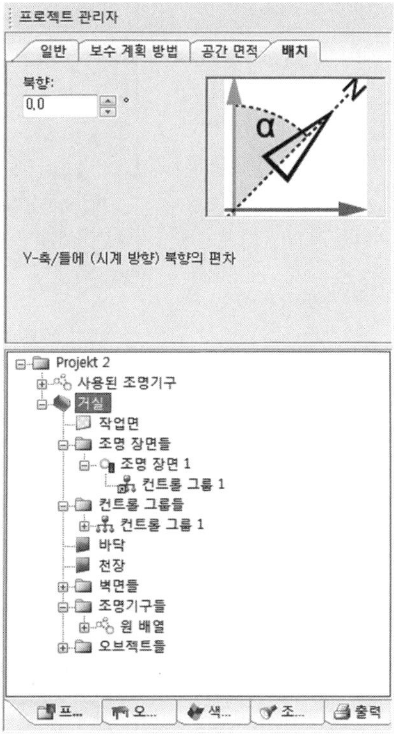

그림 5-129. 방위 설정

여기서 사용자는 임의의 위치를 선택할 수 있다. DIALux는 모든 대륙의 장소에 대하여 위도와 경도뿐만 아니라 시간대까지 포함한 아주 긴 목록을 제공한다. 다른 곳을 임의로 추가할 수 있다.

북쪽 방향은 각각의 경우에 객실 또는 외부 장면에 대해 정의할 수 있다. 이것을 쉽게 인식하기 위해, 북쪽 화살표가 좌표 원점 근처에 그려진다.

객실 창문이나 채광창은 이전과 같이 계획에 포함되어야 한다. 이들은 "라인을 따라 복사(copy along a line)" 기능을 사용하는 경우 선 또는 필드로 쉽게 배치할 수 있다.

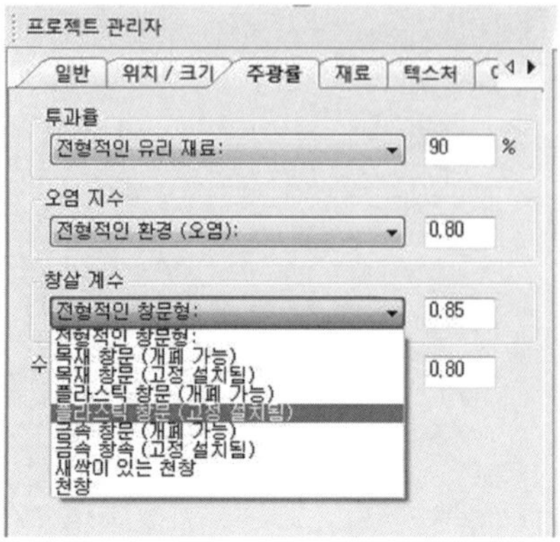

그림 5-130. 주광률 편집

물론 창문 및 천공광의 모든 중요한 매개 변수를 정의할 수 있다. 평소 DIALux는 가장 최신의 선택사양을 이미 포함한다.

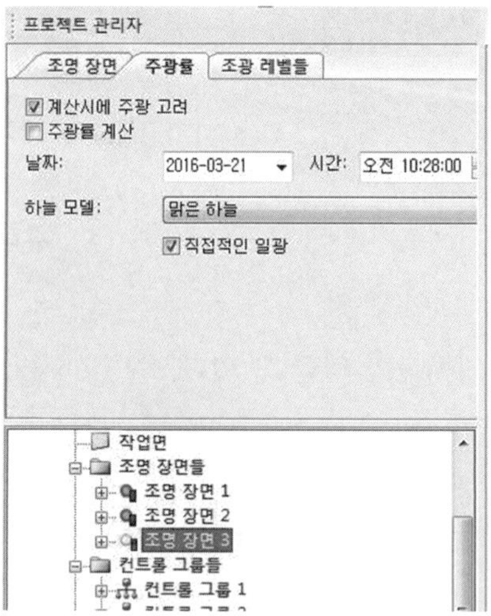

그림 5-131. 주광률

일광을 가진 조명 장면을 계산하려면 필요한 계산 옵션을 조명 장면에 배치해야 한다. "일광지수 계산" 체크 박스가 활성화 된 경우, 그에 따라 설정이 적용된다.

- 흐린 하늘의 하늘 모델
- 일광 없음
- 고려할 조명기구가 없음

결과적으로 평소와 같이 시각화를 포함한 계산을 얻고, 작업 평면의 구성 요소로 일광 지수를 출력한다. 다른 위치에서 일광 지수를 알고 싶은 경우에, 사용자는 적절한 계산 표면이나 계산점을 삽입할 수 있다.

다음 그림에 작업 평면의 차트 값이 표시된다. 현재(베타 버전)는 일광 지수는 표시되지 않지만 적절한 위치에 조명이 표시된다. 또한 Dmin, Dmax와 Dm의 출력은 백분율 값으로 표시해야 한다.

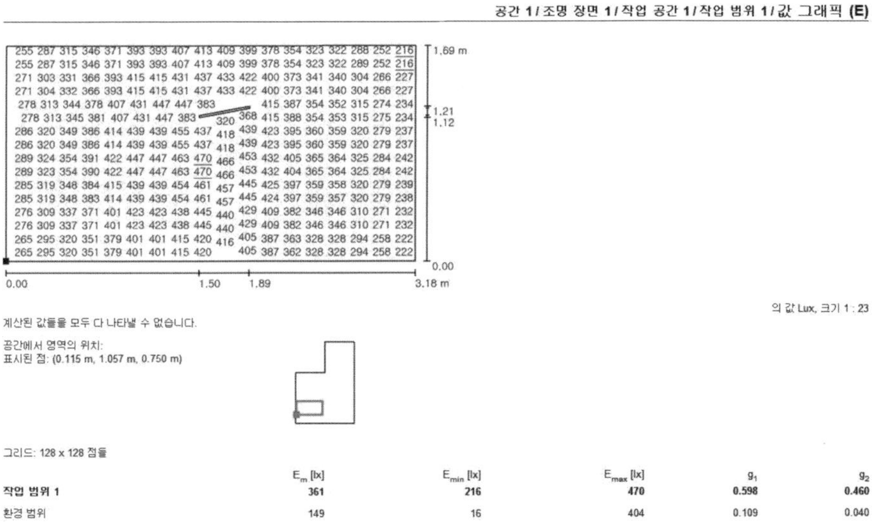

그림 5-132. 출력 – 작업 좌표 값

13. 계산 표면과 계산 개체

가구 트리에서는 계산 표면 또는 작업 영역을 DIALux에 삽입할 수 있다. 이렇게 하려면 계산 표면을 선택하고 드래그&드롭을 통해 해당 개체를 CAD 창으로 이동한다.

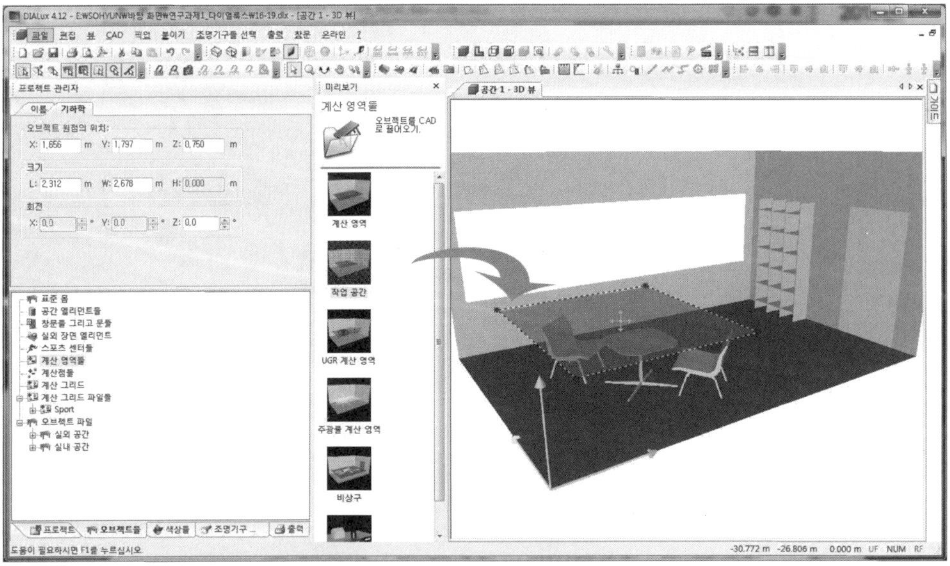

그림 5-133. 계산 표면 또는 작업 영역 삽입

1) 계산 표면

그림 5-134. 투명한 계산 표면

계산 표면은 조도를 "측정"할 수 있는 영역이다. 다양한 계산 표면의 표준이 존재한다. 예를 들어, 작업 평면, 병원의 정확한 판독 수준 등이 있다.

계산 표면은 예에서 보는 것처럼 투명한 표면으로 표시된다. 투명한 표면은 계산 결과를 제공하는 표면이다. 다른 측면에서 볼 때 표면은 보이지 않으며 보이지 않는 측면에 대한 결과는 계산되지 않는다. 이러한 개체들은 모든 가구처럼 크기를 조절하고 회전시킬 수 있다. 예외로 창문과 문은 항상 각각의 벽에 평행하게 잇는다.

2) 계산 그리드

DIALux를 사용하면 계산 표면뿐만 아니라 계산 그리드도 삽입할 수 있다. 계산 표면과의 기본적인 차이는 계산 지점 수의 제한이다. 계산 그리드는 많은 수의 관련 출력이 있다. 모든 경기장은 적어도 하나 이상의 계산 그리드가 있다. 계산 그리드를 추가 삽입하는 옵션도 있다. 메뉴의 붙이기 ▶ 계산 그리드 또는 프로젝트 트리 아래의 개체(object)에서 이를 찾을 수 있다.

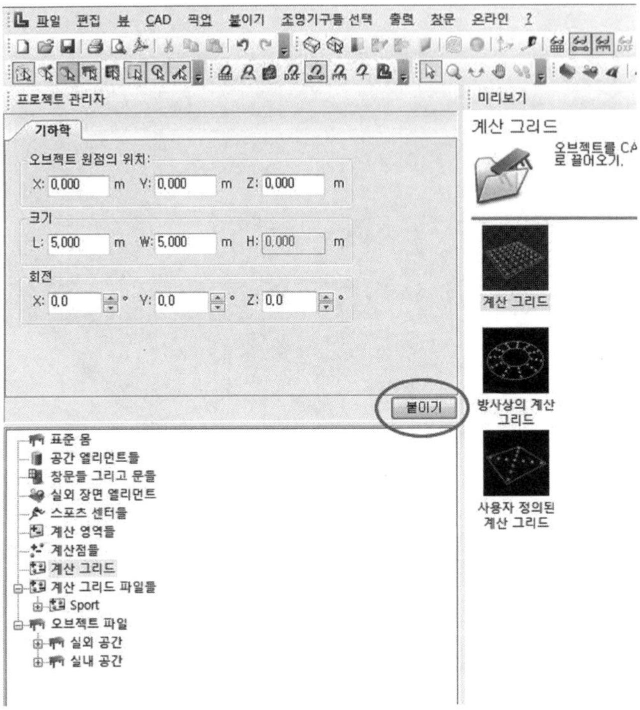

그림 5-135. 프로젝트 관리자를 통해 계산 그리드 삽입

단순히 "드래그 앤 드롭"을 사용하여 계산 그리드를 삽입할 수 있다. 계산 그리드를 선택하고 마우스 왼쪽 버튼으로 클릭하여 프로젝트내의 임의의 위치로 끌어 당긴다. 또는 인스펙터에서 정확한 위치를 미리 정의하여 DIALux가 계산 그리드를 배치하도록할 수 있다.

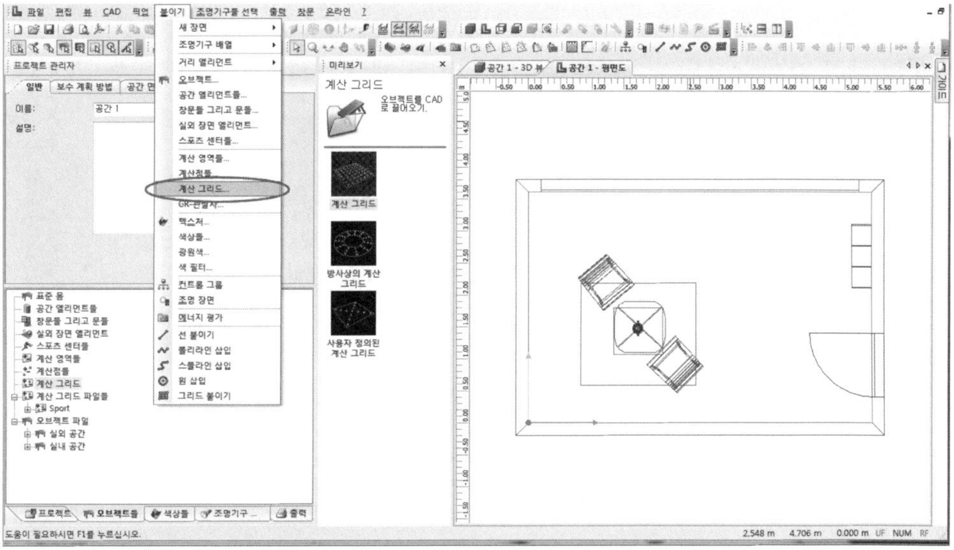

그림 5-136. 메뉴를 통한 계산 그리드 삽입

총 세 가지 다른 계산 그리드가 있다.

- 자신의 매개 변수에 따라 정방형(Quadratic), 방사상(Radial), 사용자 정의

그림 5-137. 계산그리드 형태

정방형 및 사용자 정의 계산 그리드는 개념적으로 유사하다(크기 및 모양). 그러나 사용자 정의 계산 격자를 사용하면 격자의 원점 높이와 계산 점의 수를 변경할 수 있다. 방사형 계산 그리드는 내부 및 외부 반경과 원래 좌표를 개별적으로 변경할 수 있다

3) 편집

계산 그리드를 삽입하는 것뿐만 아니라 편집하고 나중에 프로젝트를 위해 저장할 수 있다. 삽입 한 계산 그리드에서 마우스 오른쪽 버튼을 클릭한 다음 나타나는 문맥 메뉴에서 "편집을 위해 컨버트(convert for editing)"항목을 선택한다. 그런 다음 그리드를 마우스 오른쪽 버튼으로 클릭하고 "계산 그리드 저장"을 선택한다.

참고: 그리드의 모든 자동 크기 조절 옵션이 비활성화된다.

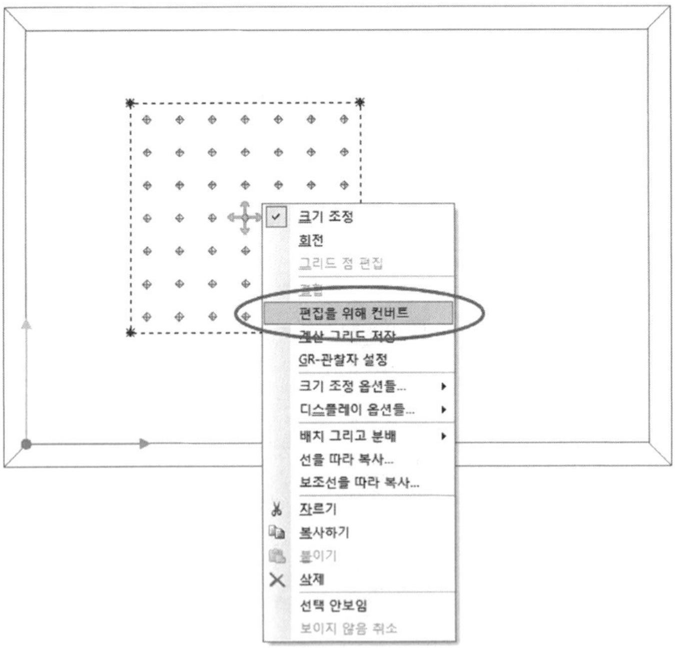

그림 5-138. 계산 그리드 변환

반대로 추가 그리드 점을 삽입하거나 문맥 메뉴의 하위 항목 "그리드 점 편집"을 통해 기존의 지점을 변경할 수 있다.

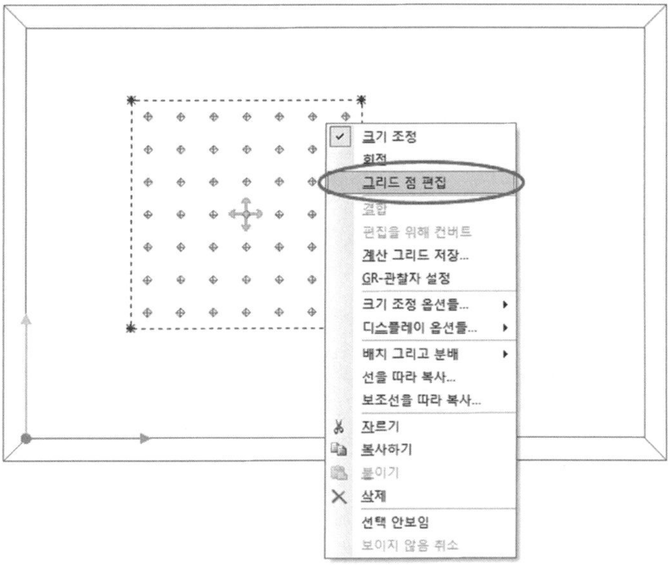

그림 5-139. 그리드 점 편집

인스펙터를 사용하여 좌표를 입력하거나 마우스로 직접 이동하여 그리드 지점을 조정할 수 있다. 두 가지 옵션 중 두 번째 옵션을 결정하면 마우스 왼쪽 버튼으로 각각의 그리드 점을 클릭하고 마우스 버튼을 계속 누르면서 원하는 위치로 이동한다.

'z'값을 변경할 수 있다. 즉, 매우 복잡한 3차원 계산 격자를 만들 수 있다는 것을 의미한다.

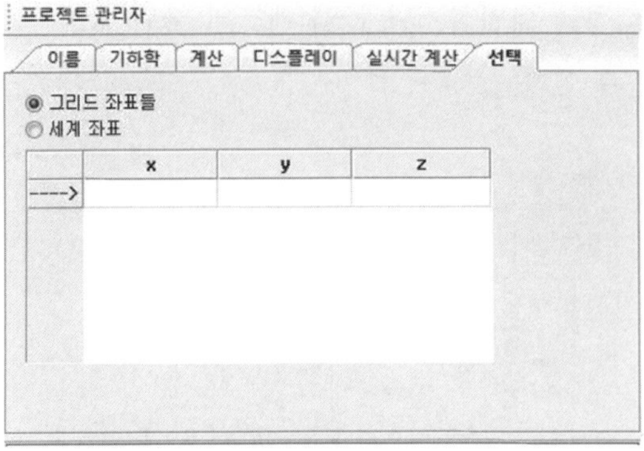

그림 5-140. 좌표를 사용하여 개별 그리드 점 변경

인스펙터의 "선택(selection)" 아래의 그리드 점은 세계 및 그리드 좌표에 따라 다르다. 그리드 좌표는 계산 그리드의 원점의 위치에 따라 다르지만 실제 실외 장면의 원점 위치에 따라 다르다.

4) 계산

"계산" 탭에서는 계산할 그리드의 값을 정의할 수 있다. 조도를 선택하는 다양한 옵션이 있으며, 해당 선택 상자의 개별적 높이(m)값 또는 회전값을 변경할 수도 있다. 다음과 같이 변경할 수 있다.

- 수직 vertical
- 수평 horizontal
- 연직(회전각도 포함) perpendicular(including angle of rotation)
- 반 원통형(회전각도 포함) semi-cylindrical(including angle of rotation)
- 원통형 cylindrical
- 카메라 camera-oriented
- 외부라인 in relation to the outside line
- 반구형 hemispherical

이러한 맥락에서 조도는 특정지점에서 계산된다(측정 또는 계산 지점).

DIALux에서 계산한 결과의 출력은 적어도 하나의 조명기구를 포함한다.

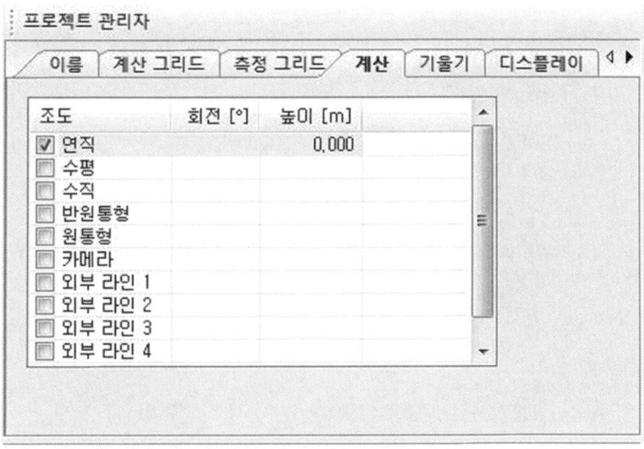

그림 5-141. 계산 그리드의 계산 사전 설정

5) 색상 기울기

기울기(gradients)란 특정 측정 지점과 그 지점을 직접 둘러싸는 측정 지점 간의 값 변화율을 의미한다. 기울기는 이것과 바로 근처에 있는 측정 지점 사이의 조도 차이에 대한 정보를 제공한다.

일정하고 규칙적인 정방형(quadratic) 계산 그리드만 조도의 기울기가 필요하다.

프로젝트 관리자에서 "기울기(gradients)"탭에서 색상 기울기 및 해당 출력을 활성화하고 해당 한계값을 정의하고 기울기 그리드의 거리를 정의할 수 있다.

기본적으로 DIALux에서 색상 기울기는 측정 그리드 이외에 측정 그리드의 사용 여부에 따라 측정 또는 계산 지점에 자리한다.

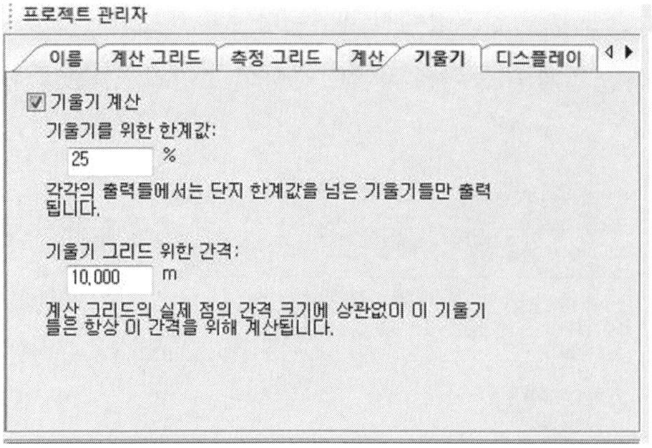

그림 5-142. 기울기에 대한 한계 값 설정

한계값 설정은 카메라 또는 이미지 기록에서 이미지 품질의 손실을 방지한다. 이 값은 카메라에 기록 이벤트를 20%, 또는 비 카메라 기록 이벤트에는 55%를 초과하지 않아야 한다.

"기울기 그리드를 위한 간격(distance for gradient grid)"에서 개별적으로 색상 기울기 그리드 거리값을 변경할 수 있다.

6) 표현 설정

DIALux에서 계산 그리드는 CAD의 결과를 직접 표시할 수 있다. 이는 프로젝트의 계획 단계에서 특히 유용하다. 인스펙터의 "디스플레이"탭에서 계산 그리드에는 다음과 같은 정보가 표시될 수 있다.

- 그리드 지점
- 측정 방향
- 계산된 값
- 등고선
- 위(false) 색상

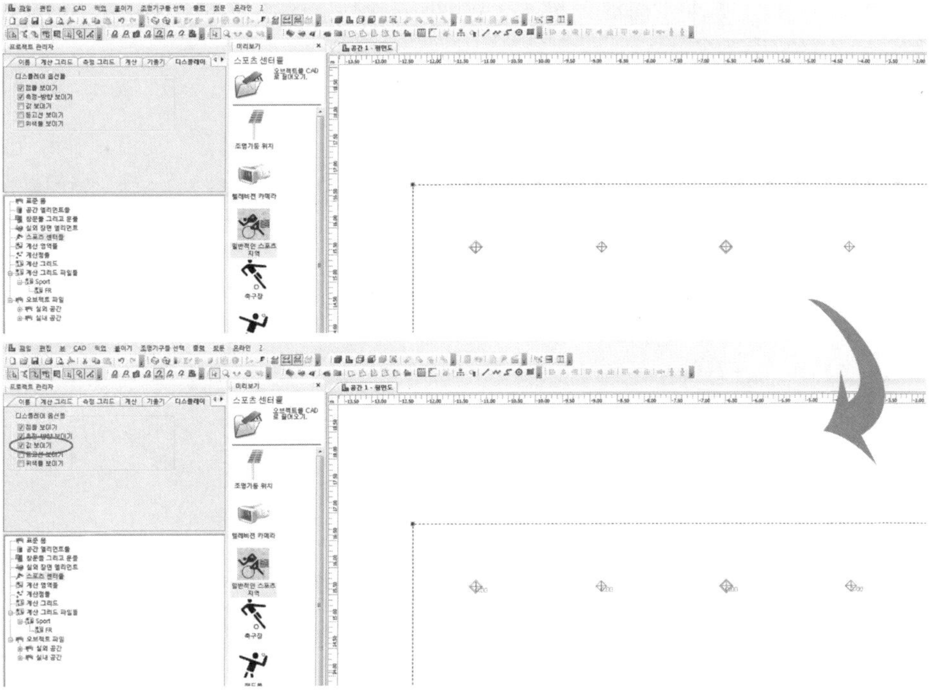

그림 5-143. 출력 옵션 변경 – 값 표시

7) 실시간 계산

종종 어떤 값을 변경 후, 프로젝트의 계산을 실행하지 않고, CAD에서 즉시 결과를 볼 수 있다. DIALux는 CAD에 표시 하고자 하는 조도를 선택하는 "실시간 계산"탭을 옵션으로 제공한다. 다음을 선택할 수 있다.

- 연직(perpendicular)
- 수평(horizontal)
- 수직(vertical)
- 카메라의 중심(적어도 하나의 카메라를 미리 삽입해야 한다. "경기장"의 프로젝트 매니저에서 찾을 수 있다.)

값의 표시는 "디스플레이"에서 미리 활성화해야 하며 CAD에서 직접 선택한 조도 옵션에 따라 값을 읽을 수 있다.

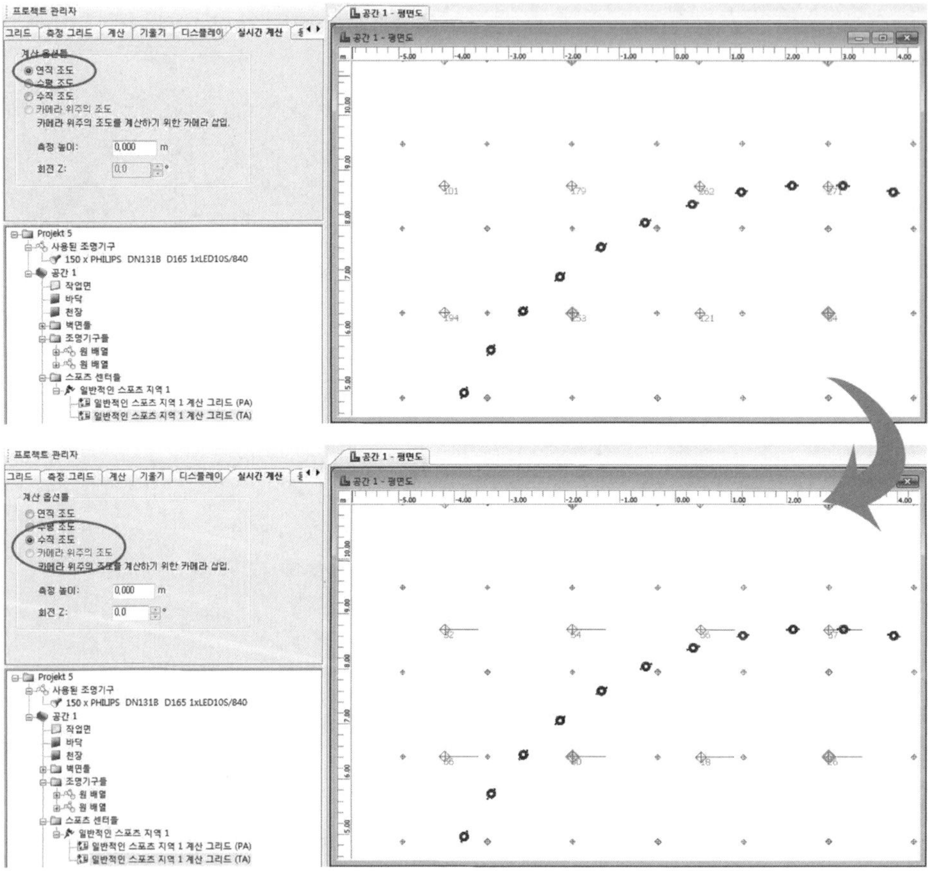

그림 5–144. 실시간 계산 시 절차 및 값

계산 옵션을(예: 연직에서 수직으로) 변경하면, 계산 그리드의 값의 변경될 뿐만 아니라 계산 지점의 방향까지 변경된다.

여러 개의 카메라를 사용할 경우, 카메라 방향 조도 옵션을 사용하면 각각의 카메라를 차례로 선택하여 측정 높이와 카메라 회전을 설정할 수 있다.

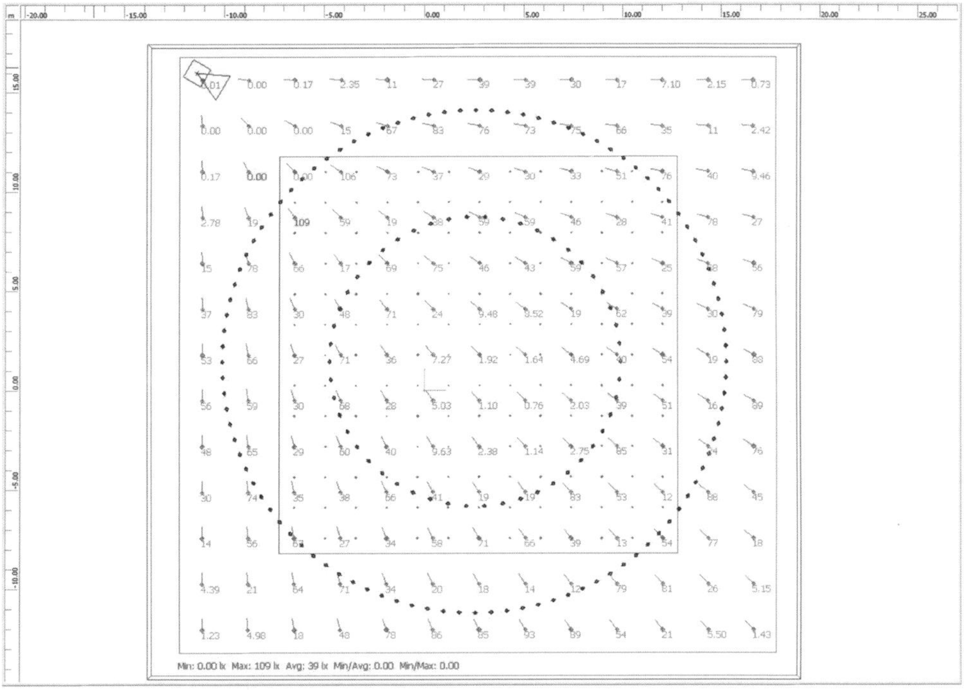

그림 5-145. 카메라 방향 조도 측정 - 선택 및 설정

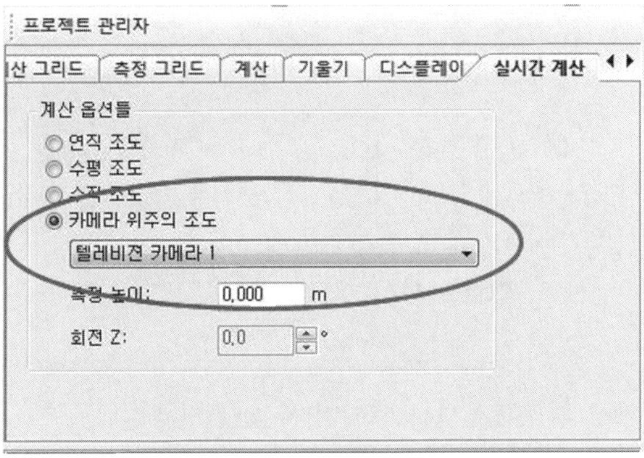

그림 5-146. 카메라 방향 조도의 CAD 출력

8) 등고선

등고선은 조명기구의 근처에서 측정된 동일한 조도의 값을 표시한다. 프로젝트에 계산 그리드가 작동하는 동안 CAD에 표시할 수 있다. “디스플레이” 탭의 하위 항목 “등고선 보이기”를 선택한다. CAD에서 이제 실시간으로 삽입 된 조명기구(들)의 등고선을 볼 수 있다.

실시간 계산은 계산 결과의 최종 시각화까지만 작동한다.

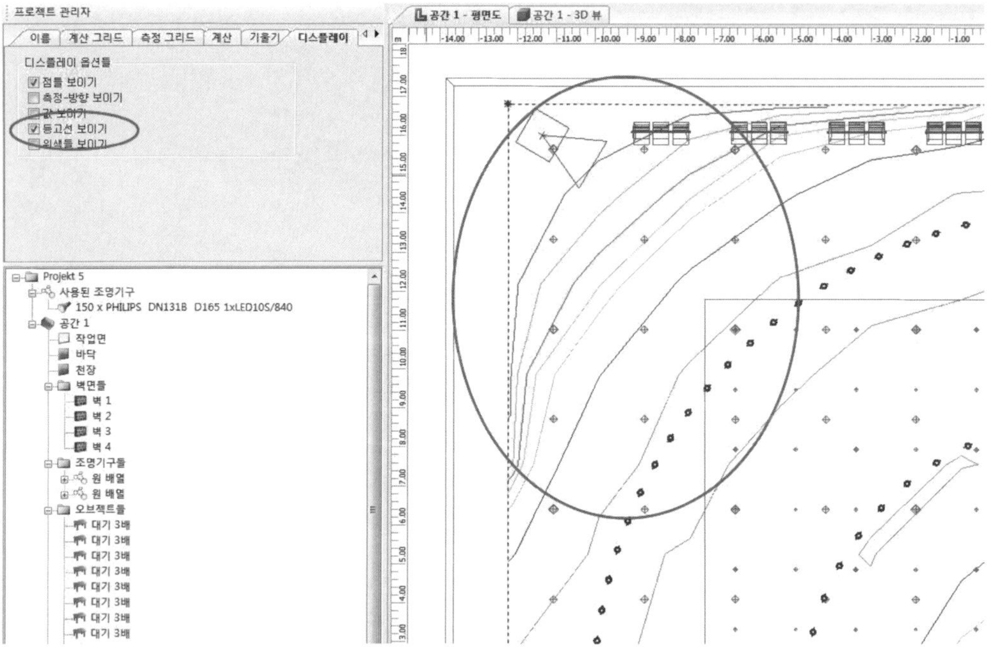

그림 5-147. CAD에서 등고선 표시

이 단계의 모든 설정은 위(false) 색상 역시 자동으로 적용된다.

그래픽 라인은 개별 설정에 따라 조도의 수준을 보여준다. 이 설정은 “등고선”탭에서 변경하고 조정할 수 있다. 이 방법으로 생성된 등고선은 DIALux에서 사용자 기본 설정으로 저장할 수 있다. 또한, 표준 사양으로 열기도 가능하다.

이 작업을 수행하려면, “표준설정지표(standard specifications)”의 하위 항목에서 필요한 등고선 프로파일(개요)을 선택한다. 예를 들어 스포츠, 비상등 프로파일을 사용할 수 있다.

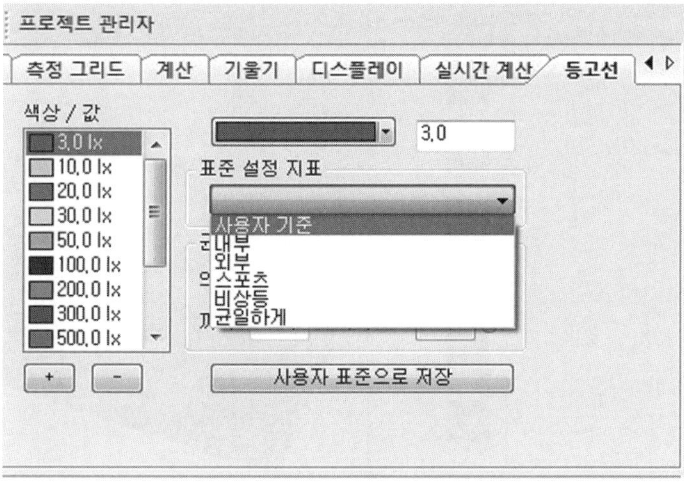

그림 5-148. 등고선 프로파일 선택

9) UGR 계산 지점 및 UGR 계산 영역 삽입

UGR 계산점과 UGR 계산 영역을 가구 트리에서 CAD로 드래그 앤 드롭하여 삽입할 수 있다.

> 참고: 이러한 개체를 평면 배치하면 1.2m의 기본 높이로 삽입된다. 이것은 앉아 있는 관찰자에 사용되는 표준 값이다. 3D뷰에 배치하면, 마우스로 "터치하는" 표면에 배치된다. 예를 들어 빈 공간의 3D뷰에 배치하는 경우, 개체는 높이 Z=0의 바닥에 배치된다.

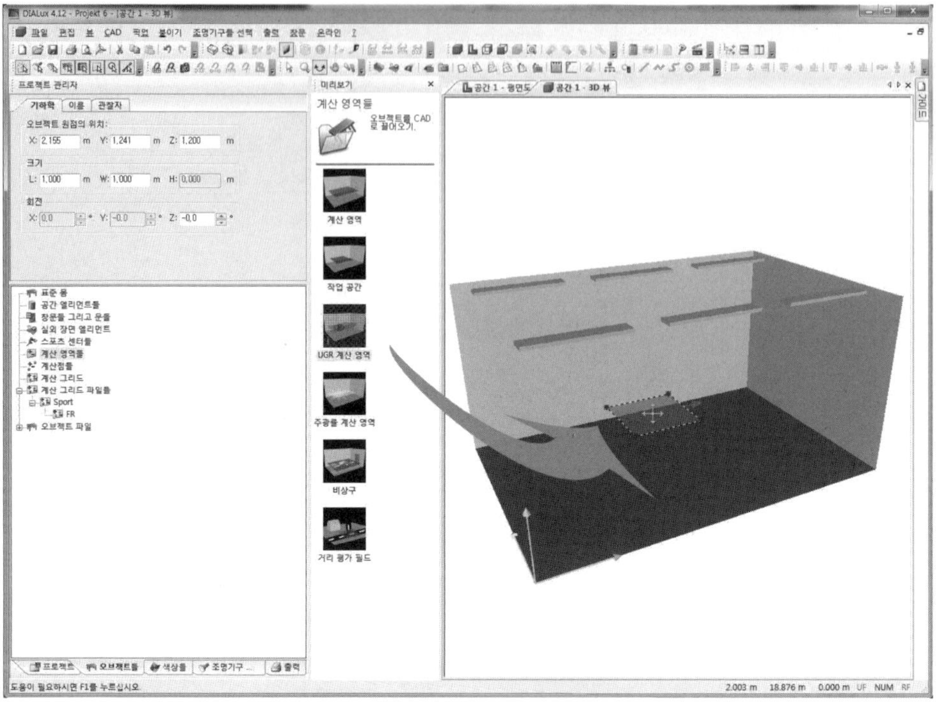

그림 5-149. UGR 개체 실내 삽입

이러한 개체를 삽입하는 두 번째 방법은 속성 페이지를 사용하는 것이다. 위치, 크기 및 회전의 숫자 값을 입력하고 삽입을 클릭한다. 기존 개체를 수정하는 데 사용할 수 있는 것과 동일한 속성 페이지이다.

14. 도로 조명

1) 표준 도로

표준 거리 계획에 DIALux을 사용할 수 있다. 하나의 프로젝트에서 거리 계산을 실내 또는 외부 장면과 함께 사용할 수도 있다. 프로젝트에 거리를 삽입하려면 DIALux 시작 화면에서 해당 거리를 선택할 수 있다.

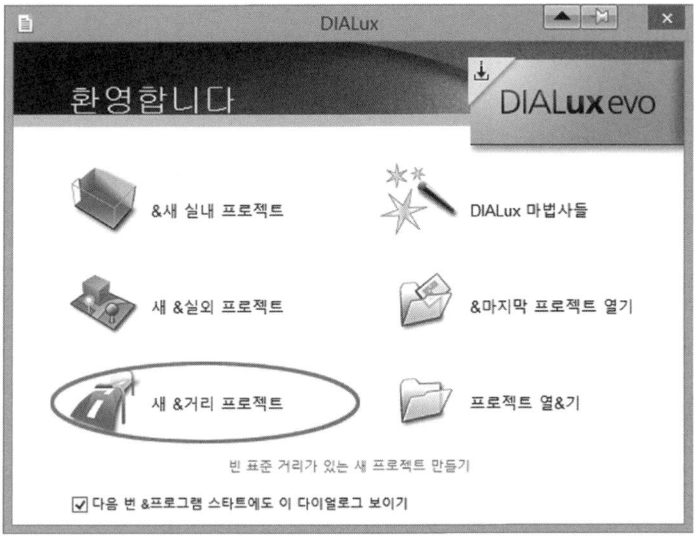

그림 5-150. DIALux - 새로운 거리 프로젝트

메뉴에서 삽입 ▶ 새 장면 ▶ 표준 거리(standard street)를 선택한다.

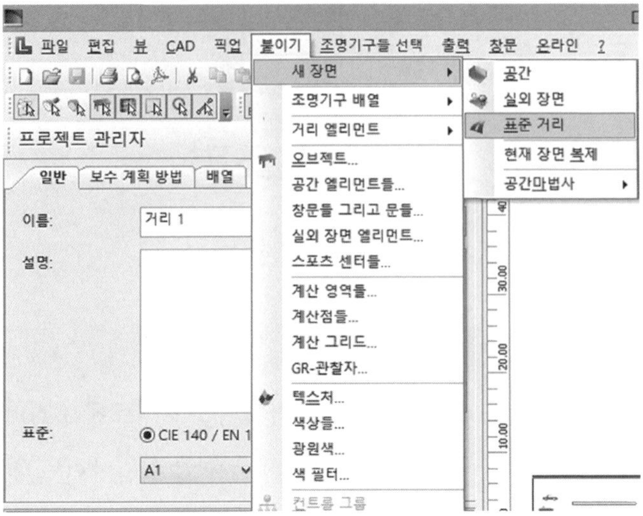

그림 5-151. 메뉴를 통해 표준 거리 삽입

또는 “가이드”에서 표준 거리삽입을 선택한다.

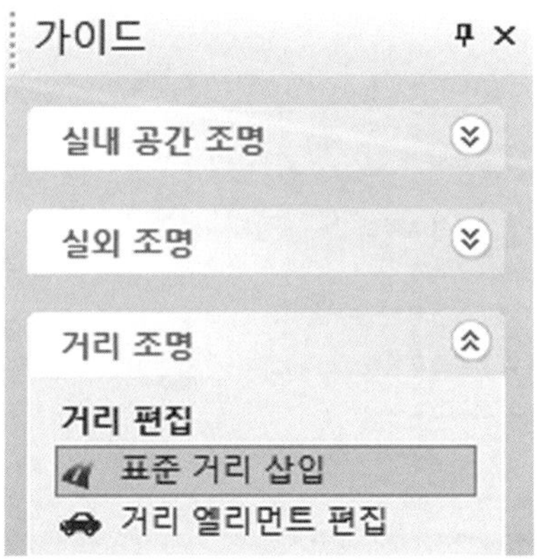

그림 5-152. “가이드”를 통해 표준 거리 삽입

또한, 거리 신속 계획 마법사를 통해 프로젝트를 계산할 수 있다.

2) 표준 계획

2005년에 가로등 계획으로 EN13201이 설립되었다. DIALux 사용자는 버전 3.1.5 이후 그 기준에 따라 거리 조명 계획을 수행할 수 있다. 그러나 예전의 가로등 배치를 검사하는 것과 같이 때때로 구형 DIN 5044로 계획하는 것이 필요하다. 이러한 상황에서 DIALux는 4.2 버전 이후 DIN 5044 에 따른 가로등 계획을 허용한다. DIALux 버전 4.9 부터는 거리 조명 계획에 또 다른 옵션이 있다. 현재 사용자는 CIE 140 / EN 13201과 DIN 5044에 더하여 미국 표준 IESNA RP-08-00을 사용하여 거리 조명을 계획할 수 있다. 이 계획을 수행하려면 속성 페이지 "일반"의 프로젝트 관리자에서 라디오 버튼(radio-button)을 설정해야 한다. DIN 5044로 계획 할 경우에는 드롭다운 목록에서 옵션을 선택해야 한다.

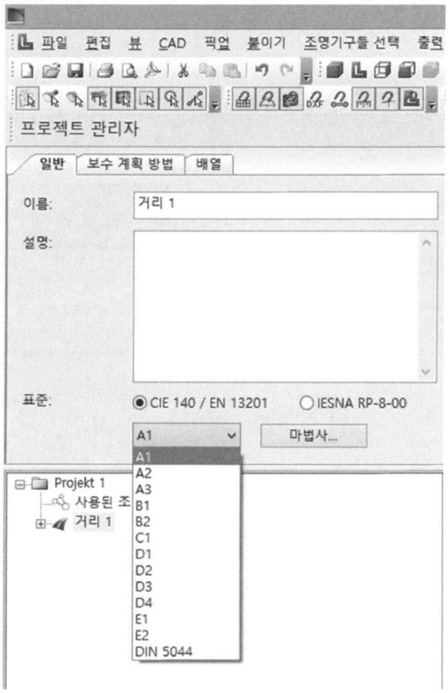

그림 5-153. 도로 조명 표준 계획

물론 사용자는 또한 마법사의 표준을 선택할 수 있다(거리 신속 계획 마법사와 최적화된 가로등 배열 마법사).

조명기구의 광도를 측정하는 동안의 배열에서 북미(IESNA) 표준과 유럽(EN) 표준 사이에는 차이점이 있다. EN에 IESNA을 일치시키기 위해 DIALux는 LDC 90°를 회전할 수 있다. 조명기구의 형상을 벗어나지 않고 LDC를 회전할 수 있다.

미국 표준은 IES-파일과 함께 거리조명에서 작동한다. IES 파일에서 "horizontal0" (C0-평면에 동일)은 커브에 수직선으로 정렬된다.

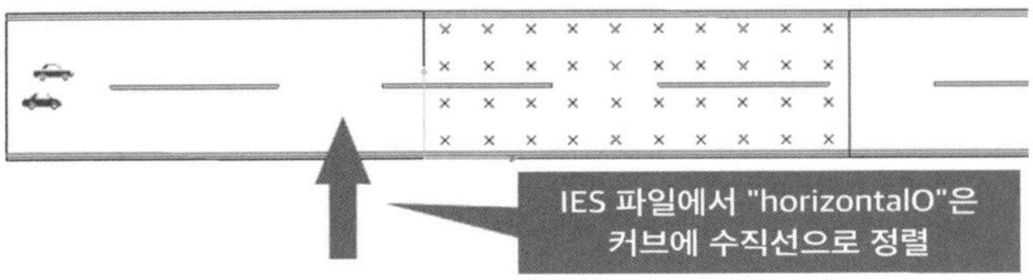

그림 5-154. C0면의 미국 표준

북미표준을 대신하여 유럽 표준은 연석선에 평행한 C0-평면의 정렬로 작동한다.

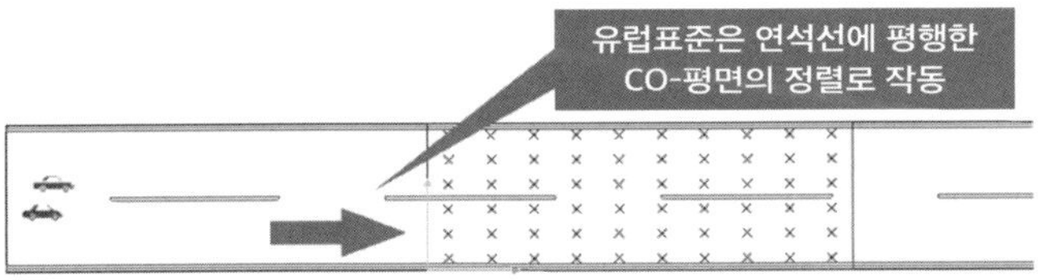

그림 5-155. C0면의 유럽 표준

DIALux 창에 IES-파일 가져오기가 표시된다. LDC를 회전하려면 해당 확인란을 설정해야 한다. 필요한 경우, 조명기구의 형상을 수정할 수 있다. IES 파일은 발광표면(light emitting surface)을 정의하기 때문에 필요하다.

나중에 LDC를 회전할 수 있다. 그 목적을 위해 사용자는 프로젝트 관리자의 사용된 조명 기구를 선택하고 "기술" 속성페이지의 체크 박스를 설정해야 한다.

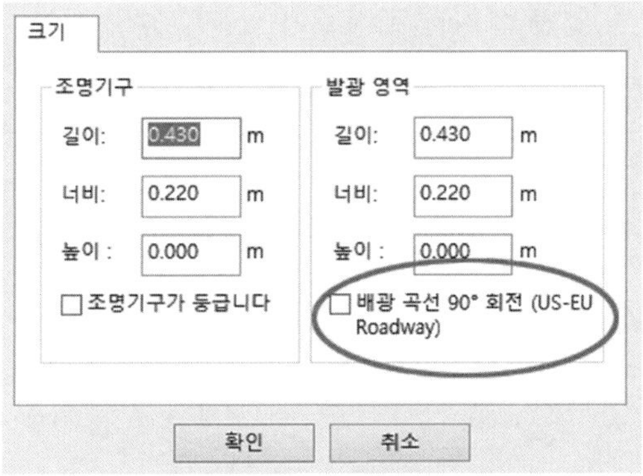

그림 5-156. IES-file 가져오기

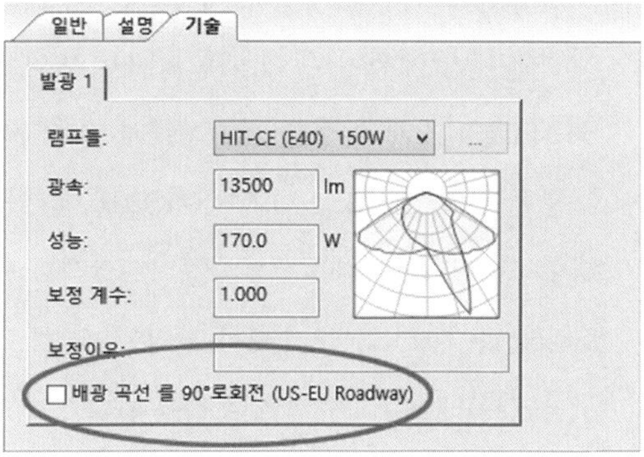

그림 5-157. LDC회전

3) 거리 조명 계획

기본적으로 거리는 하나의 평가 필드를 가진 거리 하나만으로 구성된다(거리 계획의 시작부분에서).

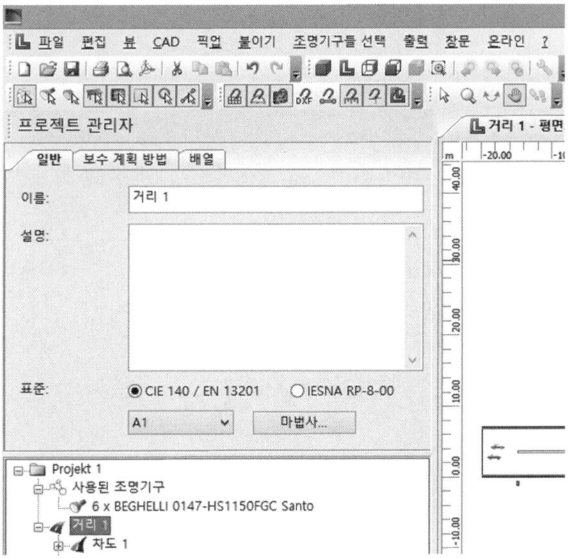

그림 5-158. 새로운 표준 거리 삽입

프로젝트 관리자에서 거리를 표시하면 몇 가지 일반 설정을 조정할 수 있다. 속성 페이지 "일반" 탭에서 이름에 대한 옵션, 자세한 설명 및 조도 조건 수정 옵션을 찾을 수 있다. DIALux의 초기 설정은 표준 CIE 140 / EN 13201이다.

유럽 표준인 CIE 140 / EN 13201 에서는 드롭다운 목록에서 수동으로 조도 조건을 선택할 수 있다. 기본적으로 거리(프로젝트)는 항상 A1이라는 지정 조도 조건을 갖는다. 조도 조건은 CEN / TR 13201-1 의 기술 보고서의 내용에 기초한다. 그것은 거리 조명의 요구 사항을 정의하는 기초로 사용된다.

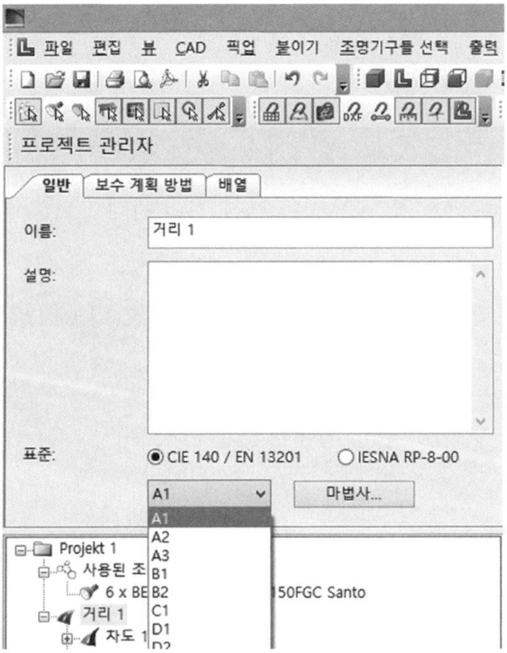

그림 5-159. 휘도 조건

마법사를 사용하여 거리의 각 조도 조건은 체계적으로 결정할 수 있다. "조명 환경 결정을 위한 마법사" 는 "마법사…"를 사용하여 시작한다(CIE 140 / EN13201에 따른 조명 환경 결정을 위한 마법사 참조). 보수 계획 방법 탭에서 보수율(LLF, light loss factor) 및 참조 값을 수정할 수 있는 옵션을 찾을 수 있다.

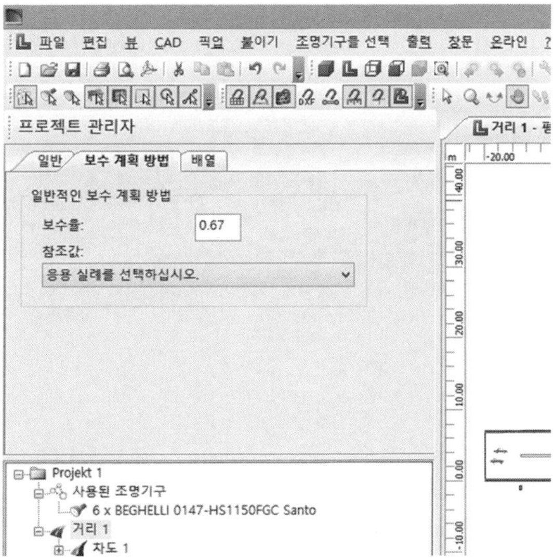

그림 5-160. 정비 계획 방법

배열 탭에서는 거리 배열에서 추가, 정렬하거나 삭제할 수 있는 특정 거리의 요소(예: 보도, 주차선 등)를 포함하고 있다. 거리 요소를 정돈하려면 다음 중 하나를 선택하고 위로 또는 아래로 버튼을 사용할 수 있다.

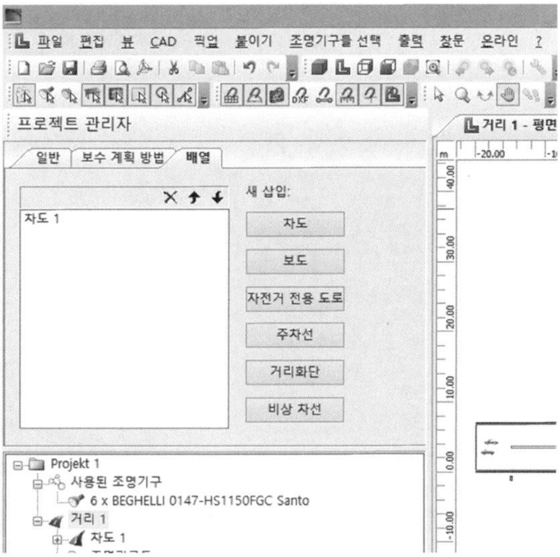

그림 5-161. 거리 요소 삽입 및 정렬

다른 방법으로는 메뉴의 붙이기▶ 거리 엘리먼트에서 삽입할 수 있다.

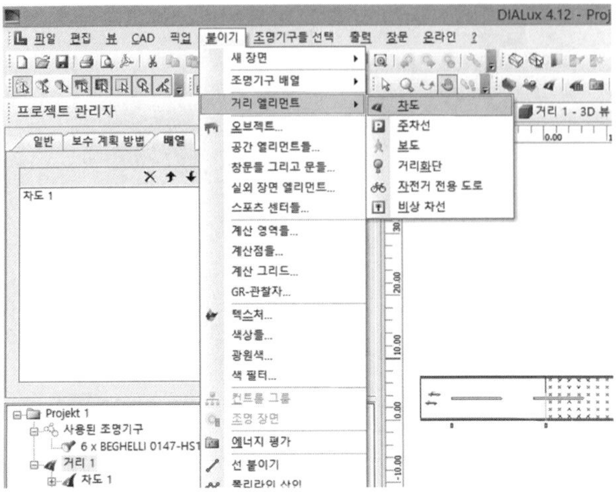

그림 5-162. 메뉴를 통한 거리 요소 삽입

또는 거리의 문맥메뉴에서 마우스 오른쪽을 클릭하여 삽입할 수 있다.

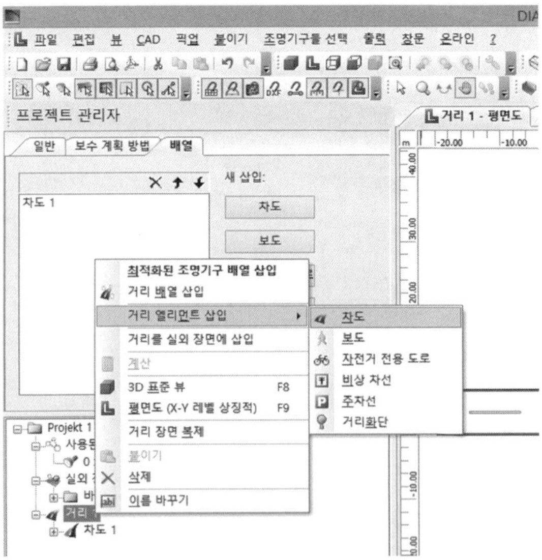

그림 5-163. 문맥 메뉴를 통해 거리 요소 삽입

사용자는 CAD 또는 프로젝트 매니저에서 하나의 거리 요소를 선택할 수 있다. 인스펙터는 사용자 정의로 수정할 수 있는 것처럼 개별 거리 요소의 특성을 보여준다. 인스펙터에서 수정하려면 프로젝트 매니저에서 차선을 선택해야 한다.

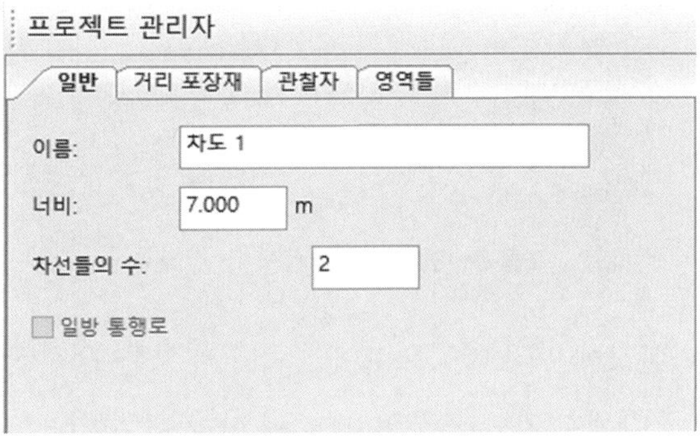

그림 5-164. 도로의 특성 - 일반

거리 포장재와 조도 계수는 속성 페이지 거리 포장재에서 수정할 수 있다.

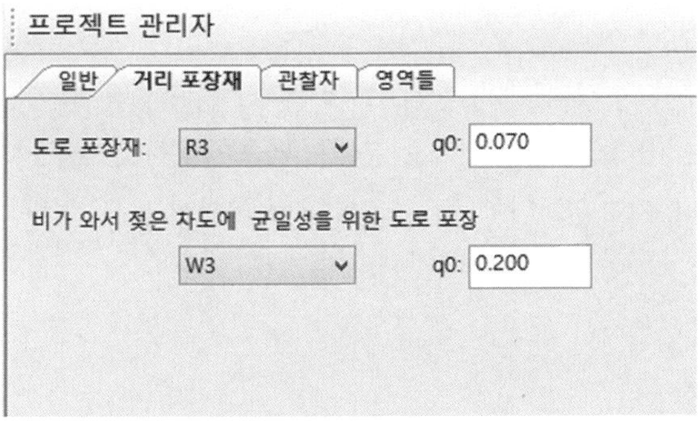

그림 5-165. 도로의 특성 - 거리 포장

유럽 표준에서 각 거리는 TI의 계산에 의해 개별적으로 변화될 수 있는 평균 연령의 관찰자가 있다.

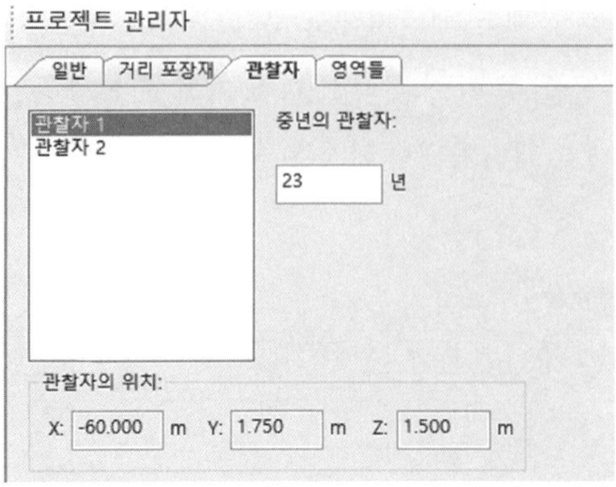

그림 5-166. 도로의 특성 - 관찰자

DIALux는 EN의 기본값에 따라 자동으로 관찰자를 배치한다. 관찰자는 지상 1.5m의 높이에서 해당 거리의 중간에 평가 필드 전방 60m에 항상 위치한다. 일반적으로 모든 거리는 주행 방향을 바라보는 관찰자가 있다. 결과 대칭을 기반으로 관측 방향의 회전은 없어도 된다.

> 참고: 속성 페이지 "관찰자"는 CIE 140 / EN 13201 표준에서만 사용할 수 있다. IESNA RP-08-00에서의 관찰자의 나이를 조정하려면, 사용자는 인스펙터 "계산 그리드"에서 수정할 수 있다. 영역 탭은 재료, 텍스처 및 Ray Tracer 옵션을 설정할 수 있는 기능을 제공한다. 모든 설정은 시각화에만 영향을 미치고 계산 결과에는 영향을 미치지 않는다.

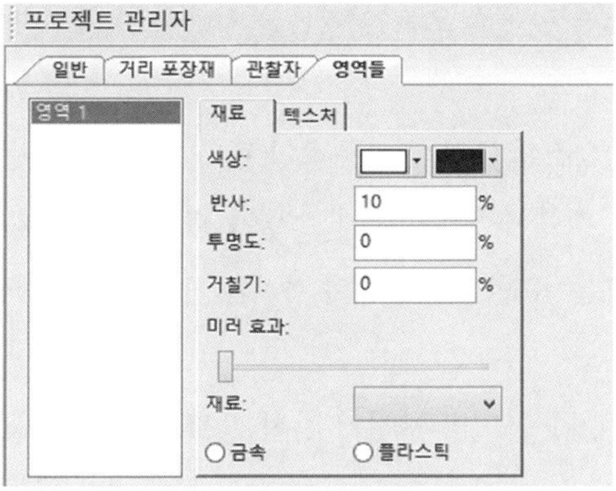

그림 5-167. 도로의 특성 - 표면

기본 설정 중간에 있는 주차선과 거리화단 등은 평가 분야가 없다. 그럼에도 불구하고, 마우스 오른쪽 버튼으로 평가 필드 삽입 옵션을 선택하고 각각의 거리 요소가 프로젝트 매니저에 표시되는 동안에는 삽입이 가능하다.

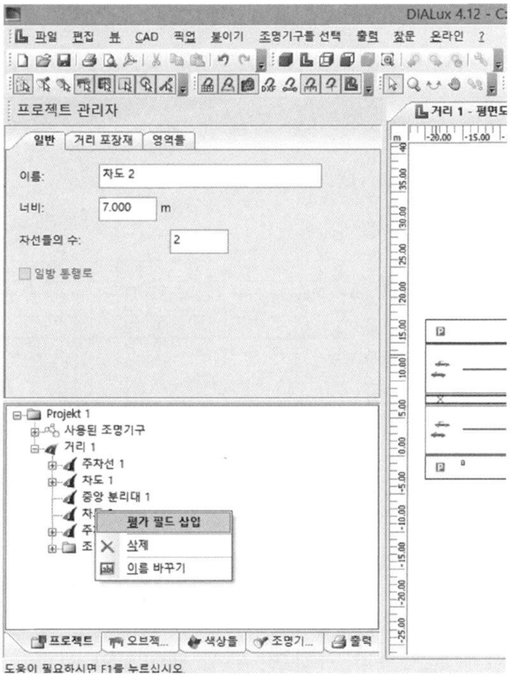

그림 5-168. 문맥메뉴를 통한 평가 필드 삽입

마찬가지로 평가 필드는 마우스 오른쪽 버튼을 사용하여 삭제하거나 이름을 바꿀 수 있다.

DIALux는 다른 거리 요소에 대하여 공통적인 평가 필드의 사용을 인정한다. 이것은 마법사에서 체크박스를 선택할 수 있다. 추가로 평가 필드를 선택하려면 몇 가지 단계가 더 필요하다. DIALux는 모든 표면(중앙값, 주차 차선과 거리화단 제외)에 대해 평가 필드를 정의한다.

예를 들어, 공통적인 평가 필드의 자전거 차선과 보도를 설치하려는 경우, 먼저 기존의 평가 필드를 취소해야 한다. 그런 다음 Shift 키를 누르고 해당 거리 요소를 클릭하여 일반적인 평가 필드를 갖기를 원하는 두 거리 요소를 선택한다. 이후 표시된 개체를 마우스 오른쪽 단추로 클릭하고 평가 필드 삽입을 선택한다. 두 거리 요소를 위한 공통 평가 필드가 생긴다.

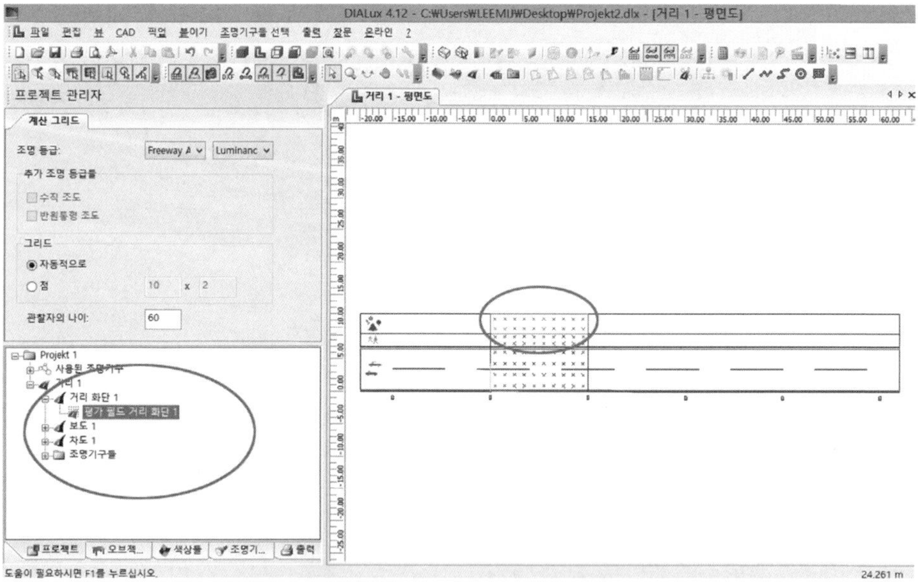

그림 5-169. 일반적인 평가 필드

프로젝트 관리자의 평가 필드를 마크하면, 속성 페이지의 계산 그리드가 인스펙터에서 열린다.

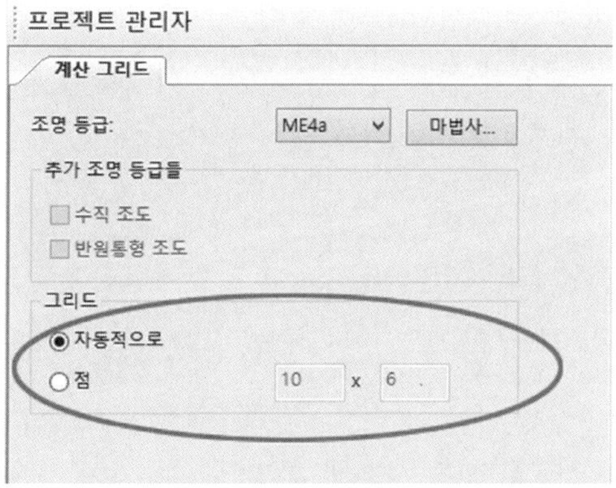

그림 5-170. 계산그리드

그리드는 선택한 표준에 따라 자동으로 생성된다. "자동적으로"를 선택하면 계산 지점의 올바른 숫자가 항상 선택된다. 다른 그리드를 원한다면 "점"을 체크 한 후, X 방향(거리의 길이 방향) 및 Y 방향(차선 폭)에 계산점의 수를 부여한다.

> 주의: 결과는 더 이상 해당 표준에 따르지 않음.

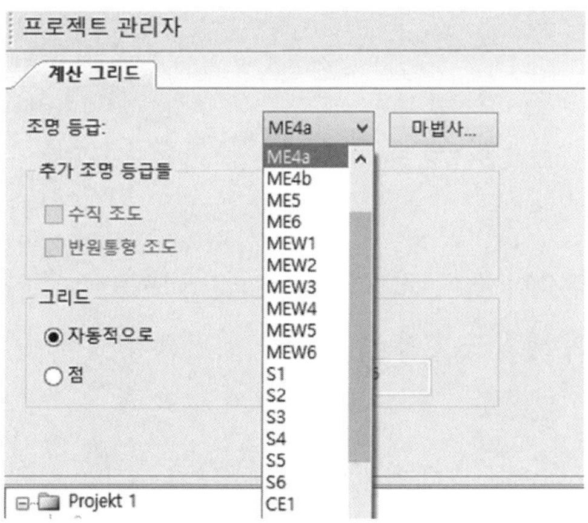

그림 5-171. 계산 그리드 - 조명 등급

계산 그리드에서는 추가로 조명 등급(illuminance class)을 지정하는 옵션이 있다. 여기에서 유럽 표준을 북미 표준으로 조정하는 데에 따른 차이점이 있는데 유럽 표준에서는 주어진 조도 클래스를 사용 가능한 목록에서 수동으로 선택하거나, 또는 유럽 표준 CEN / TR 13201-1에 따라 조명 등급을 결정하는 마법사를 사용한다.

> 참고: 조명등급을 선택하여 지원이 필요한 경우, 조명 등급 결정을 위한 마법사를 사용할 수 있다(CIE 140 / EN13201에 따르는 마법사 참조).

조명 등급에는 다양한 종류의 교통 상황과 환경을 사용자가 사용하는 특정 거리의 시각적 요구에 따르는 프로젝트의 측광 요구 사항이 요약되어 있다. 또한 조명 등급은 수직 및 반원통형 조도에 대한 거리 상황에 따라 선택할 수 있다(EN13201-1, 6.4 장 참조).

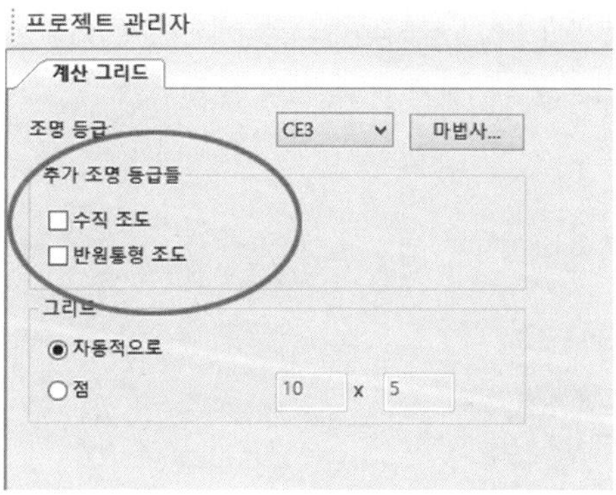

그림 5-172. 계산 그리드 - 추가 조명 등급들

휘도 보다는 조도가 필요한 평가 필드의 경우는 EN13201-2에 따르는 해석 기준에 의거하여 표준범위 내에서 네 개의 조도를 각각 계산할 필요가 있을 수 있다. 이것들은

> • 수평 조도; 반구형 조도; 반원통형 조도; 수직 조도.

수평 조도는 항상 계산된다. 그러나 일부 국가에서는 수평 조도 대신 반구형의 조도가 필요하다. 마찬가지로 이것은 항상 계산되어 출력물에서 선택할 수 있다. CEN / TR

13201-1의 표4에는 S-클래스의 대안으로 A-클래스를 지정한다. 따라서 DIALux는 출력에 필요한 조도 크기를 변경한다.

- 수평 조도: 계산 포인트는 해당 지역 안의 지상에서 평면에 위치해야 한다.
- 반구형 조도: 계산 포인트는 해당 지역 안의 지상에서 평면에 위치해야 한다.
- 반 원통형(Semi-cylindrical) 조도: 계산 포인트는 해당 지역의 1.5m 표면 위의 평면에 위치해야 한다. 반 원통형(Semi-cylindrical) 조도는 관심 방향에 따라 달라진다. 뒤쪽 평평한 표면에 직각인 수직 면은 보행자 움직임의 주요 방향과 평행을 이룬다. 보행자의 주행 방향은 보통 도로의 경우 길이 방향이다.
- 수직 조도: 계산 포인트는 해당 지역의 1.5m 표면 위의 평면에 위치해야 한다. 수직 조도는 관심 방향에 따라 달라진다. 수직 조명 면은 보행자가 주행하는 방향과 직각을 이룬다.

마법사 버튼을 통해 "조명 등급 결정을 위한 마법사"를 활성화할 수 있다.

사용자가 미국 표준 RP-08-00으로 거리 조명 계획을 필요로 하는 경우, 사용할 수 있는 조도 클래스에 대한 몇 가지 선택 기준이 있다. 그리고 별도의 조도 클래스에 사용자가 방법을 선택해야 한다.

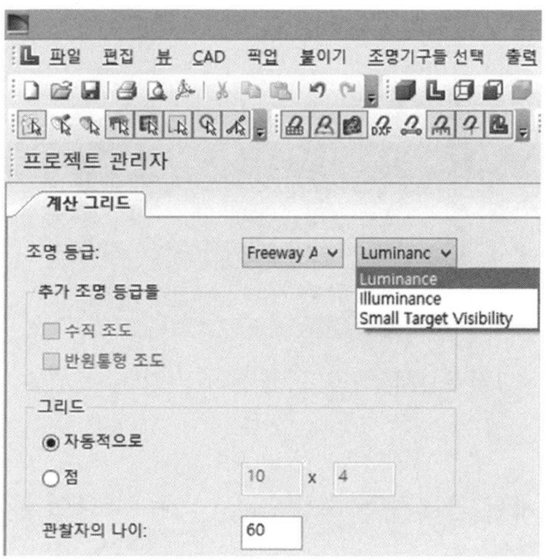

그림 5-173. 계산항목 결정

표준거리는 조명기구의 거리 배열을 여러 개 포함할 수 있지만 다른 조명기구의 배열이나 가구는 포함할 수 없다. 평가 필드는 첫 번째 삽입된 거리의 배열로 정의된다. 거리 배열을 삽입하려면 "가이드(guide)"를 사용할 수 있다.

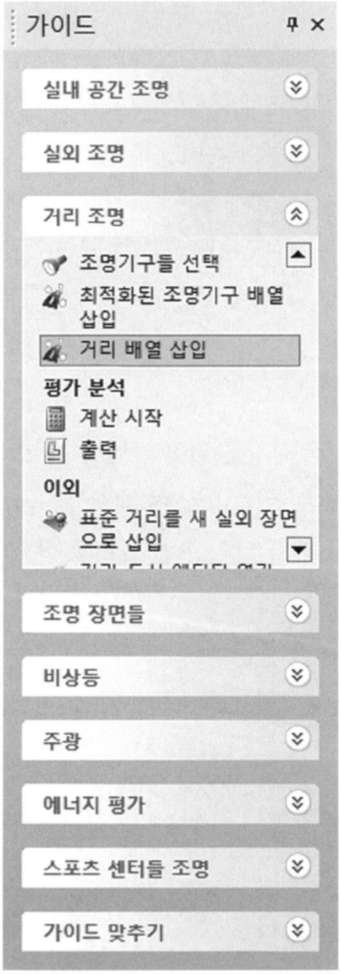

그림 5-174. "가이드"를 통해 거리 배치 삽입

또는 프로젝트 매니저에서 거리를 선택할 경우, 메뉴의 삽입 ▸ 조명기구 배열 ▸ 거리 배열을 사용한다.

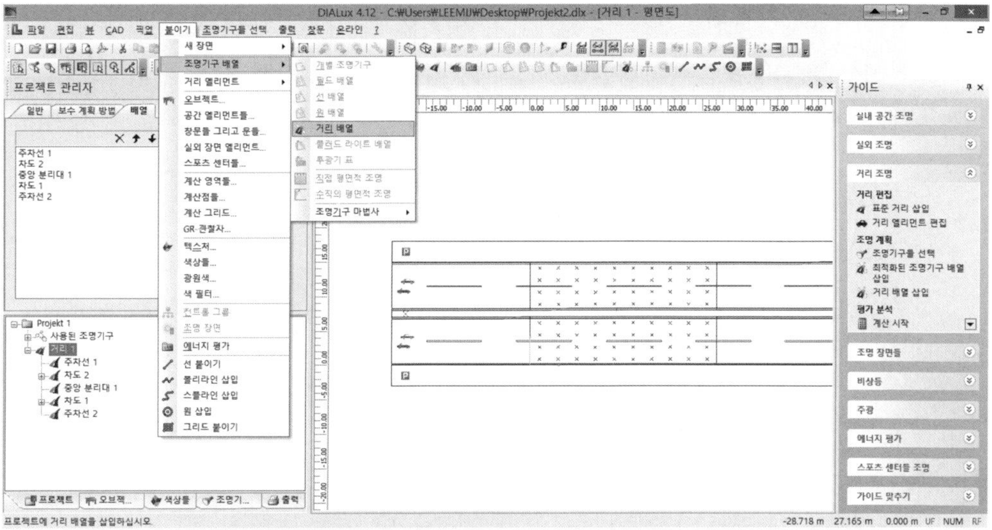

그림 5-175. 메뉴를 통해 거리 배치 삽입

또는 프로젝트 매니저에서 거리를 클릭했을 경우, 오른쪽 마우스 버튼에 의하여 삽입한다.

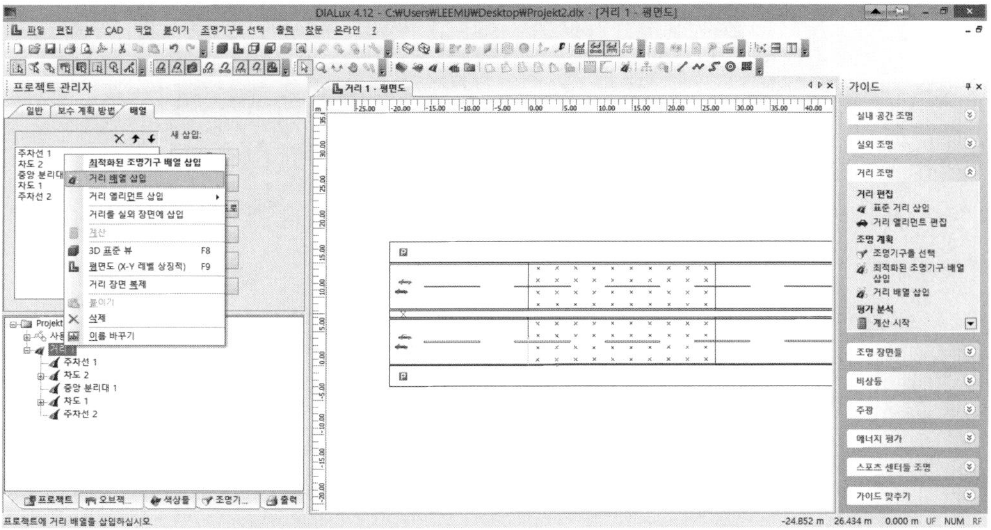

그림 5-176. 마우스 오른쪽 버튼을 통해 거리 배치 삽입

DIALux는 거리 조명 위치선정의 모든 주요 매개 변수를 제공한다. 첫째로 제조업체의 플러그인에서 조명의 유형을 선택한다. "거리 배열 삽입" 옵션을 사용한 후에는 목록에서 조명기구를 선택할 수 있다.

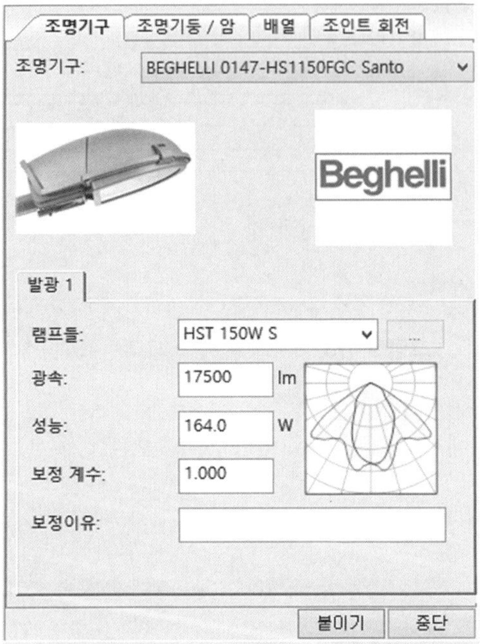

그림 5-177. 거리 배치 삽입 - 조명기구

"조명기구" 탭에서는 조명기구를 선택할 수 있을 뿐만 아니라 광속, 성능 기술 데이터 항목을 선택할 수 있다.

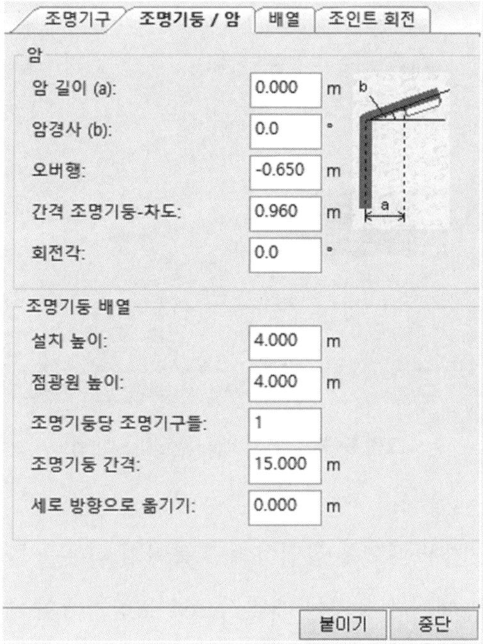

그림 5-178. 거리배치 삽입 - 암 속성 및 조명기둥 배열

"조명기둥/암" 탭에서 조명기둥의 배열과 암의 특성 속성을 정의할 수 있다. 빈칸의 옆 그림은 암 길이와 경사를 보여준다. 돌출부(overhang)는 거리와 겹치는 조명기구 평면의 중심(조명기구의 무게 중심)이 어느 정도인지를 정의한다. 거리의 기둥 간격은 거리와 접하는 기둥의 원점 사이에서 측정된다. 또한 여기에서 기둥 배열을 지정할 수 있다.

"배열"에서는 거리를 따라 조명기구를 설치할 장소를 정의할 수 있다. 배열 유형의 목록을 사용할 수 있다.

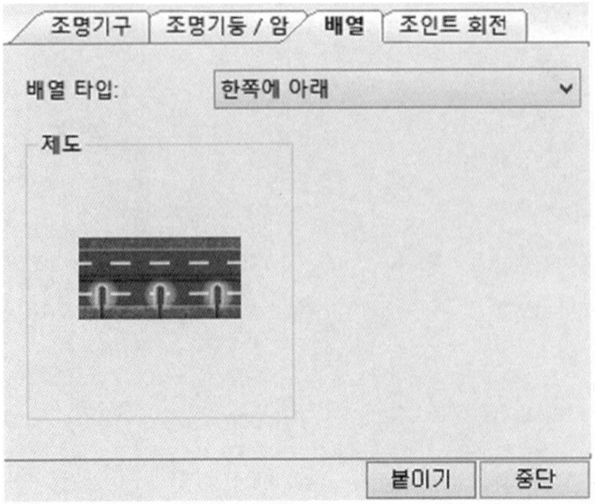

그림 5-179. 거리 배치 삽입 - 배열

거리 프로젝트에 조명기구 배열을 삽입하려면 붙이기 버튼을 클릭한다.

거리 배열의 문맥 메뉴에서 사용자는 개별적으로 조명기구의 배치를 최적화할 수 있다. 마우스 오른쪽 버튼으로 "최적화된 조명기구 배열 삽입"을 선택하여 수행한다.

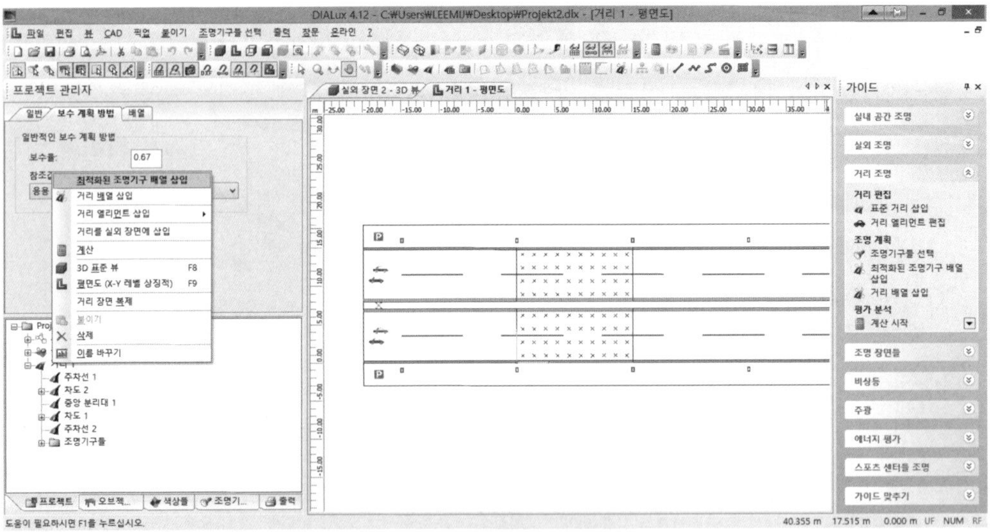

그림 5-180. 거리 배치 - 배치 최적화

조명기구 배열은 항상 평가 필드를 정의한다. 여러 조명기구 배열을 삽입하면, 평가 필드 결과는 다음 예제와 같이 두 조명기구 사이의 최대(기둥) 간격의 각 경우에 따라 달라진다.

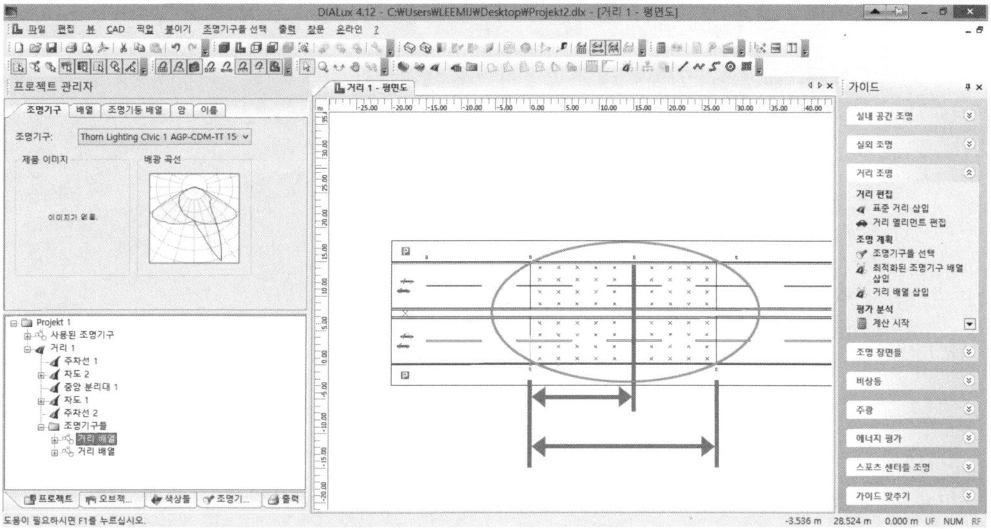

그림 5-181. 평면 뷰의 계산 필드

계산 필드에 비례하여 배열의 시작 지점은 기둥 배열 ▸ 세로 방향에 따라 변경될 수 있다. 인스펙터는 삽입 된 조명기구의 배열(조명기구 배열 참조)에 기술 자료를 제공한다.

DIALux는 객실 및 실외 장면처럼 2D와 3D보기에서 거리를 표시한다.

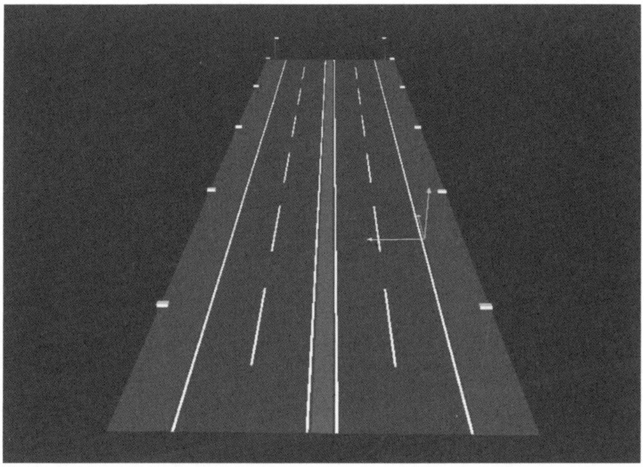

그림 5-182. 거리의 3D 시각화

사용자는 3D보기를 확대하고 둘러보며 회전할 수 있고 다른 장면처럼 JPG 파일로 내보낼 수 있다.

참고: 렌더링은 휘도가 아니라 조도의 분포를 보여준다.

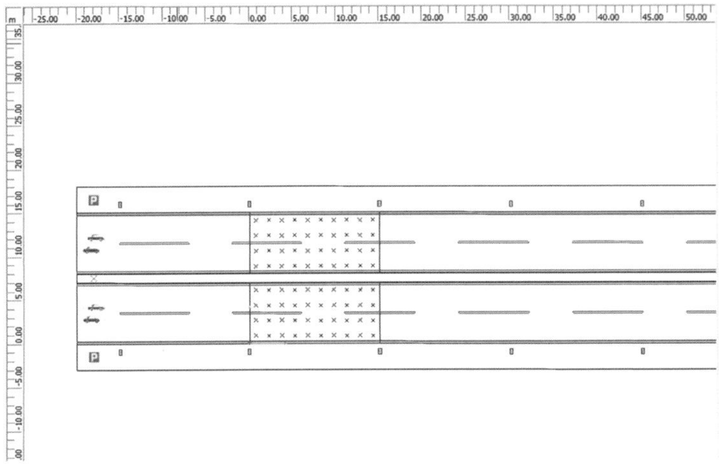

그림 5-183. 거리의 2D 시각화

평면도 보기에서 DIALux는 거리요소 및 조명기구와 함께 평가 필드, 계산 그리드를 보여준다. DIALux는 거리를 실외장면에 삽입할 수 있는 옵션을 제공한다.

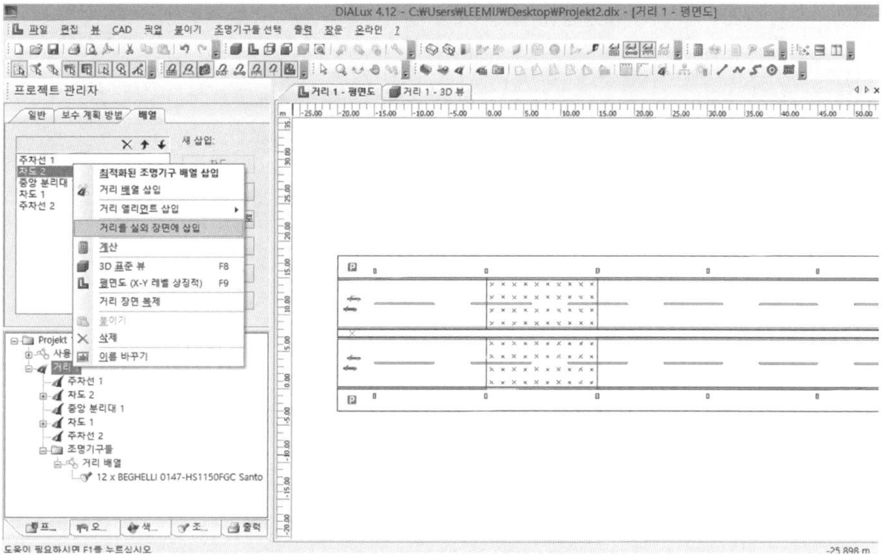

그림 5-184. 외부 장면으로 거리 삽입

사용자는 거리 프로젝트에서 했던 것과 같은 방식으로 각 거리 요소와 조명기구 배열에서 작업을 계속할 수 있다. 모든 거리 요소는 지상 요소로 외부 장면에 표시된다.

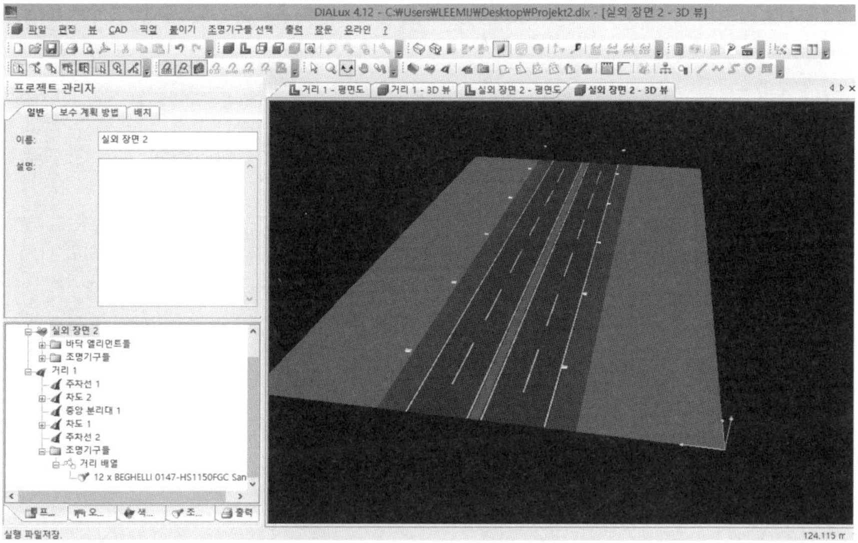

그림 5-185. 외부 장면의 거리

4) 거리 신속 계획 마법사

이 마법사를 사용하려면 시작 창에서 DIALux 마법사들을 마우스 왼쪽 버튼으로 클릭한다.

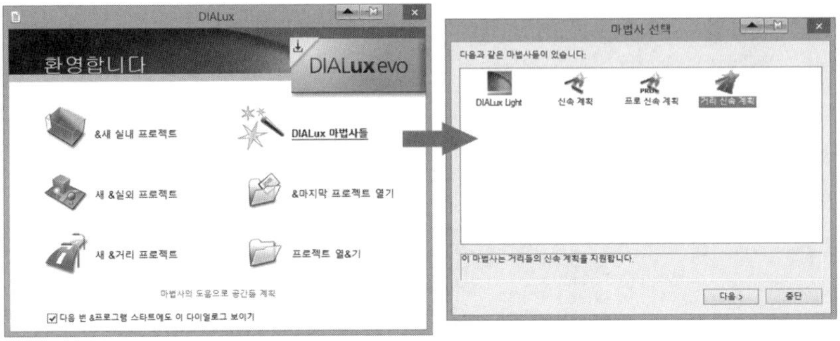

그림 5-186. 마법사 – 빠른 거리 계획 마법사

대화 상자가 더 이상 표시되지 않는 경우, 메뉴 파일 ▸ 마법사에서 찾을 수 있다.

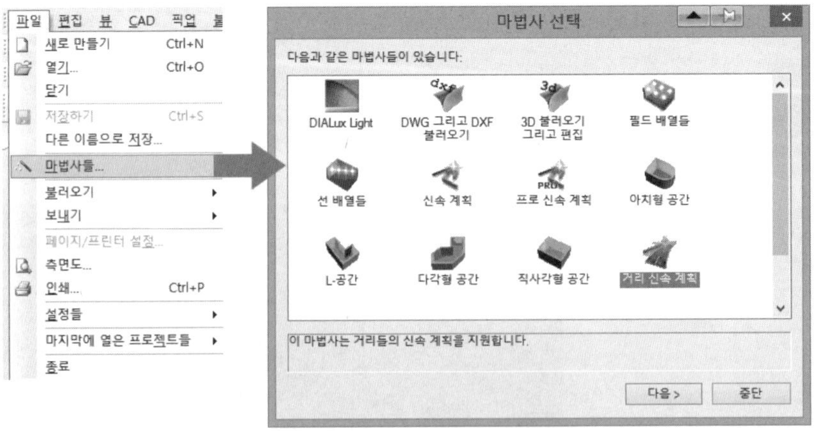

그림 5-187. 메뉴를 통한 마법사

이 마법사는 거리를 위한 신속 계획을 가능하게 한다.

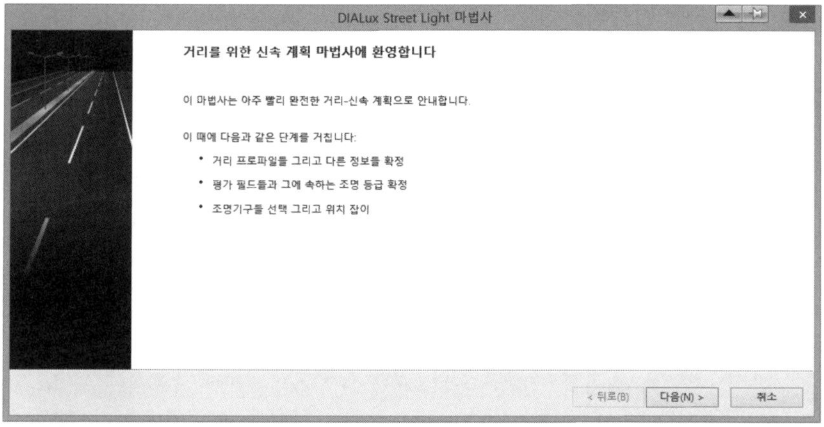

그림 5-188. 거리 조명 마법사 시작 대화 상자에서 단일 요소를 지정할 수 있음.

사용자는 마법사를 진행하면서 거리와 그들의 속성에 대한 하나의 요소를 지정할 수 있다. 다음을 클릭하여 각 단계를 확인한다.

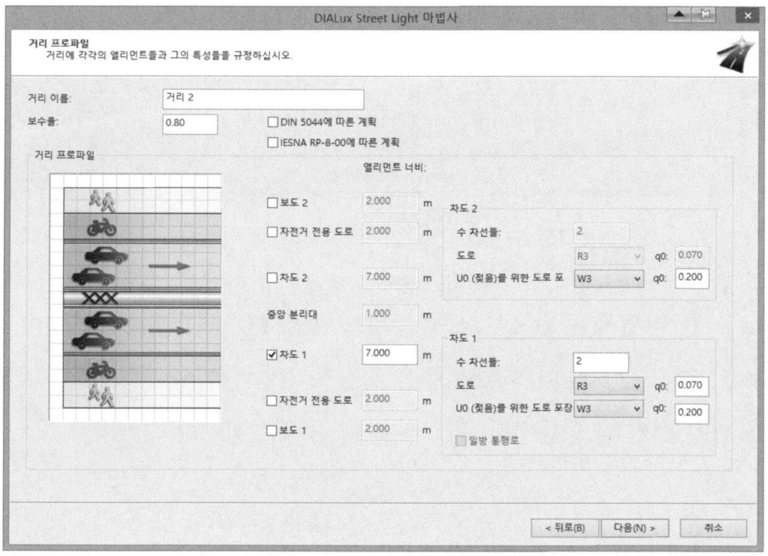

그림 5-189. 거리 프로파일

시작 대화 상자가 끝나면 프로젝트의 거리 프로파일에 속한 도로 요소를 선택할 수 있다. 표준을 선택할 수도 있다. 마법사에서 기본 조정은 CIE 140 / EN 13201 표준이다. 거리 표면은 건조하고 습한 주변 조건을 선택할 수 있다. 이것은 균일한 “U0 Wet”의 계산에만 필요하다. 거리 이름 및 보수율도 이 페이지에서 입력된다.

다음 창에서 거리에 대한 개별 또는 결합 된 평가 필드를 수정할 수 있다. 거리에 대한 측광 요건을 정의하기 위해 모든 평가 필드에 대한 조명 클래스와 IESNA RP-08-00으로 계획하는 방법을 선택한다.

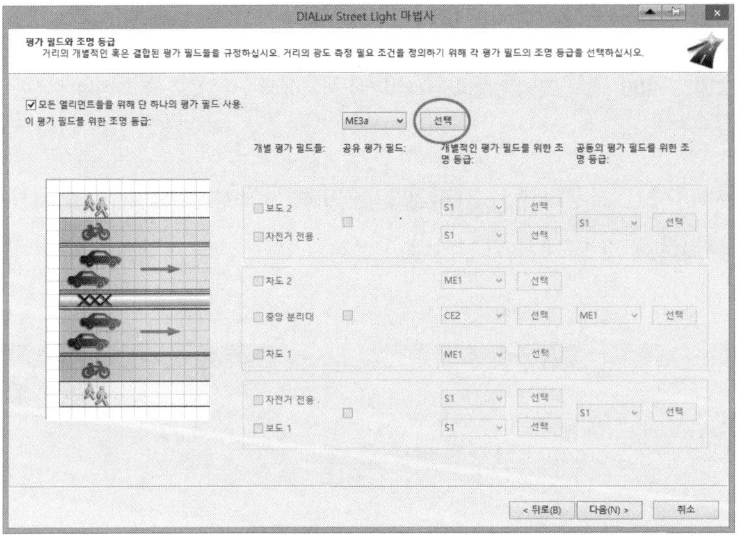

그림 5-190. 평가 필드와 조명 등급 “선택”

“선택(selection)” 버튼을 사용하여 조명 클래스 마법사를 시작할 수 있다. 이것을 이해하려면 CIE 140 / EN 13204에 따른 조명 등급 결정을 위한 마법사 부분을 참조한다.

각 요소에 대한 개별 및 공동 평가 필드의 조명 등급을 선택할 수 있다.

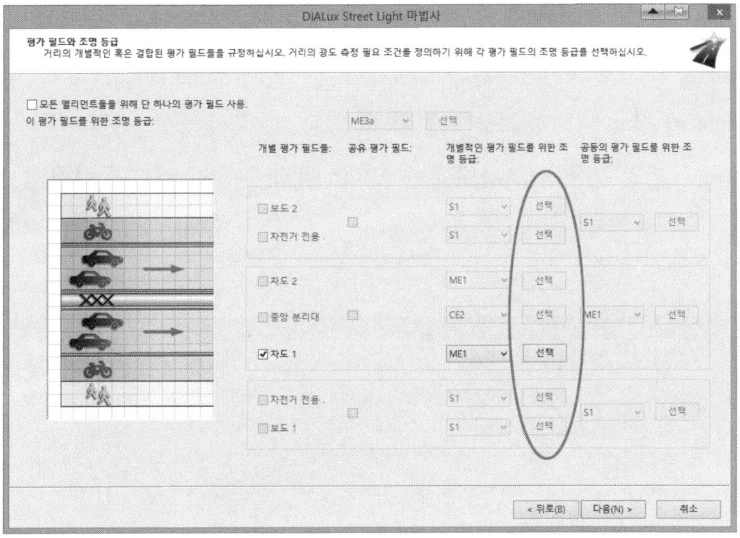

그림 5-191. 평가 필드와 조명 등급

평가 필드 창에서 사용자는 최적화를 위한 평가 필드를 선택할 수 있다. 최적화를 위한 기준으로 광도계 데이터를 정의한다. 사용자는 마우스 왼쪽 버튼으로 번호를 클릭하여 각각의 한계값을 변경할 수 있다.

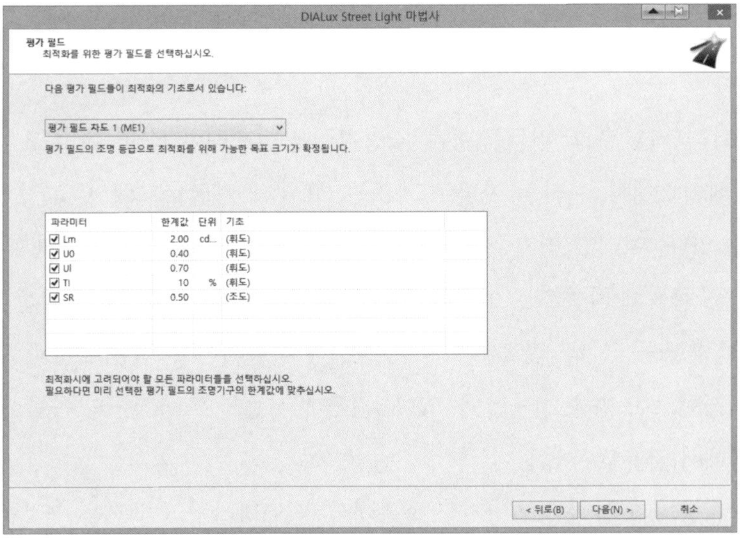

그림 5-192. 최적화를 위한 한계 값

DIALux는 선택한 매개 변수에 적합한 거리의 배열을 제공한다. 그러나 선택한 매개 변수 또는 조명기구의 상황에 따라 모든 한계값을 충족시키는 배열을 찾을 수가 없다. 대체 목록(substitute list) 창에서 하한값을 지정할 수 있다. 따라서 모든 배열 변형을 세 가지 클래스(적합, 매우 적합 및 부적합)로 정렬할 수 있다. 대체 목록이 없으면 적합과 부적합 배열만 가능하다.

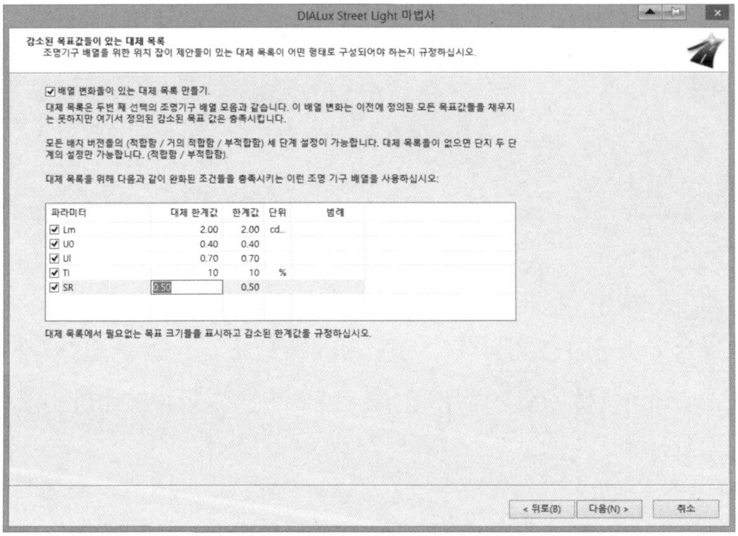

그림 5-193. 대체 목록

다음 창에서는 "카탈로그" 버튼을 통해 조명기구를 선택해야 한다. 여러 조명 파일과 자신의 데이터베이스에서, 온라인 카탈로그 또는 DIALux 카탈로그에서 몇 가지 조명기구를 추가할 수 있다. 여러 조명기구는 컴퓨터의 폴더에 저장된다. 조명을 가져온 후 "선택된 조명기구들" 목록에 자동으로 이동하며 목록에 있는 모든 조명기구는 계산과정에 포함된다. 더블 클릭 또는 "선택" 및 "제거" 버튼을 통해 사용자는 선택한 조명과 최근에 사용한 조명기구 사이로 조명을 전환할 수 있다. 최근에 사용한 조명기구의 목록에 있는 조명은 계산 과정에서 사용되지 않는다.

DIALux는 사용자가 선택한 조명기구 목록에서 각 조명기구의 발광을 수정할 수 있다.

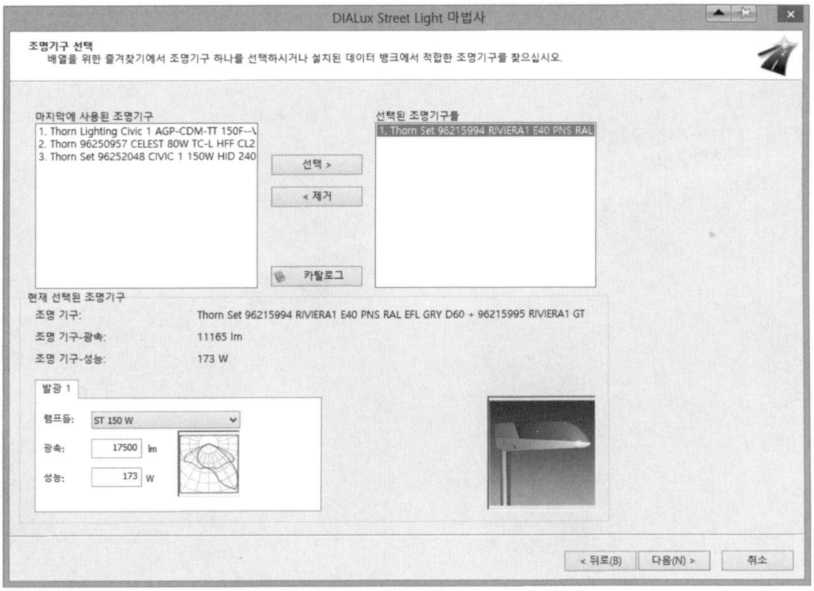

그림 5-194. 조명기구 선택

마지막으로 사용자는 작업 평면 위의 높이나 조명의 오버행, 기둥 간격 등을 최적화 할 배열을 위한 매개 변수를 지정할 수 있다. 조명의 경사에 대한 제약은 확보되어 있으며 즉각적인 효과를 사용하면 각 조명기구에 경사를 할당할 수 있다. 변수가 아닌 매개변수가 있는 경우, 사용자는 배열 유형과 마찬가지로 고정 매개변수의 값을 편집할 수 있다. "다음" 버튼을 클릭하여 이 단계가 지나가면 최적 배열의 계산이 자동으로 시작된다.

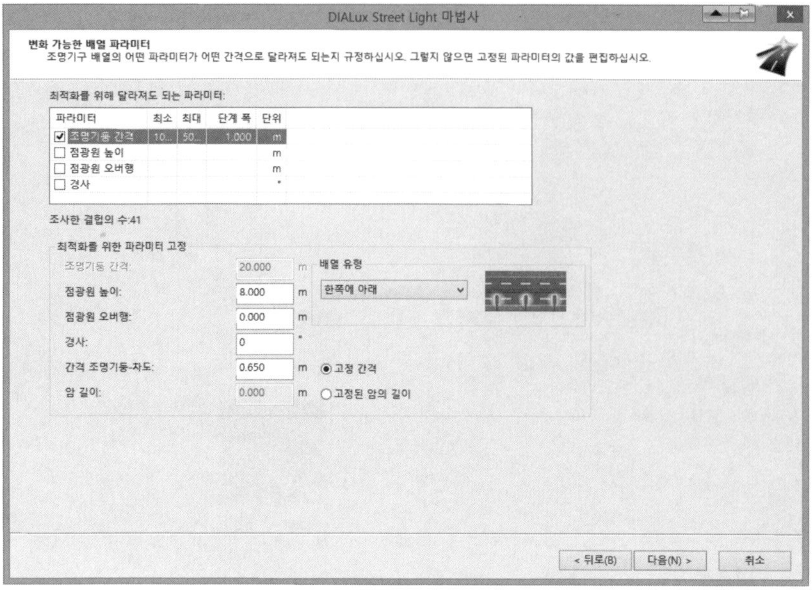

그림 5-195. 변화 가능한 가변 배열 파라미터

계산 후에는 가능한 "위치잡기 제안"이 나온다. 제안은 적합, 매우 적합(대체 목록을 활성화 한 경우) 및 부적합 배열로 나뉜다. 사용자는 목록에서 +/- 기호를 클릭하여 이러한 세 그룹을 개별적으로 열거나 닫을 수 있다. 결과는 결과 목록의 적절한 열의 머리글을 클릭하여, 단독 매개 변수의 위아래로 정렬된다. DIALux는 바닥 글에 필수 매개변수의 값을 보여준다. 이 제안을 구현하려면 단순히 클릭하여 결정할 수 있다.

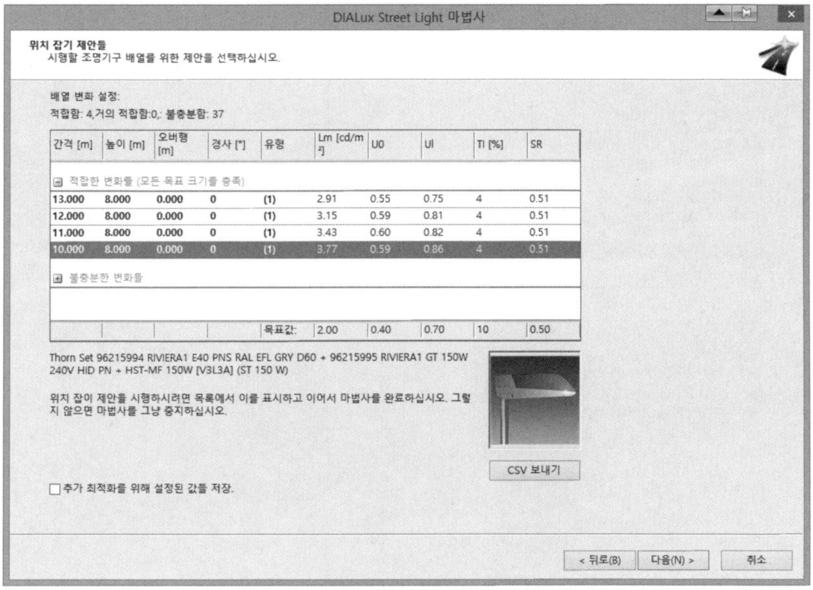

그림 5-196. 위치 잡기 제안들

DIALux의 새로운 기능은 "CSV 보내기" 와 "거리 신속 계획 마법사" 및 "최적화된 가로등 배열 마법사" 설정 저장이다. "CSV 보내기"를 시작하려면, 위치선정 제안 창에서 CSV 보내기를 클릭한다. 파일을 보내기 하여 테이블이 생성되면 사용자는 CSV 파일로 컴퓨터에 저장할 수 있다.

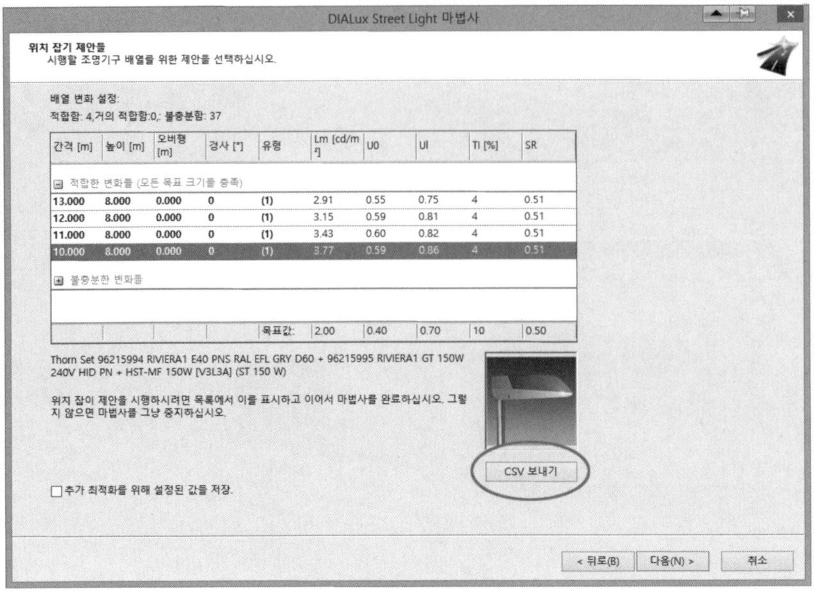

그림 5-197. CVS 보내기

CSV 파일을 내보내 테이블을 생성한다. 이 테이블을 컴퓨터에 *.csv로 저장할 수 있다. 테이블 함수를 포함하여 모든 프로그램에서 이 파일을 열 수 있다. 이 테이블에는 DIALux에 의해 이미 계산된 모든 조정된 매개변수가 있는 모든 배열 변형이 포함된다.

사용자는 "위치잡기 제안" 창의 "추가 최적화를 위한 설정된 값을 저장" 확인란의 설정을 통해 조정 매개변수를 저장할 수 있다.

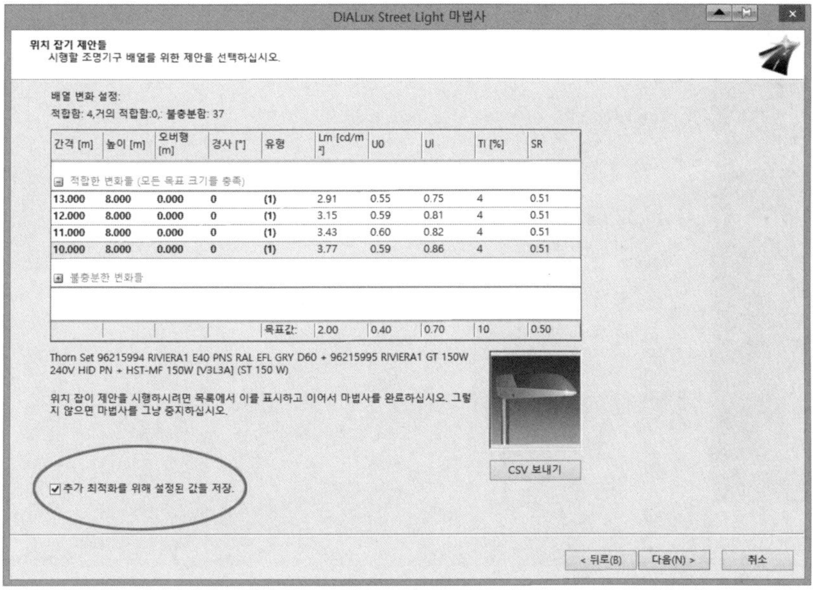

그림 5-198. 모든 조정 된 매개 변수 저장하기

사용자의 조명기구 구성에서 모든 설정이 저장된다. 사용자는 최적화 된 가로등 배치 마법사에서 저장된 구성을 사용할 수 있다.(최적화된 가로등 배열 마법사 참조) 따라서 동일한 조명기구 구성으로 새 프로젝트를 계산할 수 있다. 새 프로젝트에서 동일한 설정값을 다시 편집할 필요가 없다. 사양은 "삭제"버튼을 클릭 한 경우에만 삭제된다. 사용자가 설정값을 다시 저장하면 마지막으로 저장된 설정값을 덮어쓴다. DIALux를 다시 시작할 경우에도 설정값은 계속 사용할 수 있다.

이후 마지막 대화 상자가 자동으로 나타난다. 이 확인란를 선택하면 생성된 거리가 즉시 계산된다.

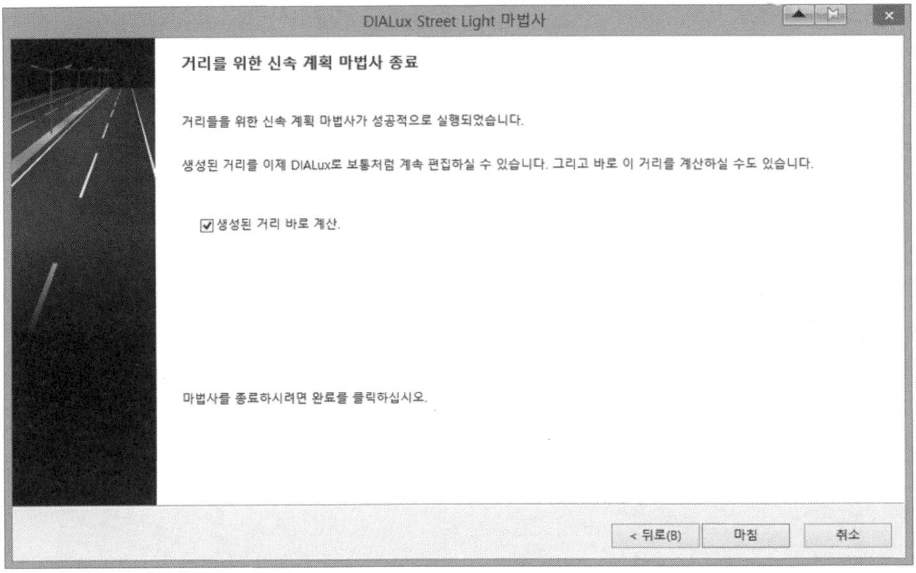

그림 5-199. 최종 대화상자

마침 버튼을 클릭하면 거리 프로젝트가 표시된다. 사용자는 나중에 추가 작업을 수행할 수 있다.

5) 최적화된 가로등 배열 마법사

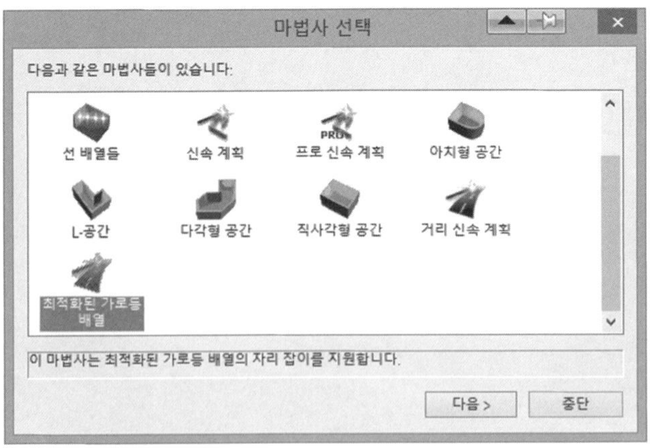

그림 5-200. 마법사가 최적화된 가로등 배열.

이미 생성 된 거리에 최적화 된 배열을 삽입할 수 있다. 이를 위해 거리 계획의 메뉴 파일 ▸ 마법사 ▸ 최적화된 가로등 배열을 선택할 수 있다.

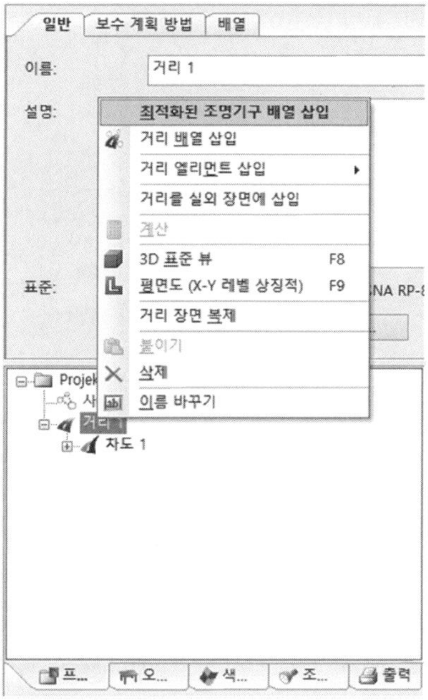

그림 5-201. 문맥메뉴 - 조명기구 배열 삽입

또는 프로젝트 트리에서 거리를 마우스 오른쪽 단추로 클릭하고 문맥 메뉴를 열고 "최적화된 조명기구 배열 삽입" 메뉴를 선택할 수 있으며 "가이드"를 통해 최적화된 배열을 시작할 수 있다.

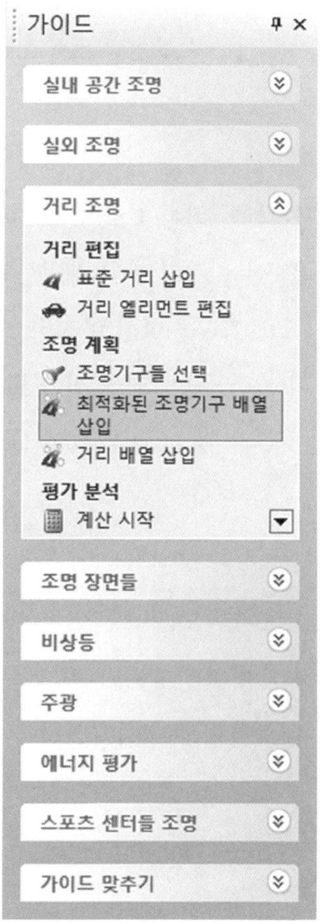

그림 5-202. "가이드"를 통해 최적화 된조명기구 배열 삽입

첫 번째 창에서는 저장된 설정 값을 불러오거나 새 조명기구 배열을 구성하는 옵션이 있다. 저장된 설정 값을 불러오려면 "마지막에 설정한 값 다운로드" 체크박스를 선택한다.

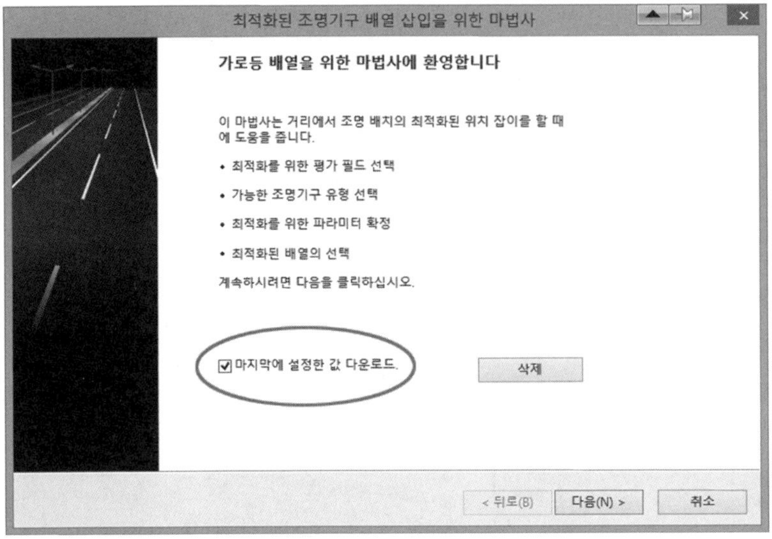

그림 5-203. 저장된 설정 값 다운로드

"삭제" 버튼을 클릭하거나 새 설정값을 저장할 때까지 설정값이 수신되며 새로운 저장은 "신속 거리 계획 마법사"에 따라 수행된다.

DIALux는 항상 마지막으로 저장된 설정값을 유지하며 새로운 저장은 최근 설정값을 덮어 쓴다. 최적화는 "신속 도로 계획 마법사"에 따라 수행된다.

"평가 필드(valuation field)" 창에서 마법사가 시작된다.

6) 조명 환경 결정 마법사

조명 환경 결정 마법사는 도로의 인스펙터에서 속성 페이지 "일반"에 있는 "마법사" 버튼을 클릭하여 시작한다.

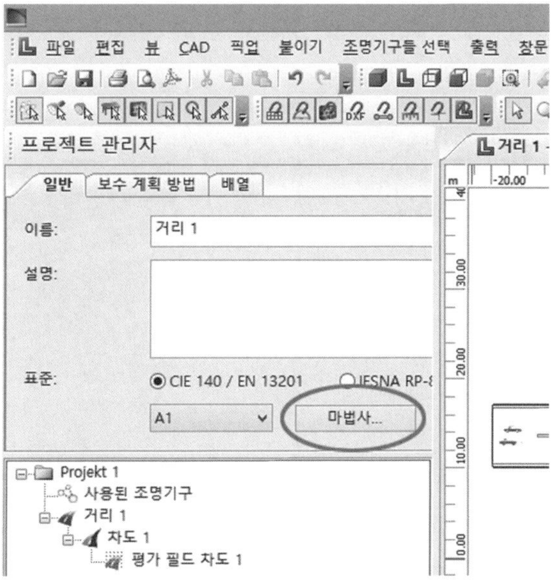

그림 5-204. 조명 환경 결정 마법사 시작

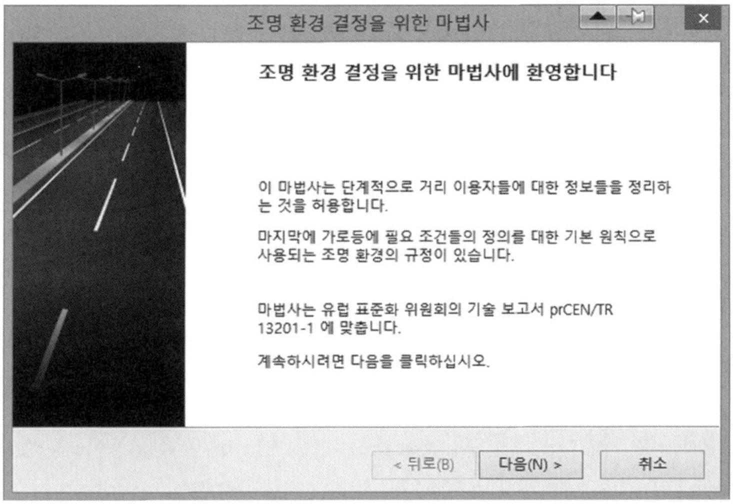

그림 5-205. 조명 환경 결정을 위한 마법사 - 환영 대화

사용자는 네 가지 옵션에서 선택하여 주요 사용자의 전형적인 속도를 설정할 수 있다. 다음을 클릭하여 각 단계를 확인한다.

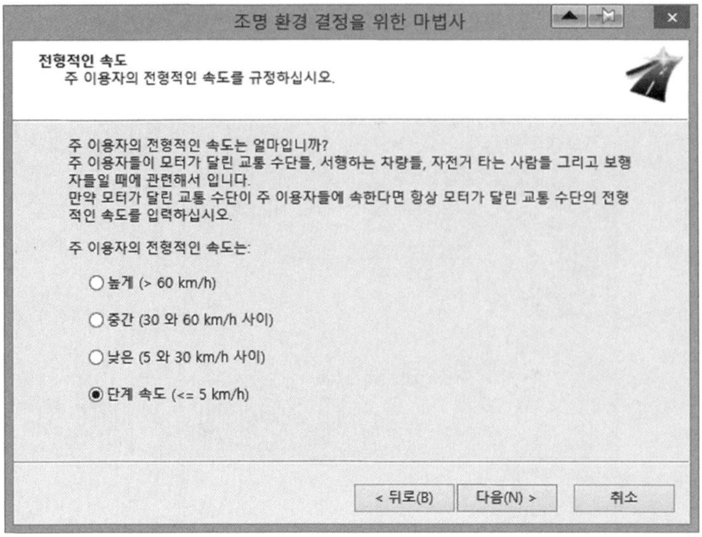

그림 5-206. 조명 환경 결정을 위한 마법사 - 표준 속도

"주 이용자들 그리고 다른 이용자들" 창에서 허용된 교통 관계자를 지정한다.

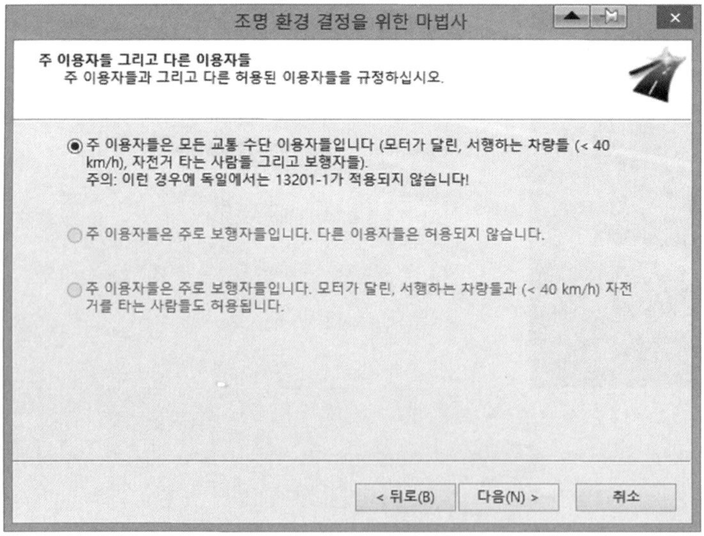

그림 5-207. 조명 환경 결정을 위한 마법사 - 주 이용자와 다른 이용자

이후 최종 대화상자는 결정된 조명 환경상태를 표시한다.

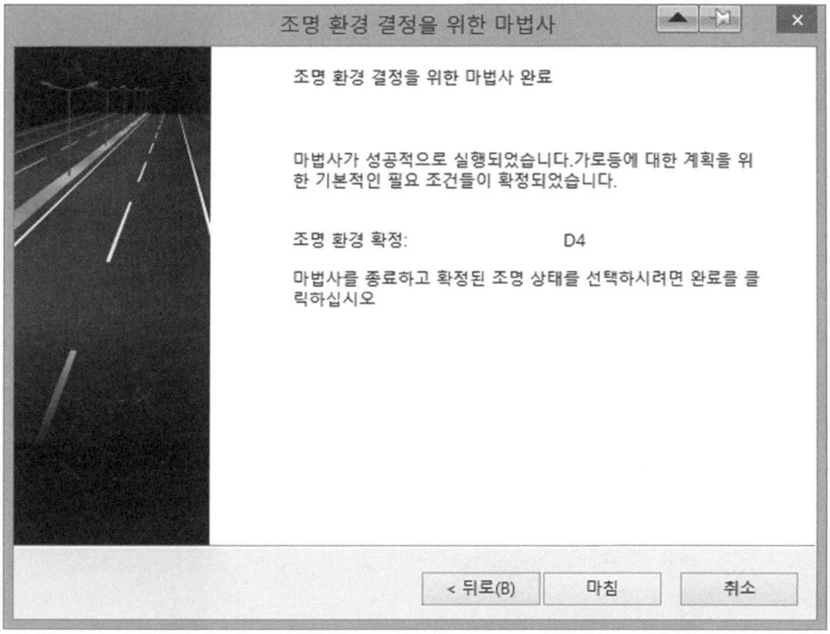

그림 5-208. 조명 환경 결정을 위한 마법사 - 최종 대화상자

마법사가 끝나면 DIALux는 거리 프로젝트의 조도 조건을 직접 포함하며 마법사는 선택한 도로 요소의 종류를 고려한다. 예를 들어, 도로의 일반적인 요구 사항이 보도에서는 나타나지 않는다.

7) 조명 등급 결정 마법사

평가 필드 도로에 대한 인스펙터의 "마법사" 버튼을 마우스 왼쪽 버튼으로 클릭하여 조명 등급 결정을 위한 마법사를 시작한다.

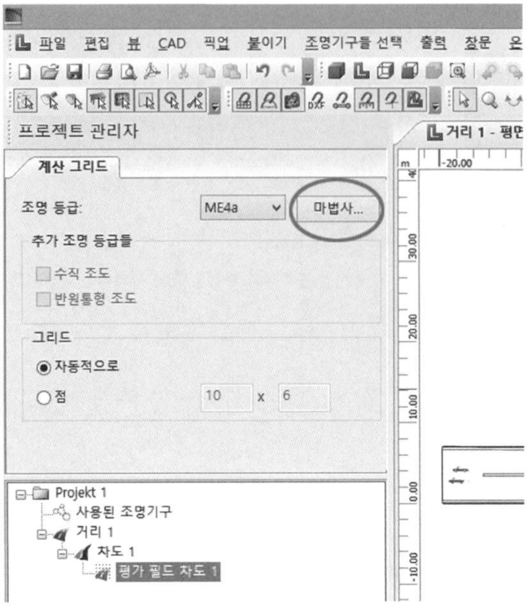

그림 5-209. 조명 등급 마법사 시작

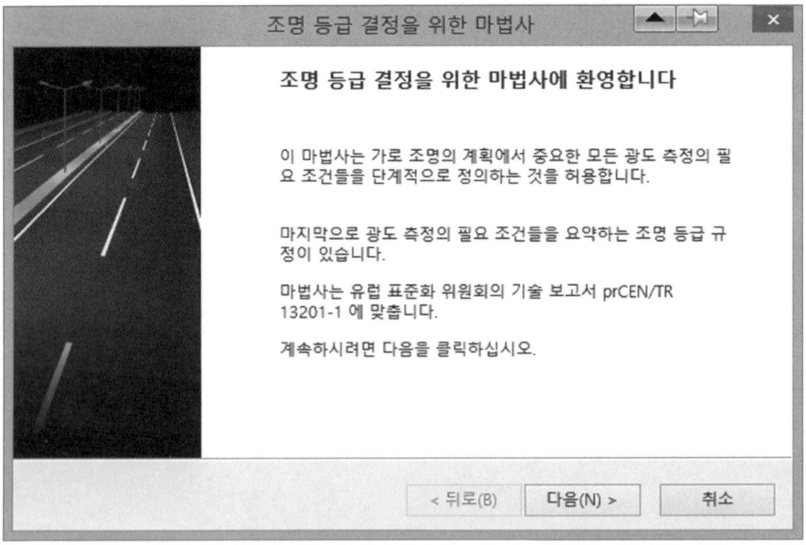

그림 5-210. 조명 등급 마법사 - 환영대화상자

"다음" 버튼을 클릭하면 주요 사용자의 일반적인 속도를 지정할 수 있다.

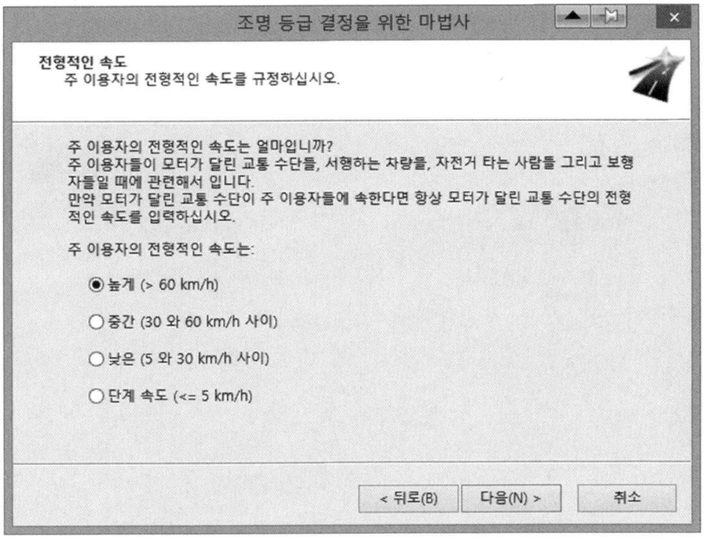

그림 5-211. 조명 등급 마법사 - 표준 속도

"주 이용자들 그리고 다른 이용자들" 창에서 도로의 인정된 주요 사용자를 정의할 수 있다. 다음을 클릭하여 각 단계를 확인한다.

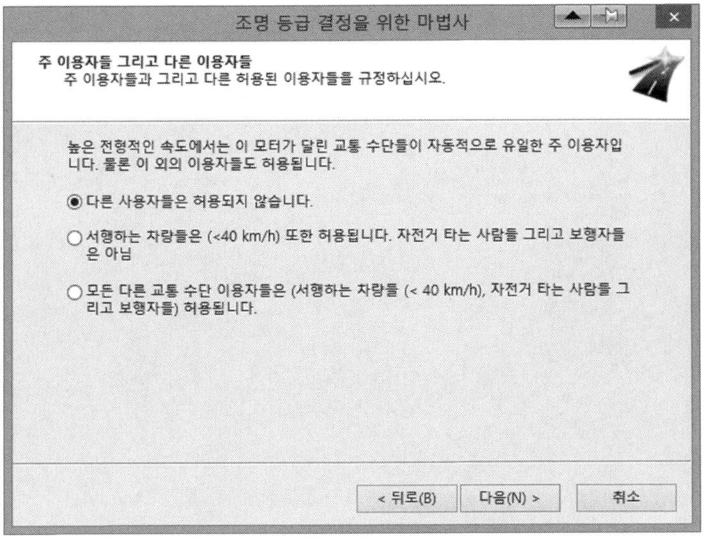

그림 5-212. 조명 등급 마법사 - 주 이용자와 다른 이용자

그 후 주 날씨 유형을 입력한다.

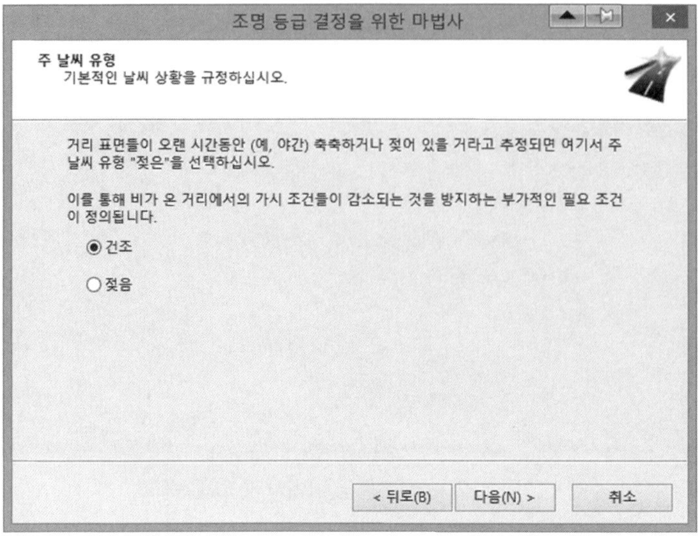

그림 5-213. 조명 등급 마법사 - 주요 날씨 유형

"교차로" 창에서 교차로의 종류 및 빈도를 선택한다.

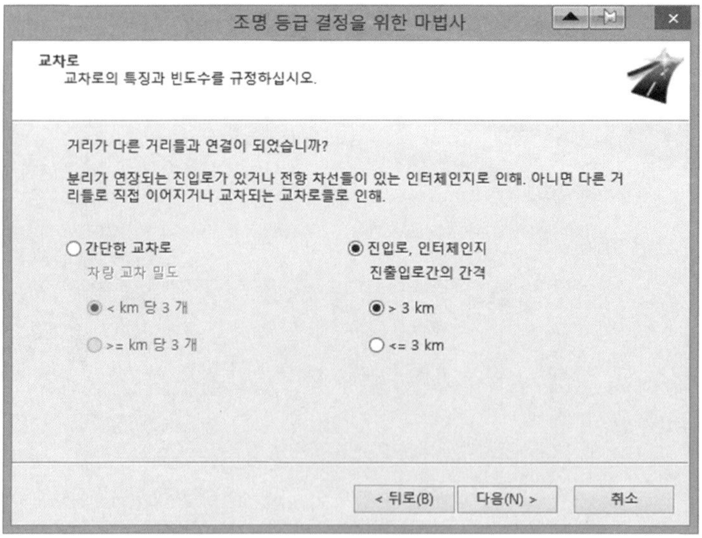

그림 5-214. 조명 등급 마법사 - 교차로

동력 차량의 운송수단에 관계가 있는 경우는 동력 차량의 교통 흐름을 규정한다.

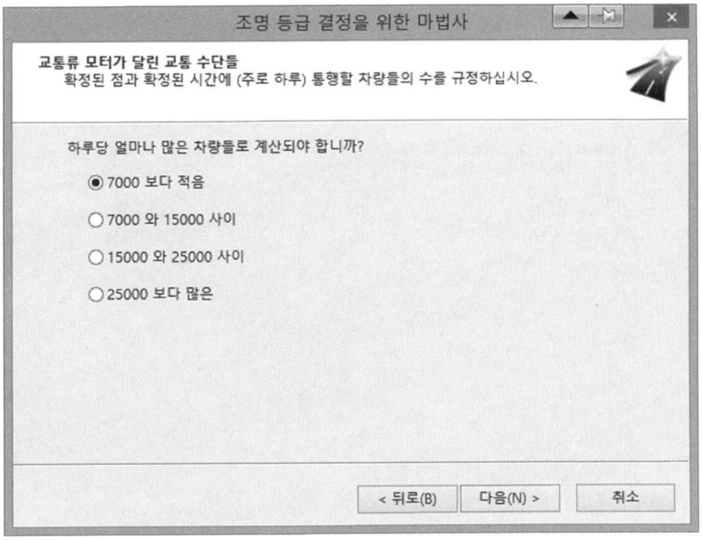

그림 5-215. 조명 등급 마법사 - 동력 차량의 교통 흐름

혼잡구역이 존재하는지 여부를 선택한다.

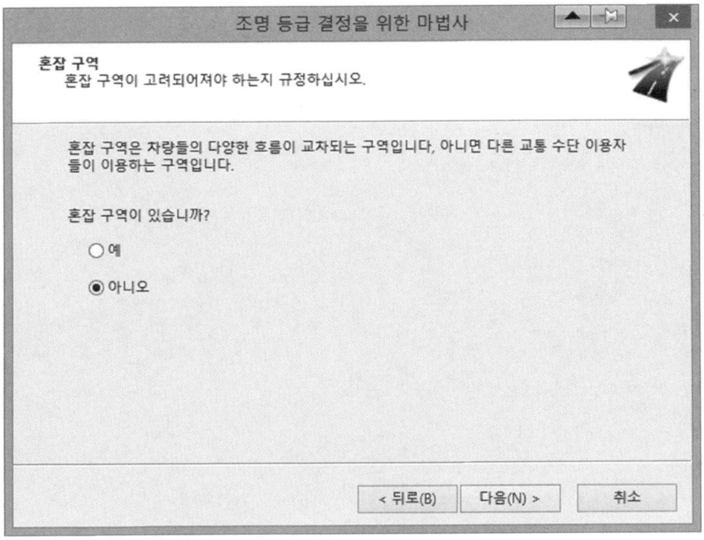

그림 5-216. 조명 등급 마법사 - 혼잡구역

시야(field of vision)의 복잡성을 지정한다.

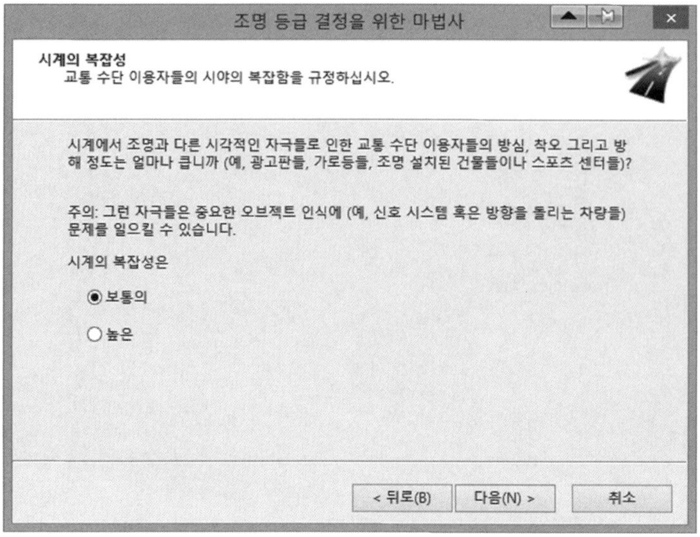

그림 5-217. 조명 등급 마법사 – 시야의 복잡성

연결된 창에서 내비게이션의 어려운 정도(degree of navigational difficulty)를 정의한다.

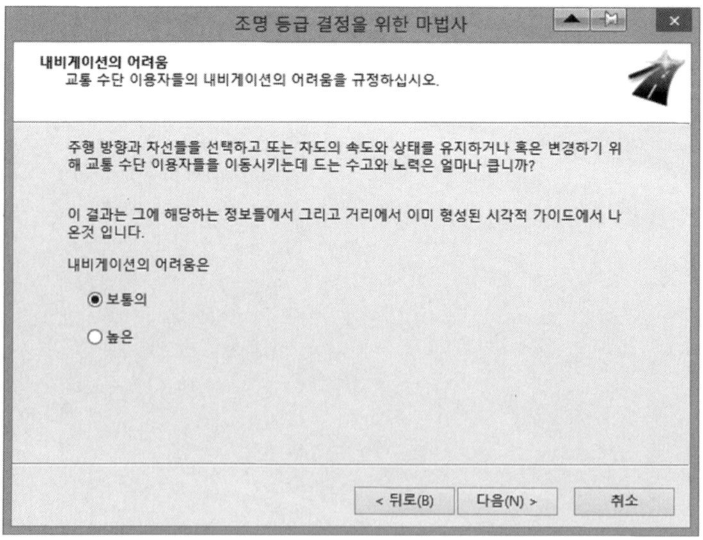

그림 5-218. 조명 등급 마법사 – 내비게이션의 난이성

그 후 사용자는 환경의 밝기 정도(brightness of surroundings)를 선택할 수 있다.

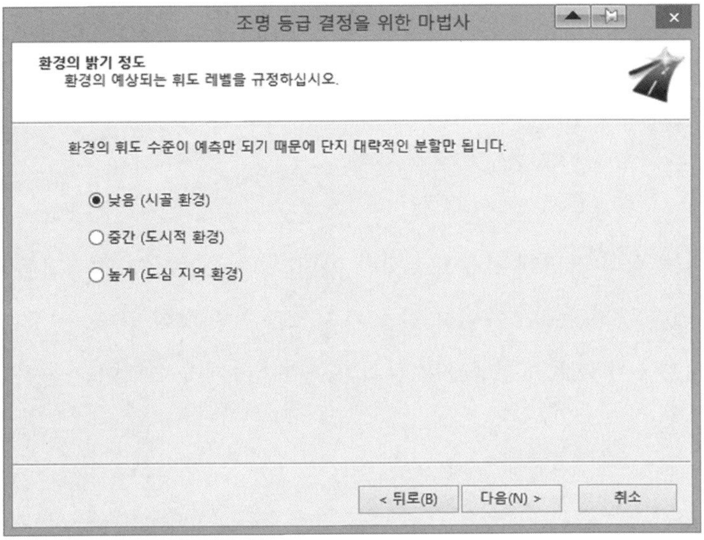

그림 5-219. 조명 등급 마법사 - 주변 환경의 밝기

마지막 대화 창에서 마법사는 결정된 조명도 등급을 나타낸다. 마법사가 완료되면 조도 등급을 자동으로 DIALux의 계산 그리드 위에 놓는다.

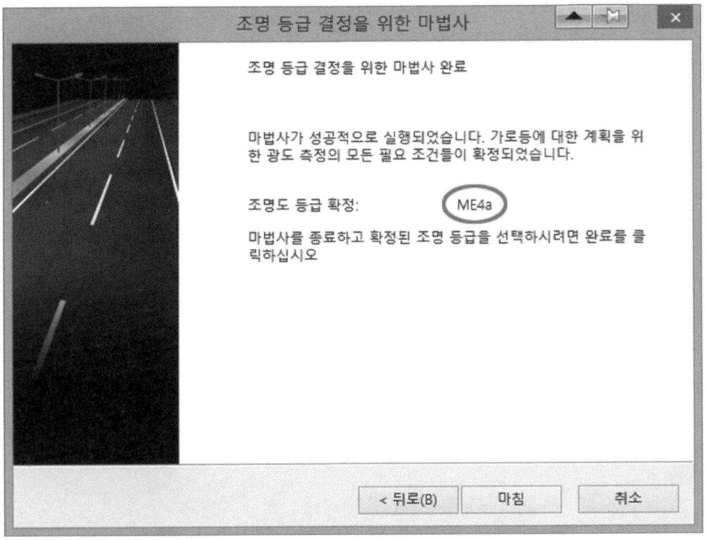

그림 5-220. 조명 등급 마법사 - 최종 대화상자

15. 경기장

DIALux에서는 실외 장면에 표준도로뿐만 아니라 다른 종류의 경기장을 삽입할 수 있다. 여기에는 일반 경기장뿐만 아니라 일곱 가지 스포츠 유형이 있다.

다양한 개별 기능이 있으며 투광조명 장치 또는 TV 카메라 삽입이 가능하다.

1) 경기장 삽입

경기장(sports complex)을 삽입하기 위한 여러 옵션이 있다. 첫째로 사용자는 실외 장면을 만들어야 한다(“실외 조명 / 실외 장면” 참조).

경기장 또는 운동장(sports field)을 삽입하는 것은 가이드를 통해 수행할 수 있으며, 붙이기 메뉴 또는 DIALux 프로젝트 관리자의 “객체” 탭을 통해 수행할 수 있다.

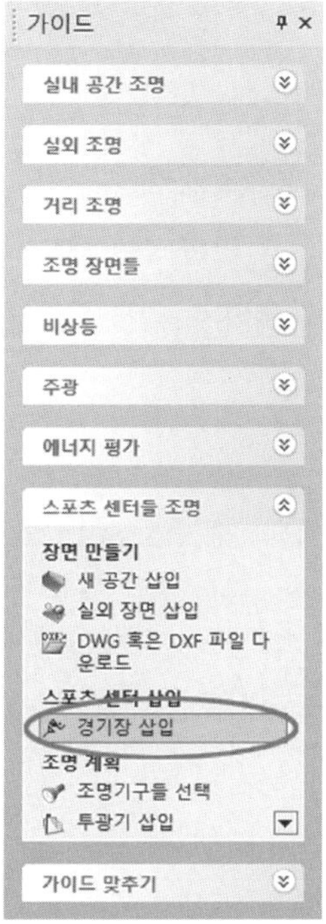

그림 5-221. 가이드를 통해 경기장 삽입

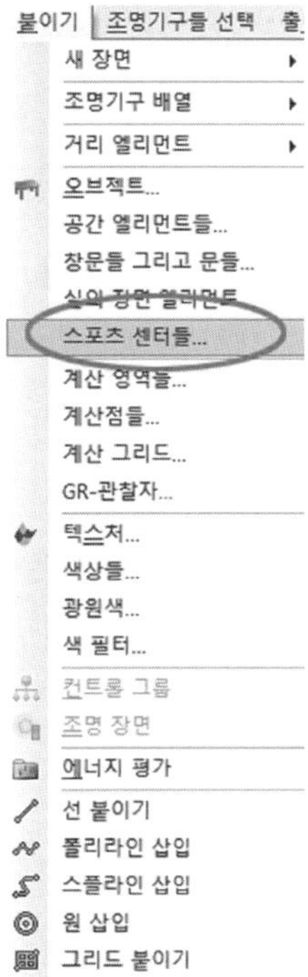

그림 5-222. 문맥메뉴를 통해 스포츠 센터 삽입

개별 요구 사항에 따라, 총 8개의 다른 경기장을 선택할 수 있다. 각 경기장은 자신의 기호를 가지고 있으며, 운동(sports)의 종류에 따라 자신의 공간 구조를 가지고 있다.

그림 5-223. 스포츠 종목 선택

2) 경기장 편집

DIALux에서는 객실 또는 거리 조명과 마찬가지로 경기장의 공간 구조를 변경할 수 있다. 평면 또는 3D보기에서 수동으로 또는 프로젝트 관리자를 통해 이 작업을 수행할 수 있다. 경기장(바깥 쪽 가장자리를 마우스 왼쪽 클릭)을 선택 후 일반적인 설명, 위치 및 경기장의 크기, 기타 설정을 변경할 수 있으며 변경이 필요한 경기장을 선택하여 프로젝트 트리를 통해 변경할 수 있다.

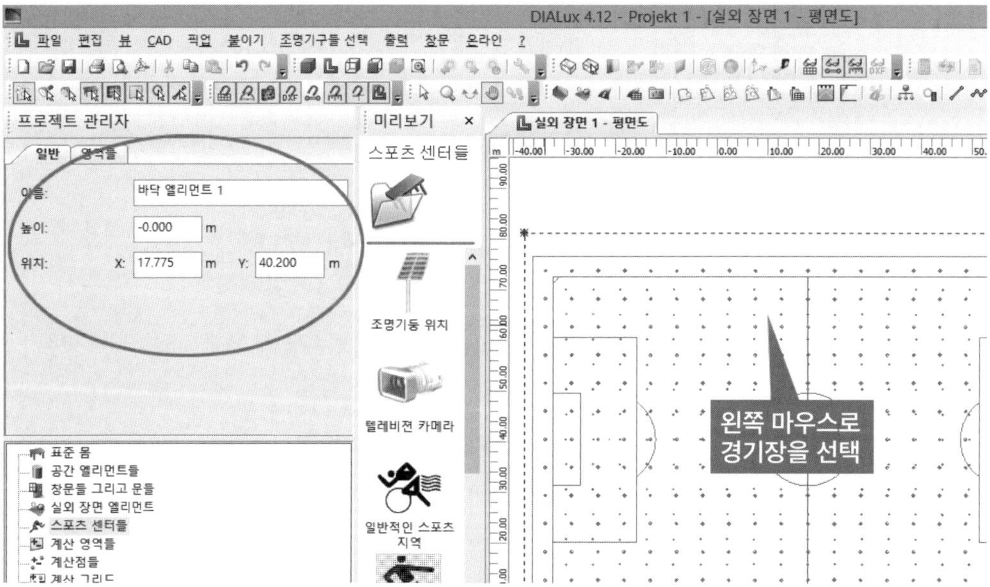

그림 5-224. 스포츠 단지 편집을 위한 프로젝트 관리자 열기

경기장의 기본적인 편집 후, 운동의 유형에 따라 경기장 요소(예를 들어 축구 필드에 두 개의 골대를)를 삽입할 수 있다. 경기장(예: 축구 필드)의 프로젝트 트리에서 마우스 오른쪽 버튼을 클릭하여 문맥 메뉴에 "경기장 설비품 삽입"이 나타나면 선택하여 이 작업을 수행할 수 있다.

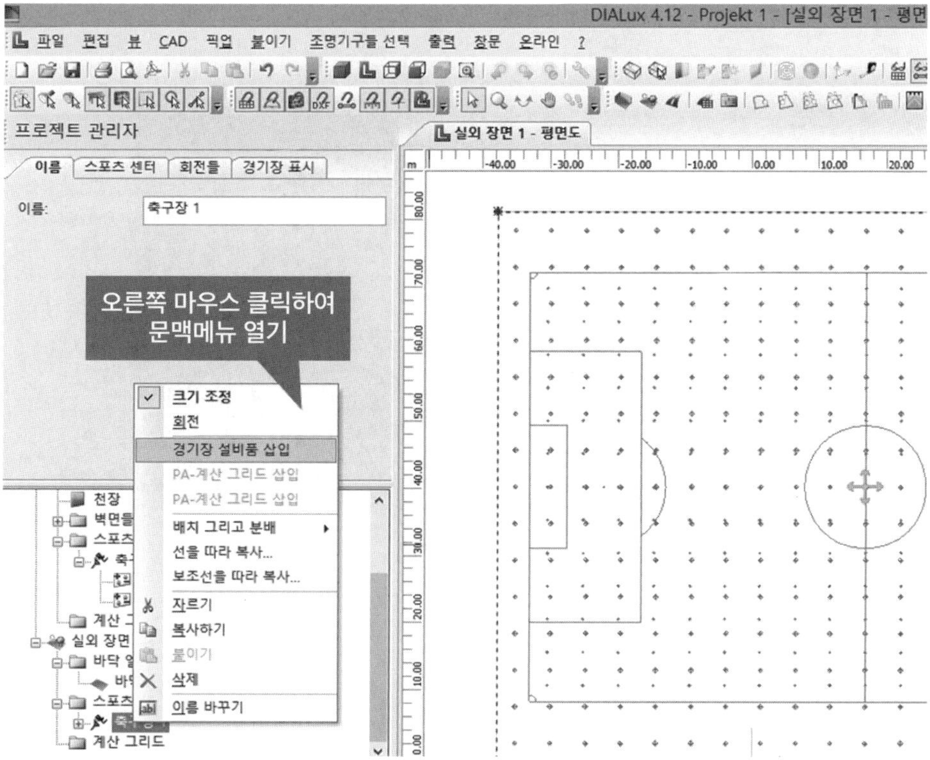

그림 5-225. 스포츠 필드 요소 삽입하기

3) 경기장과 투광조명 테이블

경기장에서의 새로운 기능은 테이블 작업이 가능해진 것이다. 경기장에서 조명의 위치를 간단하게할 수 있다.

투광조명 테이블을 열려면 메뉴의 붙이기 ▸ 조명기구 배열 ▸ 플러드 라이트 배열을 클릭하거나 도구 모음에서 해당 아이콘을 선택한다.

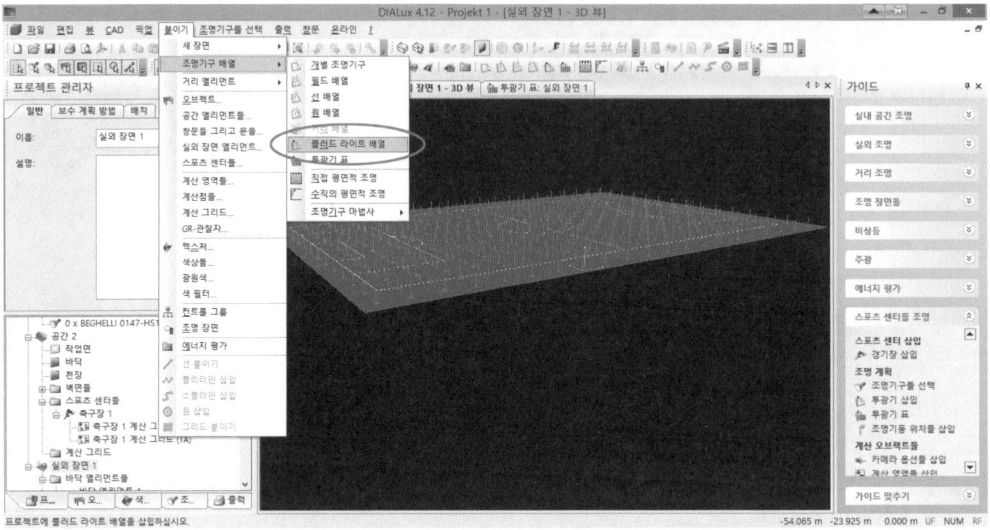

그림 5-226. 투광조명 표 시작

투광조명 테이블은 프로젝트에 조명기구 배열을 조정할 수 있다.

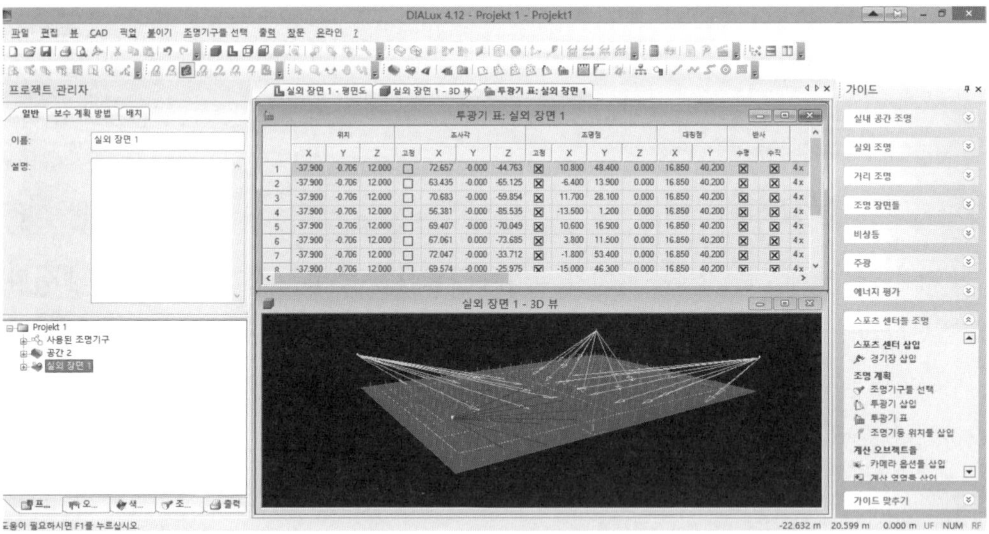

그림 5-227. 경기장 투광조명 표

또한 사용자는 테이블에 조명기구를 삽입할 수 있으며 그것은 드롭다운 목록에서 선택할 수 있다. 또한 광속(luminous flux)과 회전을 수정할 수 있다. 삭제 기능은 Del 키를 통해 작동한다. 그리고 하나의 목표 지점에 함께 배열하는 모든 조명기구의 배열을 테이블에서 선택할 수 있다.

4) 초기 계산 그리드

경기장에는 스포츠 유형에 따라 적어도 하나의 계산 그리드가 있다. 해당 그리드는 변경하고 조정할 수 있다. 이 단계에서 계산 그리드를 삽입할 수도 있다. "계산 그리드" 장에서 설정과 작업을 수행하는 방법을 확인할 수 있으며 해당 기능들은 경기장에 적용할 수 있다.

5) 기둥 위치 선정

경기장에서는 조명이나 카메라를 장착할 수 있는 기둥을 삽입할 수 있다. 프로젝트에 기둥을 삽입하려면, 경기장의 인스펙터에서 기둥 위치 심벌을 마우스 왼쪽 버튼으로 클릭하고 "드래그 앤 드롭"을 통해 프로젝트의 임의의 위치로 당긴다. DIALux에서 소위 스냅 기능이나 캐치 그리드는 더 간단하게 개체를 삽입할 수 있다. 기둥은 프로젝트의 중요한 지점(경기장의 모서리에 등)에 자동으로 놓이는데 기둥 위치의 "기하학" 탭에서 필요한 좌표를 입력할 수도 있다.

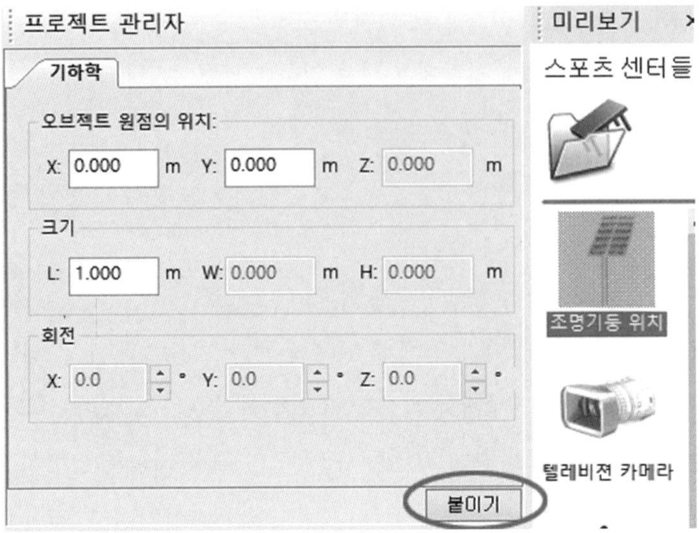

그림 5-228. 인스펙터로 기둥 위치 삽입

기둥을 삽입한 후, 이에 추가 설정을 더할 수 있으며 이름, 기호 및 형상은 나중에 변경할 수 있다.

6) TV 카메라

TV 카메라는 경기장에서 찾을 수 있고 "드래그 앤 드롭" 또는 인스펙터에서 기하학적 데이터를 입력하여 기둥의 위치와 같은 방식으로 삽입할 수도 있다.

예를 들어 TV 카메라는 이전에 삽입 된 기둥의 위치에 장착이 가능하며 기둥 위치에 카메라를 끌어서 놓으면 된다. 카메라를 배치 한 후, 기둥과 마찬가지로 이름, 기호 및 형상을 변경할 수 있다.

TV 카메라는 회전 및 정렬을할 수 있다. 마우스로 직접 카메라를 정렬하거나 "회전"의 하위 항목 "형상" 탭에서 원하는 각도를 입력하여 이 작업을 수행한다.

7) 출력

기본적으로 경기장에 대한 계산 결과는 병합되고 출력에 표시된다. 경기장 계산의 출력은 프로젝트 트리의 "출력" 탭에 있다. 만약 단 하나의 실외 장면에 하나의 경기장을 삽입한 경우, 경기장 또는 개별 계산 그리드에서 출력을 찾을 수 있다. 표준 출력은 다음을 포함한다.

- 병합
- 등고선(수량은 선택 조도 값의 수에 따라 달라진다)
- 그레이 스케일(수량은 선택 조도 값의 수에 따라 달라진다)
- 값 차트(수량은 선택 조도 값의 수에 따라 달라진다)
- 표(수량은 선택 조도 값의 수에 따라 달라진다)

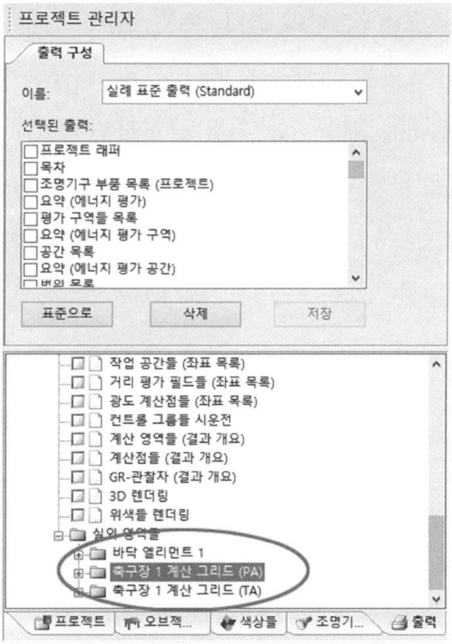

그림 5-229. 스포츠 단지 출력 예

단일 출력 옆에 있는 기호를 두 번 클릭하여 해당 페이지를 열 수 있다.

자세한 내용은 "출력"을 참조한다.

16. 출력

1) 계산결과 보기

계산이 완료되면 DIALux는 객실의 3D 디스플레이를 표시한다.

프로젝트 출력은 계산하기 전, 후에 볼 수 있다. 계산 결과에 영향을 받지 않는 출력형식은 언제든지 볼 수 있다. 예로는 프로젝트의 표지, 조명기구 부품 목록, 조명기구 좌표, 객실 좌표 등이 있다.

대부분의 출력 유형은 먼저 계산해야 한다. 어떤 결과가 아직 없을 때 이 출력 형식 중 하나가 열려있는 경우, DIALux는 계산을 수행할지 여부를 묻는다.

프로젝트 매니저에서 원하는 페이지를 더블 클릭하면 CAD 창에 표시된다. DIALux는 인쇄 출력과 모니터 출력을 구별하는데 모니터 출력은 레이아웃과 페이지 크기에 의해 제한을 받지 않고, 필요한 정보만을 쉽게 평가할 수 있다. 큰 테이블이 표시되고 스크롤 바를 위아래로 움직이면서 볼 수 있다.

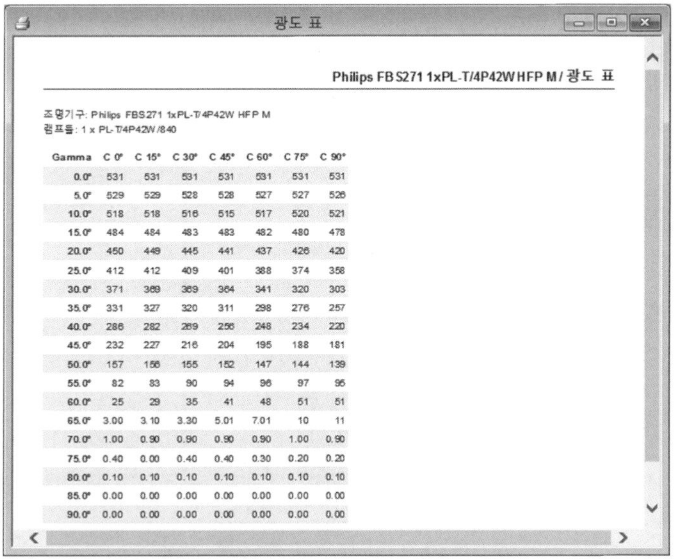

광도 표

Philips FB S271 1xPL-T/4P42W HFP M / 광도 표

조명기구: Philips FBS271 1xPL-T/4P42W HFP M
램프들: 1 x PL-T/4P42W /840

Gamma	C 0°	C 15°	C 30°	C 45°	C 60°	C 75°	C 90°
0.0°	531	531	531	531	531	531	531
5.0°	529	529	528	528	527	527	526
10.0°	518	518	516	515	517	520	521
15.0°	484	484	483	483	482	480	478
20.0°	450	449	445	441	437	426	420
25.0°	412	412	409	401	388	374	358
30.0°	371	369	369	364	341	320	303
35.0°	331	327	320	311	298	276	257
40.0°	286	282	269	256	248	234	220
45.0°	232	227	216	204	195	188	181
50.0°	157	156	155	152	147	144	139
55.0°	82	83	90	94	96	97	96
60.0°	25	29	35	41	48	51	51
65.0°	3.00	3.10	3.30	5.01	7.01	10	11
70.0°	1.00	0.90	0.90	0.90	0.90	1.00	0.90
75.0°	0.40	0.00	0.40	0.40	0.30	0.20	0.20
80.0°	0.10	0.10	0.10	0.10	0.10	0.10	0.10
85.0°	0.00	0.00	0.00	0.00	0.00	0.00	0.00
90.0°	0.00	0.00	0.00	0.00	0.00	0.00	0.00

그림 5-230. 큰 테이블의 모니터 출력

사용자는 인쇄하기 전에 모니터에 출력하여 인쇄 미리보기를 사용할 수 있다. DIALux에서 인쇄 미리보기로 이동하려면, 파일 ▸ 인쇄를 클릭하면 미리보기 창이 나온다. 검은색 체크 표시로 선택된 출력 형식은 인쇄 미리보기와 출력에 포함되는 것을 명심해야 한다. 보고서의 크기에 따라, 출력물 생성에 약간의 시간이 걸릴 수 있다. 정보창에 현재 상태가 표시된다.

그림 5-231. 인쇄 미리보기 생성 상태

인쇄 미리보기는 선택된 출력의 개요를 제공한다.

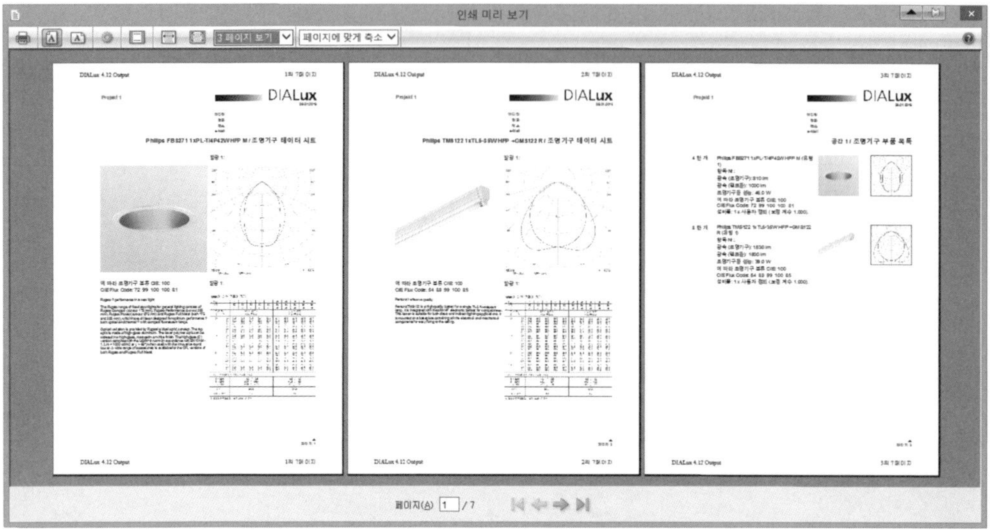

그림 5-232. 인쇄 미리보기

여기에서 사용자는 프린터에 따라 추가 인쇄 설정을 지정할 수 있다. 큰 인쇄 작업을 위해 여러 인쇄 작업을 연속적으로 보내는 것이 좋다. RAM이(>128MB) 매우 큰 경우에는 필수사항이 아니다.

2) 출력 설정

다양한 출력 유형에 대한 추가 설정을 지정할 수 있다. 출력 트리에서 해당 출력을 선택하고 인스펙터에서 해당 속성 페이지의 설정을 변경할 수 있다.

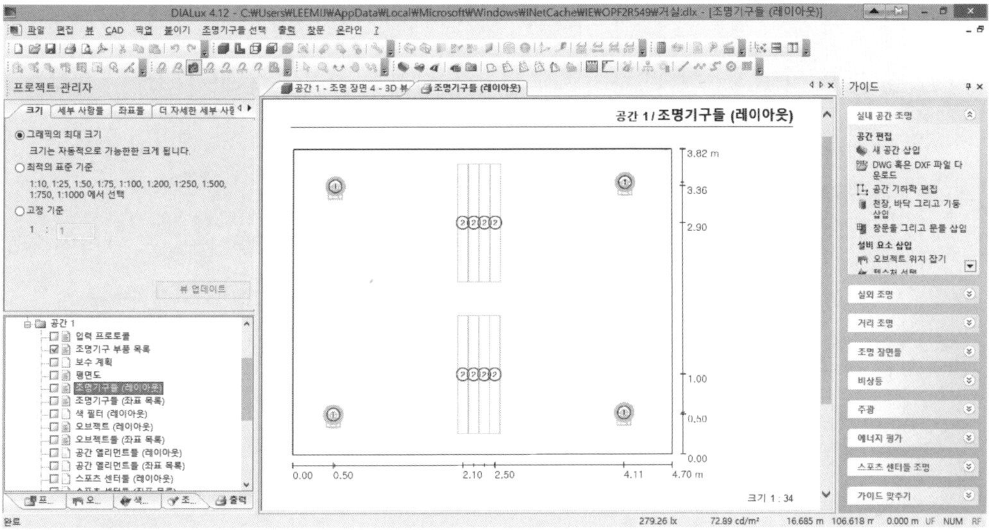

그림 5-233. 출력 설정

설정을 변경하면, 새로 고침 버튼이 활성화된다. 이 버튼을 사용하면, 입력한 변경 사항이 출력 창에 적용된다. 3D 렌더링은 CAD에서 설정한 관찰자의 위치를 사용하여 생성된다.

그림 5-234. 좌측 상단의 3D CAD(편집 목적)및 오른쪽 하단의 3D렌더링(출력)

3) 출력

DIALux는 DIALux 4 이후 몇 가지 새로운 또는 향상된 출력 유형을 제공한다. 대부분은 새로운 조명 제어를 나타내며 각각의 제어 그룹과 조명 장면에 적합한 출력이 있다. 이 출력은 다른 객실의 출력과도 비슷하다.

계산 그리드는 DIALux의 출력에 고정되어 있다. 조명 장면의 요약을 출력 트리에 열고 출력 그리드의 설정을 선택한다. "뷰 업데이트" 버튼을 클릭하면 DIALux는 현재 계산 그리드를 결정하고 출력창에 결과를 표시한다.

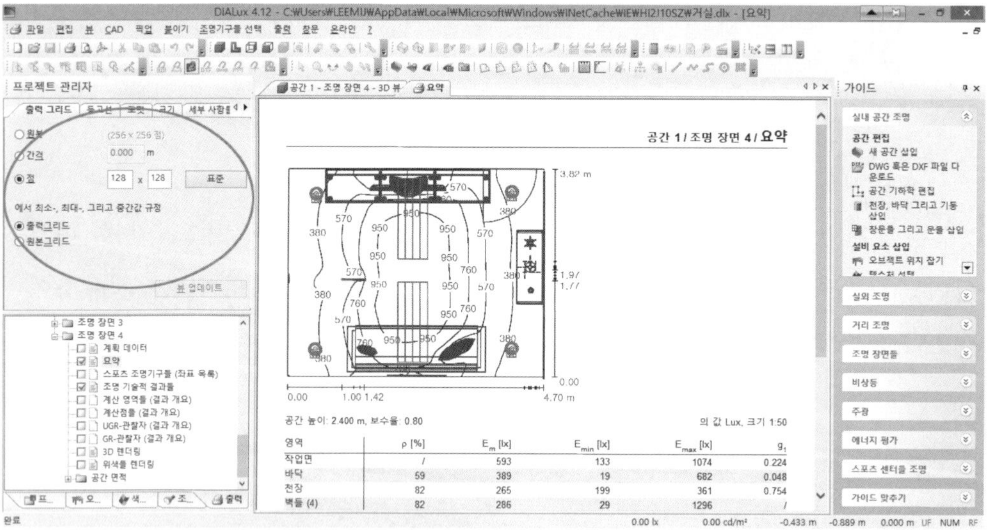

그림 5-235. 조명 장면의 출력

사용되는 조명기구의 참고문서도 DIALux에서 수정된다.

4) 조명기구 데이터시트

조명기구 데이터시트는 그림과 텍스트 외에 두 개의 사용자 정의가 가능한 다이어그램이 생성된다. 조명 콘센트가 여러 개 있는 조명기구를 사용할 때 어떤 콘센트에 어떤 다이어그램을 사용할 지 선택할 수 있다.

조명기구는 수많은 규정(DIN, BZ, UTE, CIE, NBN)에 따라 분류할 수 있다.

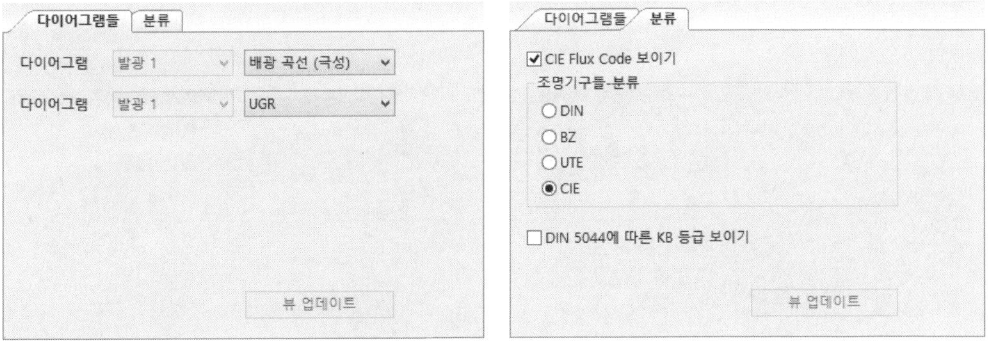

그림 5-236. 조명기구 데이터 시트의 설정

5) 휘도 다이어그램

휘도 다이어그램은 다양한 각도의 방사(전방향 눈부심 제어)와 관련하여 휘도를 평가할 수 있는 새로운 방식이다.

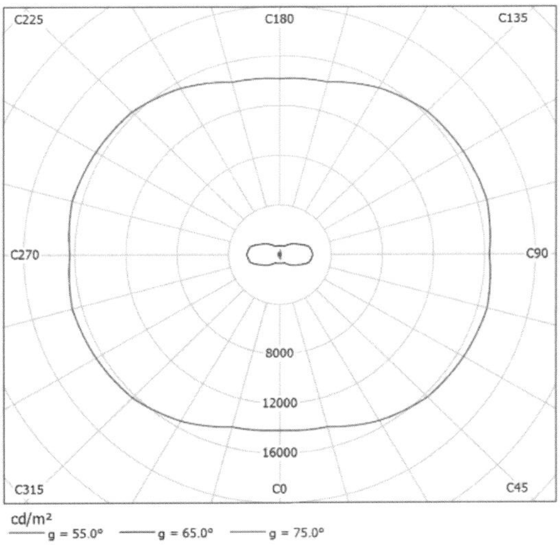

그림 5-237. 전 방향 눈부심 제어 평가를 위한 휘도 도표

6) 조명기구 광도 데이터의 도표화 설명

빛의 강도와 휘도는 표 형식으로 표시된다. C-레벨 및 감마 각 단계는 속성 페이지에서 조정할 수 있다.

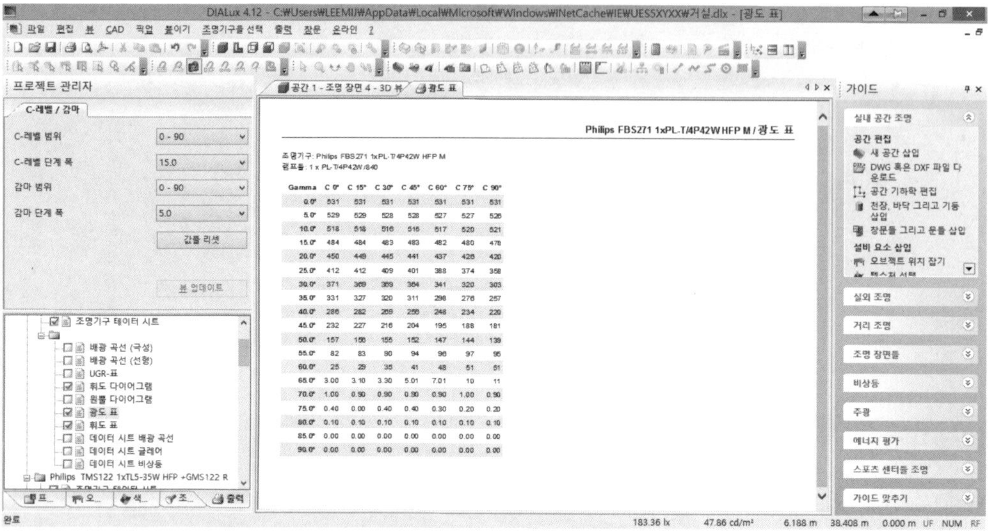

그림 5-238. 광도 테이블

7) 사용자 지정 표준 출력 생성

사용자는 DIALux에서 자주 사용하는 출력 유형의 조합을 생성하고 저장할 수 있다. 이 작업을 수행하려면 출력이 포함된 폴더를 출력 트리에서 선택해야 한다.

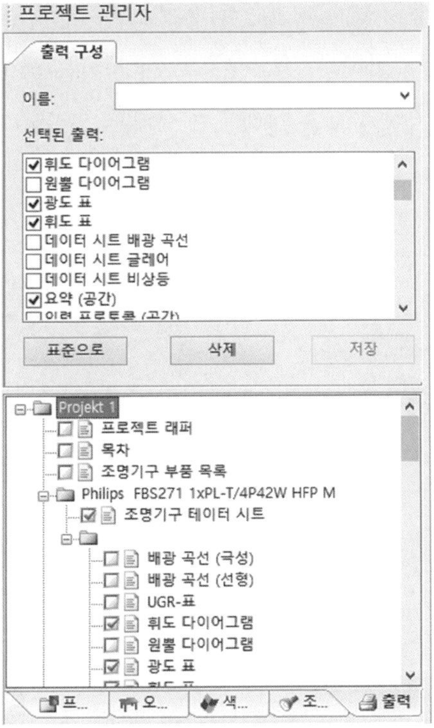

그림 5-239. 표준 출력 생성하기

프로젝트를 최고단계 수준에서 시작하는 경우, 출력 트리(이 경우 프로젝트1)에서 선택한다. 사전 설정 표준을 사용하려면 이름 목록에서 선택한다. 표준을 생성하려면 표준에 포함되어야 하는 출력형식을 확인하며 목록에는 낮은 단계 수준의 출력 유형을 포함하여 모든 출력 형식이 포함된다. 예를 들어, 이 단계 수준에서 등고선(isolines) 출력 유형을 검사하면 동시에 모든 하위 단계 수준에서도 검사된다.

이제 낮은 단계 수준을 선택하고 여기에 다른 출력 표준을 사용할 수 있다. 예를 들어 객실 1을 선택하고 완벽한 문서 표준을 선택할 수 있다. 이 예제에서는 매우 광범위한 문서를 설명한다. 이전에 프로젝트에 지정된 짧은 문서 출력 표준을 계속 사용하기 때문에 이 변경의 영향을 받지 않는다.

따라서 사용자는 각각의 출력 하부 디렉터리에 영향을 미칠 수 있으며 사용자는 출력 트리의 모든 개체에 대해 개별적으로 출력 유형을 선택할 수 있다.

사용자 정의 출력 표준을 기본 설정으로 사용하려면, 이름 목록 상자에서 선택하고 표준 버튼을 클릭한다. 목록 상자에서 표준 문구는 해당 이름 뒤의 괄호 안에 나타난다. 사용자 정의 표준을 삭제하려면 항목을 선택하고 삭제를 클릭한다. 목록 상자에서 다른 표준을 선택하면 이전에 삭제 된 표준을 더 이상 사용할 수 없다.

8) PDF로 출력 저장

인쇄와 유사하게 출력을 PDF 파일로 내보낼 수 있다. 작은 프린터 기호로 원하는 모든 정보를 선택한 후, 메뉴의 파일 ▸ 보내기 ▸ 출력 PDF로 저장을 선택한다.

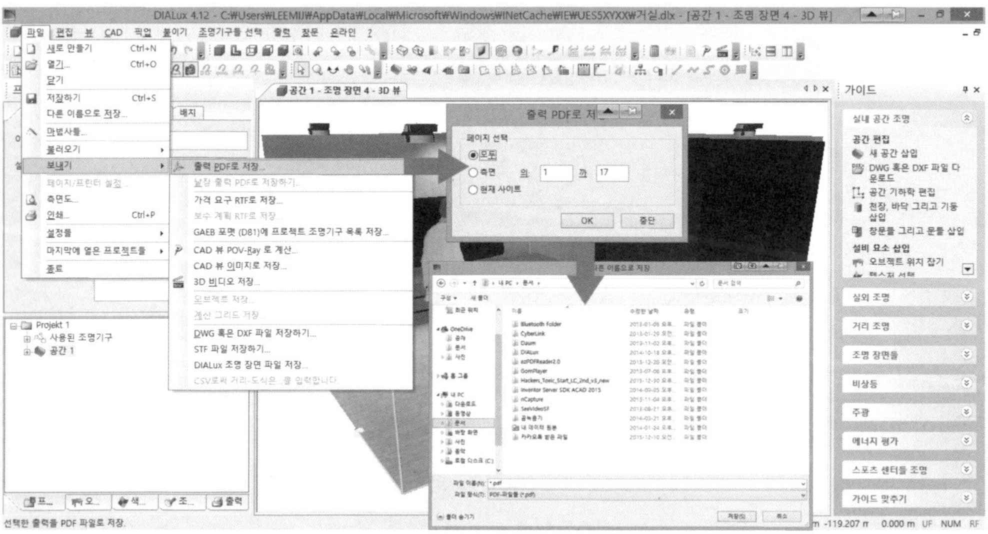

그림 5-240. 출력을 PDF 파일로 내보내기

하나의 출력 창이 활성화된 경우 디렉터리 및 PDF 파일의 이름을 지정하라는 메시지가 표시된다. PDF로 보내기를 하면 큰 프로젝트의 경우는 시간이 오래 걸릴 수 있지만, 보통은 출력이 인쇄보다 두 배 빠를 수 있다. PDF 파일은 고객에게 보낼 수 있으며 PDF로 저장되면 수정할 수 없다.

9) 내보내기

원하는 출력 시트를 두 번 클릭하여 DIALux의 출력을 열 때 출력의 어떤 유형은 마우스 오른쪽 버튼으로 클릭하여 복사 및 붙여 넣기를 선택할 수 있다. 테이블을 추가하거나 그래픽과 텍스트를 파일에 저장할 수 있다.

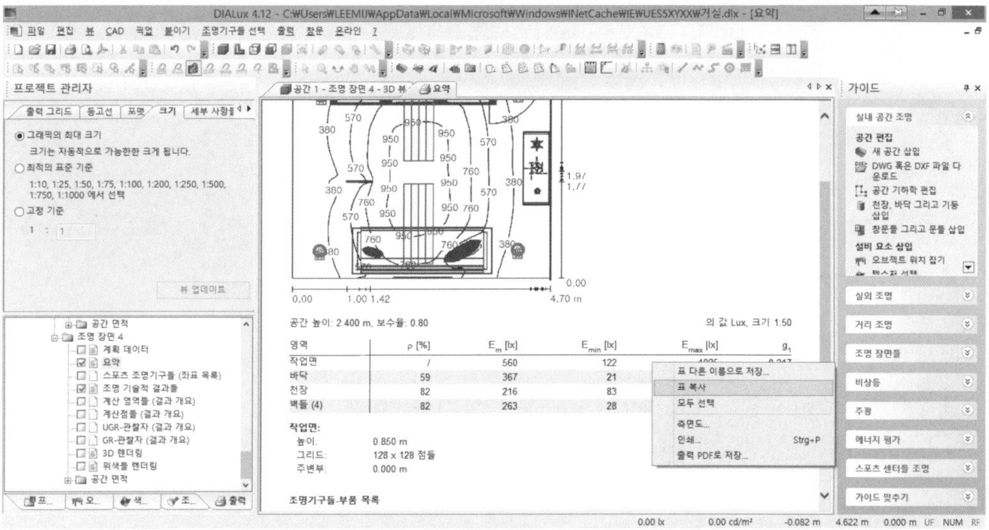

그림 5-241. 출력 테이블을 파일로 내보내거나 클립 보드에 복사

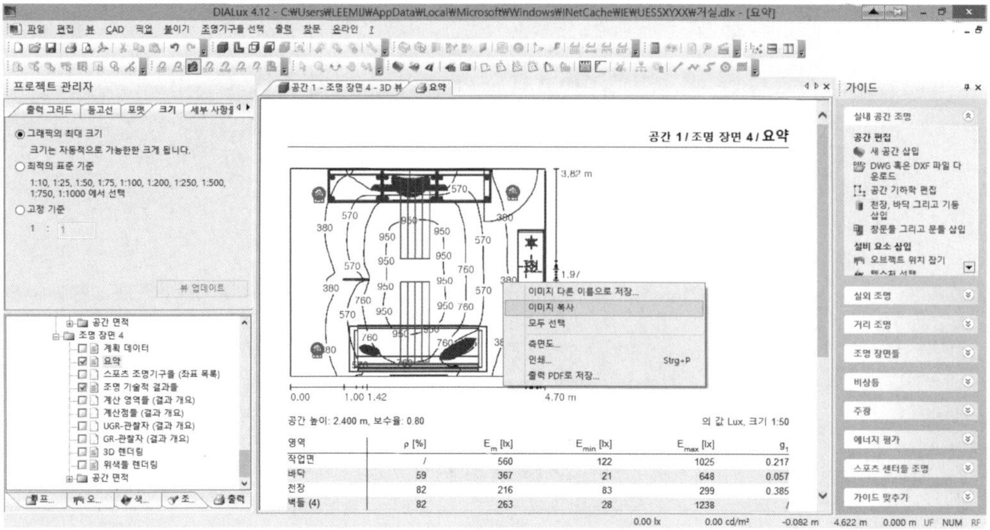

그림 5-242. 출력 그래픽을 파일로 내보내거나 클립 보드에 복사

사용자는 Word 또는 이미지 처리 소프트웨어와 같은 다른 Windows 소프트웨어로 DIALux가 만든 그래픽 출력을 내보낼 수 있으며 출력 트리의 출력을 열고 설정을 조정한다. 예를 들어 계단, 색상, 글꼴 크기 등이 있다.

이제 출력창에 마우스 왼쪽 버튼을 클릭 한 채로 다른 프로그램에 출력 이미지를 드래그 한다. 이미지는 이 프로그램에 *.WMF-image로 복사된다.

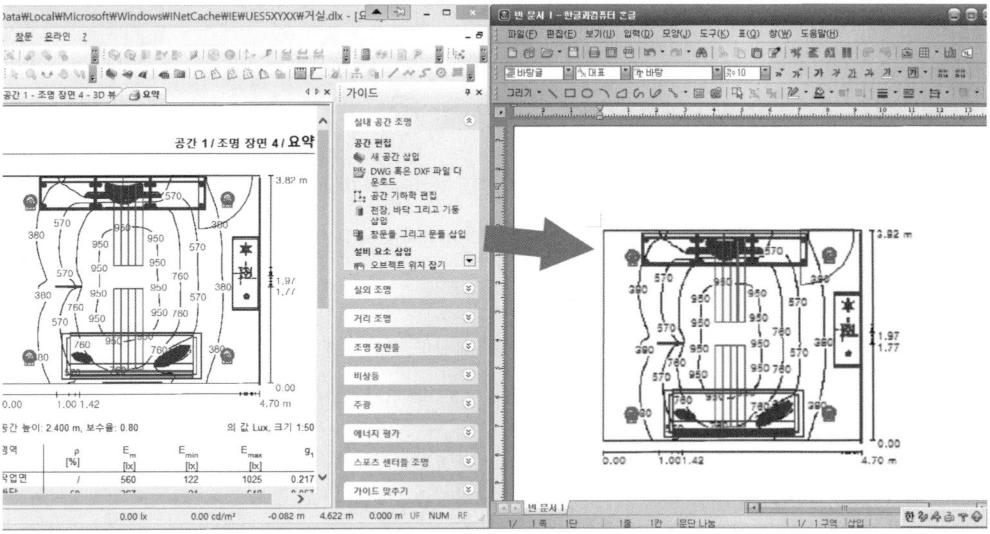

그림 5-243. 출력 그래픽을 다른 프로그램으로 내보내기

물론 복사 및 붙이기 기능을 사용하여 텍스트 및 표를 다른 프로그램으로 복사할 수도 있다.

참고문헌

Alex Ryer. 1997. Light Measurement Handbook. International Light Inc.

Allen, E. & Thallon, R. 2006. Fundamentals of Residential Construction (2nd Ed.). Hoboken NJ: John Wiley & Sons.

Benjamin Stein, John S. Reynolds, Mechanical and Electrical Equipment for Buildings

Binggeli, C. 2010. Building systems for interior designers (2nd ed.). NY: Wiley.

Dial. 2011. DIALux version 4.9 user manual

Egan, M. David. 1983. Concepts in architectural lighting, Mcgraw-Hill College

Eugenia V.E., Elizabeth W.G., David A.K., Donald L.M., Greg Y. 2013. Auto-tuning Daylight with LEDs: Sustainable Lighting for Health and Wellbeing. Proceedings of ARCC 2013.

Gary Steffy. 2000. Time Saver Standards for Architectural Lighting, Mcgraw Hill

IES, IES Lighting Handbook 9th Ed.

James Benya. 2003. Advanced Lighting Guideline.

John E. Flynn.1962. Architectural Lighting Graphics, Van Nostrand Reinhold.

Louis Erhardt. 1995. The right light. IES.

Rensselaer Polytechnic Institute. 2002.

Riggs, J.R. 2008. Materials and Components of Interior Architecture. Upper Saddle River NJ: Pearson/Prentice Hall.

Rupp, W.E. 1989. Construction materials for interior design. NY:Whitney library design an imprint of Watson-guptill publications.

Winchip, S.M. 2011. Fundamentals of Lighting, (2nd Ed.). Hoboken NJ: John Wiley & Sons.

Wujek and Dagostino. 2012. Mechanical and Electrical Systems in Architecture, Engineering, and Construction, 5th edition. Upper Saddle River NJ: Pearson/Prentice Hall.

강춘원 · 엄영근. 2013. 목재조직과 인테리어. 미디어우드

강동우. 2007. 사무공간을 위한 조명 디자인 연구. 홍익대 산업미술대학원 석사학위논문

고화연. 2014. 호텔로비공간의 조명 연출기법에 관한 연구. 국민대디자인대학원 석사학위논문

기유경 외. 2005. 옥내조명, 동일출판사

김민영. 2015. 중학교 학생들과 과학 교사들의 빛에 대한 인식 연구. 고려대교육대학원 석사학위논문

김주현. 2011. 자연광의 변화에 연동하는 디지털조명 디자인 방법에 관한 연구. 건국대대학원 석사학위논문

김재수. 2013. 건축환경공학. 서우

김재문. 2013. 광덕트형 자연채광 조명시스템을 이용한 에너지 절감. 경북대산업대학원 석사학위논문

김하나. 2011. TV광고영상에 나타난 시공간적 지각에 관한 연구. 안동대 석사학위논문

김홍범. 2004. 박물관의 전시조명. 현대건축사

박옥련 · 김은정. 2007. 색(Color). 형설출판사

박두리. 2010. 디지털 조명기구에서 나타나는 디자인 특성에 관한 연구. 건국대대학원 석사학위논문

백박도. 2012. 가정용 LED 조명 기구의 디자인 연구. 동서대 디자인전문대학원 석사학위논문

송은성. 2013. 무선센서네트워크 기반 에너지절감형 조명 제어시스템 설계 및 구현. 목원대대학원 석사학위논문

윤갑석. 2015. Line COB형 LED를 사용한 PAR 조명에 관한 연구. 한국산업기술대 지식기반기술에너지대학원 박사학위논문

윤정숙 · 최윤정. 2011. 주거실내환경학

육정원. 1998. 사무소 건물의 에너지 절약적 조명설계 및 제어. 한양대학교 공학석사학위논문

이상민 · 최윤식. 2013. 색 순응 변환을 이용하여 화이트 밸런스를 보존하는 컬러 개선과 평가 방법. 한국방송미디어공학회 2013학술발표대회 논문집6: 16-19

이윤성. 2010. 필드부하가 전조등용 할로겐램프의 수명저감에 미치는 영향. 한양대공학대학원 석사학위논문

이주윤. 2002. 자연채광 시스템의 성능 평가를 위한 컴퓨터 모델 개발. 한양대학교 공학석사학위논문

정대교. 2011. 친환경 초고층 건축 설계에 있어서 자연채광 기법에 관한 연구. 동국대석사학위논문

정법묵. 2016. 열처리를 통한 형광등의 형광체 분말로부터 수은 회수 공정에 관한 연구. 연세대대학원 석사학위논문

정상은. 2015. 현대에 착용되는 한복의 색채트렌드분석. 건국대예술디자인대학원 석사학위논문

정타관. 2005. 조명 원리와 응용, 북스힐

조현경. 2015. 한반도 중서부지역 출토 2~6세기 철도(鐵刀)의 제작기술. 공주대대학원 박사학위논문

지철근 외. 2004. 조명원론. 문운당

지현. 2006. 홈네트워크 적용을 위한 자동조명 제어시스템의 실험적연구. 단국대 석사학위논문

채수복. 2001. 입체 음향 제작도구를 위한 3D 음장 재현 시스템 구현에 관한 연구. 광운대 석사학위논문

추경덕. 2016. 균일한 복사조도 분포를 갖는 MR-16 Lamp용 2차 렌즈 설계, 제작 및 성능 평가. 한남대대학원 석사학위논문

현대건축관련용어편집위원회. 2011. 건축용어사전. 성안당

홍승대・노상완. 2013. 조명의 기초이론. 서우

東宮洋美. 2006. 光の景觀. Ohmsha

谷腰欣司. 2006. 光の本. 日刊工業新聞社.

清水 惠一. 2007. "白色LEDのしくみと特徵". 「トランジスタ技術(日本)」. 44(10).

색인

ㄱ

ㅂ

ㅅ

ㅇ

ㅊ

ㅋ

ㅌ

ㅍ

ㅎ

0~9

B

C

D

H

I

L

M

O

P

S

U

V